煤矿班组长
安全培训全书

Meikuang Banzuzhang
Anquan Peixun Quanshu

■本书编写组 编

中国工人出版社

图书在版编目(CIP)数据

煤矿班组长安全培训全书／本书编写组编．—北京：中国工人出版社，2013.6

ISBN 978－7－5008－5456－2

Ⅰ.①煤…　Ⅱ.①本…　Ⅲ.①煤矿—矿山安全—安全管理　Ⅳ.①TD7

中国版本图书馆CIP数据核字(2013)第148265号

煤矿班组长安全培训全书

出 版 人　李庆堂
责任编辑　张海元　赖紫薇
责任校对　孙乃伟
责任印刷　马东旭
出版发行　中国工人出版社(北京市东城区鼓楼外大街45号　邮编:100120)
网　　址　http://www.wp－china.com
电　　话　010－62350006(总编室)　010－62382376(职工教育分社)
　　　　　　010－82075964(传真)
发行热线　010－62005996　82075964(传真)
读者服务　010－62389465
经　　销　各地书店
印　　刷　北京睿特印刷厂
开　　本　710毫米×1000毫米　1/16
印　　张　18.5
字　　数　260千
版　　次　2013年7月第1版　2013年7月第1次印刷
定　　价　32.00元

目　录

上　编

煤矿安全生产法律法规与灾害防治

第一章 煤矿安全生产法律法规

第一节 安全生产方针

一、安全生产方针的含义

“安全第一、预防为主、综合治理”是我国安全生产的基本方针。这一方针反映了党和政府对安全生产规律的新认识，对于指导我们的安全生产工作有着十分重要的意义。

“安全第一”是要求我们在工作中始终把安全放在第一位。当安全与生产、安全与效益、安全与进度相冲突时，必须首先保证安全，即生产必须安全，不安全不能生产。

“预防为主”要求我们在工作中时刻注意预防安全事故的发生。在生产的各个环节，要严格遵守安全生产管理制度和安全技术操作规程，认真履行岗位安全职责，防微杜渐，防患于未然，发现事故隐患要立即处理，自己不能处理的要及时上报，要积极主动地预防事故的发生。

“综合治理”就是综合运用经济、法律、行政等手段，人管、法治、技防多管齐下，并充分发挥社会、职工、舆论的监督作用，实现安全生产的齐抓共管。

“安全第一”、“预防为主”和“综合治理”是目标、原则和手段、措施的有机统一。不坚持“安全第一”，“预防为主”很难落实；坚持“安全第一”，才能自觉地或科学地预防事故发生，达到安全生产的预期目的；只有坚持“预防为主”，才能减少事故、消灭隐患，才能做到安全生产。

二、班组长如何贯彻执行安全生产方针

班组长是班组的核心和灵魂，是安全生产第一道防线上的指挥官。因此，贯彻执行安全生产方针是班组长义不容辞的责任。煤矿班组长贯彻执行安全生产方针，要做到以下几点：

（1）牢固树立“安全第一”的思想，严格遵守规章制度。

班组长要把“安全第一”作为班组建设的行为准则，牢固树立“安全第一”的思想，真正把安全生产放在第一位，自觉以安全生产方针来指导和规范自己的行为，带头严格执行各项规章制度，对班组成员起到带头示范作用。

（2）掌握扎实的专业技术知识，起到积极带头作用。

班组长作为安全生产重要责任人，必须有扎实的专业技术理论知识，熟悉设备运行情况，洞悉各种事故隐患。运用自己的专业知识，摸索出事故发生的规律，举一反三，预防事故的发生。

（3）做好班组成员的思想工作，增强安全生产防范意识。

班组长要做好班组每个职工的思想工作，使每个班组成员认识到事故的严重性，明白违规作业不但危及自己的安全，而且还会累及他人的道理。增强班组成员的安全生产防范意识，防患于未然。

（4）加强现场管理，防范安全事故的发生。

班组长在生产过程中，必须勇于管理，而且又要善于管理。班组长要认真对作业过程中可能发生事故的地点、部位、场所、工器具或行为等进行分析判断，制定出可靠的安全控制措施，规范班组成员的操作，纠正违规行为，确保“预防为主”方针的真正落实。

（5）加强安全教育，奠定安全生产基础。

班组长要经常对班组成员进行安全业务知识教育，避免班组成员因对安全措施理解不全而导致不明不白的违规作业。要求班组成员不只做到“我要安全”，还要做到“我懂安全”，并最终做到“我会安全”。只有这样，才能减少事故的发生。

（6）开展安全活动，提高安全生产水平。

班组长要带领班组成员积极开展丰富的安全活动，改变职工对于安全工作的单调和枯燥的印象。充分利用班前、班后会，调动职工“讲安全、学安全、保安全”的工作积极性。加强班组成员间的沟通，加强技术交流，提高安全防范意识和技术水平，从根本上提高安全生产水平。

第二节　煤矿安全生产法律法规及安全标准

我国安全生产法律体系按其立法主体、法律效力不同，可分为安全生产法律、安全生产行政法规、安全生产规章和安全生产标准。煤矿班组长为了更好地保证班组安全生产，必须树立法制意识，了解安全生产特别是煤矿安全生产法律法规及相关技术标准，以教育职工遵章守纪，杜绝“三违”现象，避免事故的发生。

一、安全生产法律

安全生产法律是指由全国人大及其常务委员会制定的安全生产方面法律规范性文件的统称。煤矿安全生产法律有：

1.《安全生产法》

《中华人民共和国安全生产法》（以下简称《安全生产法》）于2002年6月29日由第九届全国人民代表大会常务委员会第28次会议通过，并于2002年11月1日起施行。这是我国第一部规范安全生产的综合性基础法律。

《安全生产法》对生产经营单位安全生产保障、从业人员的权利和义务、安全生产的监督管理、生产安全事故的应急救援与调查处理及追究法律责任等方面有着明确规定。

（1）生产经营单位必须遵守本法和其他有关安全生产的法律法规，加强安全生产管理，建立健全安全生产责任制度，完善安全生产条件，确保安全生产。

（2）生产经营单位的从业人员有依法获得安全生产保障的权利，并应当依法履行安全生产方面的义务。

（3）生产经营单位应当具备本法和有关法律、行政法规和国家标准或者行业标准规定的安全生产条件；不具备安全生产条件的，不得从事生产经营活动。

（4）生产经营单位应当对从业人员进行安全生产教育和培训，保证从业人员具备必要的安全生产知识，熟悉有关的安全生产规章制度和安全操作规程，掌握本岗位的安全操作技能，未经安全生产教育或培训不合格的从业人员，不得上岗作业。

（5）生产经营单位应当教育和督促从业人员严格执行本单位的安全生产规章制度和安全操作规程，并向从业人员如实告知作业场所和工作岗位存在的危险因素、防范措施以及事故应急措施。

（6）任何单位或者个人对事故隐患或安全生产违法行为，均有权向负有安全生产监督管理职责的部门报告或举报。

2.《矿山安全法》

《中华人民共和国矿山安全法》（以下简称《矿山安全法》）于1992年11月7日由第七届全国人民代表大会常务委员会第28次会议通过，自1993年5月1日起施行。这是新中国成立以来第一部矿山安全方面的专门法律。

《矿山安全法》中与煤矿工人密切相关的内容主要有以下几个方面：

（1）矿山企业职工有权对危害安全的行为提出批评、检举和控告。

（2）矿山企业必须对职工进行安全教育、培训；未经安全教育、培训的，不得上岗作业。

矿山企业安全生产特种作业人员必须接受专门培训，经考核合格取得操作资格证书，方可上岗作业。

（3）矿山企业必须对冒顶、瓦斯爆炸、煤尘爆炸、冲击地压、瓦斯突出、火灾、水害等危害安全的事故隐患采取预防措施。

（4）矿山企业主管人员违章指挥、强令工人冒险作业，因而发生重大伤亡事故的，依照《中华人民共和国刑法》（以下简称《刑法》）有关规定追究刑事责任。

（5）矿山企业主管人员对矿山事故隐患不采取措施，因而发生重大伤亡事故的，依照《刑法》有关规定追究刑事责任。

3.《煤炭法》

《中华人民共和国煤炭法》（以下简称《煤炭法》）于1996年8月29日第八届全国人民代表大会常务委员会第21次会议通过，自1996年12月1日起施行。这是我国第一部煤炭法，是我国煤炭法制建设的里程碑，为煤炭的生产、经营活动确立了基本原则，从而使煤炭行业在法制轨道上健康发展。

《煤炭法》与煤矿工人相关的规定如下：

（1）明确了要坚持“安全第一、预防为主”的安全生产方针。

（2）严格实行煤炭生产许可制度和安全生产责任制度及上岗作业培训制度。

（3）维护煤矿企业合法权益，禁止违法开采、违章指挥、滥用职权、玩忽职守、冒险作业，以及依法追究煤矿企业管理人员的违法责任等。

二、安全生产行政法规

安全生产行政法规，是指由国务院制定的有关的各类条例、办法、规定、实施细则、决定等。如《国务院关于预防煤矿生产安全事故的特别规定》、《煤矿安全监察条例》、《生产安全事故报告和调查处理条例》、《安全生产许可证条例》等。

1.《国务院关于预防煤矿生产安全事故的特别规定》

《国务院关于预防煤矿生产安全事故的特别规定》（以下简称《特别规定》）于2005年8月31日国务院第104次常务会议通过，自公布之日起施行。

《特别规定》构建了煤矿生产安全的责任体系，提出了预防煤矿事故的一系列制度保障，列举了危及煤矿安全生产的15项重大安全生产隐患和行为，并规定存在重点安全隐患的煤矿应当立即停止作业，排查隐患。

《特别规定》规定，煤矿企业应当免费为每位职工发放煤矿职工安全手册。煤矿职工安全手册应当载明职工的权利、义务，煤矿重大安全生产隐患的情形和应急保护措施、方法，以及安全生产隐患和违法行为的举报电话、受理部门。

《特别规定》同时还规定，任何单位和个人发现煤矿有重大安全隐患的，都有权向县级以上地方人民政府负责煤矿安全生产监督管理的部门或者煤矿安全监察机构举报。受理的举报经调查属实的，受理举报的部门或者机构应当给予最先举报人1000元至1万元的奖励。

2.《煤矿安全监察条例》

《煤矿安全监察条例》于2000年11月1日国务院第32次常务会议通过，自2000年12月1日起施行。制定《煤矿安全监察条例》，一是煤矿安全监察体制改革的需要；二是煤矿安全监察机构开展工作的需要；三是改变和促进煤矿安全状况根本好转的客观需要。

制定《煤矿安全监察条例》的目的是为了保障煤矿安全，规范煤矿安全监察工作，保护煤矿职工人身安全和健康，促进煤矿产业健康发展。

《煤矿安全监察条例》规定了监察的主要内容及煤矿安全监察工作的方针：

主要监察内容：煤矿安全监察机构对煤矿执行《煤炭法》、《矿山安全法》和其他有关煤矿安全的法律法规以及国家安全标准、行业安全标准、《煤矿安全规程》和行业技术规范的情况实施监察。

监察工作的方针：以预防为主，及时发现和消除事故隐患，有效纠正影响煤矿安全的违法行为，实行安全监察与促进安全管理相结合、教育与惩处相结合。

3.《生产安全事故报告和调查处理条例》

《生产安全事故报告和调查处理条例》（以下简称《条例》）于2007年3月28日以国务院第493号令颁布，自2007年6月1日起施行。

《条例》规定，事故发生后，事故现场有关人员应当立即向本单位负责人报告；单位负责人接到报告后，应当于1小时内向事故发生地县级以上人民政府安全生产监督管理部门和负有安全生产监督管理职责的有关部门报告。

情况紧急时，事故现场有关人员可以直接向事故发生地县级以上人民政府安全生产监督管理部门和负有安全生产监督管理职责的有关部门报告。报告的内容应包括：事故发生单位的概况，事故发生的时间、地点及事故现场情况，事故的简要经过，事故已经造成或者可能造成的伤亡人数等。

发生了事故，事故调查处理过程中最重要的一条原则就是“四不放过”，即事故原因没有查清不放过；事故责任者没有严肃处理不放过；广大职工没有受到教育不放过；防范措施没有落实不放过。煤矿职工要牢记事故教训，提高责任意识、安全意识和自我保护能力，避免安全事故的发生。

4.《安全生产许可证条例》

《安全生产许可证条例》于 2004 年 1 月 13 日以国务院第 397 号令公布，自公布之日起施行，共 24 条。本条例规定了相关企业实行安全生产许可制度，明确了国务院安全生产监督管理部门及省、自治区、直辖市的安全生产监督管理部门负责安全生产许可证的颁布和管理，企业取得安全生产许可证应当具有的安全生产条件，许可证的有效期为 3 年，以及违反本条例应承担相应的法律责任。

制定本条例的目的是为了严格规范安全生产条件，进一步加强安全生产监督管理，防止和减少生产安全事故，确保安全生产。本条例适用于矿山企业、建筑施工企业和危险化学品、烟花爆竹、民用爆破器材生产的企业。

三、安全生产部门规章

安全生产规章，是指由国务院所属部委以及有权的地方政府在法律规定的范围内，依职权制定、颁布的有关安全生产行政管理的规范性文件。一般以部委令的形式出现。如《煤矿安全规程》、《安全生产事故隐患排查治理暂行规定》、《生产经营单位安全培训规定》等。

1.《煤矿安全规程》

国家安全生产监督管理总局于 2011 年 1 月 25 日，以总局第 37 号令公布了《关于修改〈煤矿安全规程〉第二编第六章防治水部分条款的决定》。此次修订是以 2010 年修订后的《煤矿安全规程》为基础的，新修改的内容从 2011 年 3 月 1 日起施行。《煤矿安全规程》已经多次修订，是我国煤矿安全管理方面最全面、最具体、最权威的一部基本规程，是国家有关法律和法规的具体化。

（1）《煤矿安全规程》是我国指导煤矿安全生产、管理的一部权威技术规章，是有关法律法规在煤炭行业的具体化。全国所有煤矿企事业单位及其职工都必须严格执行，不得违反。

（2）《煤矿安全规程》是长期煤炭生产经验和科学研究成果的总结，是广大职工智慧的结晶，也是我们煤矿职工用生命和血汗换来的教训，它是煤矿生产普遍适用的行为规则。

（3）《煤矿安全规程》规定了允许行为、禁止行为、必须行为和采取措施后的行为，具有很强的规范性。同时，它也是认定煤矿事故性质和应承担法律责任的重要依据。

《煤矿安全规程》、“作业规程”和“操作规程”统称煤矿三大规程，三者密切相关，同时又有明显区别。

《煤矿安全规程》是指导煤矿安全生产、管理的一部权威技术规章，是有关法律、法规在煤炭行业的具体化。制定“作业规程”和“操作规程”都要以《煤矿安全规程》等为依据。《煤矿安全规程》是由国家安全生产监督管理总局、国家煤矿安全监察局制定的；而“作业规程”是指导施工的重要技术文件，“操作规程”是煤矿生产各岗位工人具体操作行为标准的指导性文件，它们是由行业主管部门或煤矿企事业单位制定的。

2.《安全生产事故隐患排查治理暂行规定》

《安全生产事故隐患排查治理暂行规定》于2007年12月22日由国家安全生产监督管理总局以第16号令颁布，自2008年2月1日起施行。

煤矿企业须按该规定的要求进行安全生产隐患的排查治理，煤矿职工发现安全生产隐患应及时向有关部门报告。

3.《生产经营单位安全培训规定》

《生产经营单位安全培训规定》于2005年12月28日国家安全生产监督管理总局局长办公会议审议通过，自2006年3月1日起施行。

该规定主要内容有以下两方面：

（1）煤矿对新上岗的临时工、合同工、劳务工、轮换工、协议工等要进行强制性安全培训，保证其具备岗位安全操作、自救、互救以及应急处置所需的知识和技能后，方能安排上岗作业。

（2）煤矿安全监察机构发现煤矿特种作业人员无证上岗的，煤矿安全生产监督管理部门发现煤矿未按规定对井下作业人员进行安全培训的，责令其限期改正，并处10万元以上50万元以下的罚款；逾期未改正的，责令停产停业整顿。生产经营单位编造安全培训记录、档案的或者骗取安全资格证书的，将被吊销安全资格证书，并处最高3万元罚款。

四、安全生产标准

安全生产标准是指需要统一的安全生产技术要求，是围绕如何消除、限制或预防劳动过程中的危险和有害因素，保护职工安全与健康，保障设备、生产正常运行而制定的统一技术性规定，包括国家标准、行业标准、地方标准和企业标准等，是法律法规和行政规章的技术性补充规范，是为了保障人体健康，人身、财产安全的标准。安全生产标准属于强制性标准，必须贯彻实施。如《煤矿安全监控系统及检测仪器使用管理规范》（AQ1029－2007）、《煤矿井工开采通风技术条件》（AQ1028－2006）、《矿山救护规程》（AQ1008－2007）等。

1.《煤矿安全监控系统及检测仪器使用管理规范》

《煤矿安全监控系统及检测仪器使用管理规范》（AQ1029－2007）由国家煤矿安全监察局于2007年1月4日发布，2007年4月1日起实施。旨在指导煤矿正确安装、维护、使用和管理煤矿安全监控系统和安全检测仪器。

该标准在《煤矿安全规程》通风安全监控相关条文的基础上，增加了传感器装备数量规定，修改了部分报警断电值，对安全监控设备的安装、维护、使用、管理及系统联网工作提出了具体要求。贯彻落实该标准，对于预防瓦斯事故、保障矿工生命安全具有十分重要的意义。

2.《煤矿井工开采通风技术条件》

《煤矿井工开采通风技术条件》（AQ1028－2006）由国家安全生产监督管理总局于2006年11月2日发布，2006年12月1日开始实施。本标准适用于全国井工开采的煤矿，包括新建和改、扩建矿井。规定了采用井工方式开采的煤矿的基本通风技术条件。

3.《矿山救护规程》

《矿山救护规程》（AQ1008－2007）由国家安全生产监督管理总局于2007年10月22日发布，2008年1月1日开始施行。本标准规定了矿山救护工作涉及的矿山应急救援组织，矿山救护队军事化管理、矿山救护队装备与设施、矿山救护队培训与训练、矿山事故应急救援一般规定、矿山事故救援等各项内容。本标准适用于中华人民共和国境内矿山企业，矿山救护队伍及管理部门，不适用于石油和天然气、液态矿等。

第三节 煤矿职工安全生产权利与义务

《安全生产法》等法律法规，赋予了煤矿职工安全生产的权利，同时也规定，职工必须依法履行相应的安全生产义务。

一、煤矿职工安全生产的权利

1. 知情权和建议权

煤矿职工有了解其作业场所和工作岗位存在的危险因素、防洪措施、事故应急措施；有权对安全生产工作提出意见和建议，煤矿企业要重视和尊重职工的意见和建议，并及时作出答复。

2. 批评、检举和控告权及合法拒绝权

煤矿职工有权对煤矿企业安全生产工作中存在的问题提出批评。有权对煤矿企业及有关人员违反安全生产法律、法规的行为，向主管部门和司法机关进行检举和控告。检举可以署名，也可以不署名；可以用书面形式，也可以用口头形式。但是，职工在行使这一权利时，应注意检举和控告的情况必须真实，要实事求是。有权拒绝违章指挥和强令冒险作业。

3. 遇险停、撤权

煤矿职工发现直接危及人身安全的紧急情况时，有权停止作业、撤出作业场所，并采取紧急避险措施。煤矿企业不得因职工紧急情况下停止作业或者采取紧急撤离措施而降低其工资、福利等待遇或者解除与其订立的劳动合同。

4. 参加安全生产教育培训的权利

煤矿职工享有煤矿企业依法提供岗前安全教育培训的权利，煤矿企业未能按规定对职工提供安全教育培训时，煤矿职工有权拒绝上岗作业。

5. 工伤保险和索赔权

煤矿企业必须依法参加工伤保险，为职工缴纳工伤保险费。煤矿职工因为生产安全事故受到损伤，除依法享有工伤保险外，有权向企业提出民事赔偿要求。工伤保险和民事赔偿不能互相取代。

二、煤矿职工安全生产的义务

1. 遵守安全生产有关法律法规、各项规章制度和操作规程的义务

职工不仅要严格遵守安全生产有关法律法规，还应当遵守用人单位的安全生产规章制度和操作规程，这是职工在安全生产方面的一项法定义务。职工必须增强法纪观念，自觉遵章守纪，从维护国家利益、集体利益以及自身利益出发，把遵章守纪、按章操作落实到具体的工作中。

2. 服从管理的义务

用人单位的安全生产管理人员一般具有较多的安全生产知识和较丰富的经验，职工服从管理，可以保持生产经营活动的良好秩序，有效地避免、减少生产安全事故的发生，因此，职工应当服从管理，这也是职工在安全生产方面的一项法定义务。

3. 正确佩戴和使用劳动防护用品的义务

劳动防护用品是保护职工在劳动过程中安全与健康的一种防御性装备，不同的劳动防护用品有其特定的佩戴和使用规则、方法，只有正确佩戴和使用，方能真正起到防护作用。用人单位在为职工提供符合国家或行业标准的劳动防护用品后，职工有义务正确佩戴和使用劳动防护用品。

4. 发现事故隐患及时报告的义务

职工发现事故隐患和不安全因素后，应及时向现场安全生产管理员或本单位负责人报告，接到报告的人员应当及时予以处理。一般来说，职工报告得越早，接受报告的人员处理得越早，事故隐患和其他职业危险因素可能造成的危害就越小。

5. 接受安全生产培训教育的义务

职工应依法接受安全生产的教育和培训，掌握所从事岗位工作所需的安全生产知识，提高安全生产技能，增强事故预防和应急处理能力。特殊性工种作业人员和有关法律法规规定须持证上岗的作业人员，必须经培训考核合格后，依法取得相应的资格证书或合格证书，方可上岗作业。

第二章 “一通三防”及水害防治

第一节 矿井通风

井下空气主要来自于地面空气，因此，井下空气的主要成分与地面空气一样，但地面空气进入井下后沿着井巷送往用风地点的过程中混入了大量的有毒有害的气体和矿尘等成分，这些混入的成分有的是煤炭生产过程中产生的，有的是从煤岩层中涌出的。为了更好地防灾避害，安全生产，采煤工作面必须做好通风工作。

矿井通风是指利用通风动力，将地面的新鲜空气，沿着由通风设施确定的通风路线不断地进入井下各采掘工作面、机电硐室、火药库以及其他用风地点，以满足生产用风的需要，同时将用过的污浊空气（污风）不断地排出地面。这种向矿井井下连续不断地输入新鲜空气并排出污浊空气的通风过程称为矿井通风。

一、矿井空气与气候

（一）矿井空气

1. 矿井空气的成分

矿井空气，是指矿井井巷内气体的总称。矿井空气主要来源于地面，地面空气主要有氧气（O_2）、二氧化碳（CO_2）和氮气（N_2），按体积浓度百分数计算分别为氧气：20.96%、二氧化碳：0.03%～0.04%、氮气：79%，此外还有水蒸气、微生物和尘埃等。

2. 空气中常见的有害气体及相应规定

井下空气中有害气体种类很多，在这些能够对煤矿安全生产、人身健康造成危害的气体中，常见的有以下几种：二氧化碳（CO_2）、一氧化碳（CO）、二氧化氮（NO_2）、二氧化硫（SO_2）、硫化氢（H_2S）、甲烷（CH_4）、氨气（NH_3）、氢气（H_2）等。

（1）二氧化碳。

性质：无色略带酸臭味，不自燃也不助燃，略有毒性，易溶于水，多积存在巷道下部。

主要来源：煤、岩、坑木等物质的氧化，爆破工作，矿井火灾，瓦斯、煤尘爆炸，人的呼吸，从煤层、岩层中涌出等。

《煤矿安全规程》规定：采掘工作面的进风流中二氧化碳浓度不得超过0.5%；矿井总回风或一翼回风中二氧化碳浓度不得超过0.75%；采区和采掘工作面回风流及采掘工作面风流中二氧化碳浓度都不得超过1.5%。

（2）一氧化碳。

性质：无色、无味、无臭，对空气的相对密度为0.97，微溶于水，能燃烧，当浓度达到13%~75%时能爆炸，有强烈的毒性。

主要来源：爆破作业，井下火灾，瓦斯煤尘爆炸、煤炭自燃和内燃机车的尾气等。

《煤矿安全规程》规定：一氧化碳的最高允许浓度是0.0024%。

（3）二氧化氮。

性质：是一种红棕色气体，对空气的相对密度为1.59，易溶于水而生成硝酸，有剧毒。

主要来源：井下爆破作业。

对人体的危害：对眼、鼻、呼吸道及肺有刺激作用，引起肺水肿。二氧化氮遇水形成硝酸（HNO_3），能破坏肺及全部呼吸系统组织，使血液中毒，经过6h~24h后，肺肿发展，呈现严重咳嗽，并吐黄色的痰，还会出现剧烈的头痛、呕吐，人会死亡。二氧化氮的浓度达0.004%时，即会出现喉咙受刺激、咳嗽、胸部发疼现象；达到0.01%时，短时间内会出现严重咳嗽、声带痉挛、恶心、呕吐、腹痛、腹泻等症状；当达到0.025%时，短时间内人即会很快死亡。

《煤矿安全规程》规定：二氧化氮的最高允许浓度是0.00025%。

（4）二氧化硫。

性质：无色，对空气的相对密度为2.2，易积聚于巷道底部，易溶于水，有强烈硫黄气味及酸味，有剧毒。

主要来源：含硫矿物的氧化、燃烧，在含硫矿体中爆破以及含硫矿层中涌出。

对人体的危害：当二氧化硫与呼吸道的潮湿表面接触时能产生硫酸，硫酸能刺激并麻痹上部呼吸道的细胞组织，使肺及支气管发炎。当空气中二氧化硫浓度为0.0002%时，能引起眼睛红肿、流泪、咳嗽、头痛；达到0.05%时，能引起急性支气管炎、肺水肿，在短时间内有致命危险。

《煤矿安全规程》规定：二氧化硫的最高允许浓度为0.0005%。

（5）硫化氢。

性质：无色、有臭鸡蛋气味，对空气的相对密度是1.19，易溶于水，有强烈毒性。硫化氢具有燃爆性，空气中硫化氢浓度达到4.3%～4.6%时遇火能爆炸。

主要来源：主要是坑木等有机物腐烂和含硫矿物水化所产生；老空区积水中可能积存硫化氢，搅动时会放出。有些煤体中也会涌出硫化氢。

对人体的危害：有强烈毒性，强烈刺激眼睛及喉咙。中毒时感到头痛、呕吐乏力，严重时失去知觉，抽筋直至死亡。

《煤矿安全规程》规定：硫化氢最高允许浓度是0.00066%。

（6）瓦斯。瓦斯是指矿井中主要由煤层构成的以甲烷为主的有害气体，有时单独指甲烷。瓦斯无色、无味、无臭，比空气轻，所以，它常积聚于巷道的顶部、独头上山巷道或冒落的高顶处。它微溶于水，不助燃也不供呼吸，无毒，但空气中瓦斯含量较大时，会使人因缺氧而窒息。纯瓦斯不燃烧也不爆炸，只有与适量的空气混合后才有燃烧性和爆炸性。瓦斯爆炸的浓度界限为5%～16%。

（二）矿内气候条件

矿井的气候条件是指井下空气的温度、湿度和风速三者的综合效应。矿井气候条件的好坏对人体健康和劳动效率有着极为重要的影响。

1. 矿井空气的温度

矿井空气的温度是影响矿井气候条件的主要因素，井下工作地点人体最适宜的空气温度是15℃～20℃。当井下的气温过高时，要采取降温措施；当气温过低时，要采取空气预热措施。

矿井空气温度与工人们的身体健康和劳动效率休戚相关，对于气温标准，《煤矿安全规程》作出了明确的规定：生产矿井采掘工作面空气温度不得超过26℃，机电设备硐室的空气温度不得超过30℃；当空气温度超过时，必须缩短超温地点工作人员的工作时间，并给予高温保健待遇。采掘工作面的空气温度超过30℃、机电设备硐室的空气温度超过34℃时，必须停止作业。

2. 矿井空气的湿度

空气湿度，是指空气中所含的水蒸气量的多少，也就是空气的潮湿程度。人体最适宜的相对湿度一般为50%～60%。

3. 井巷中的风速

在矿井井巷中，风流在单位时间内所流经的距离，称为井巷中的风速，简称“风速”。井巷中的风速大小直接影响人体的散热效果，它还对矿井有毒有害气体积聚、粉尘飞扬有影响。

二、矿井通风系统

矿井通风系统是指矿井通风方式、通风方法、通风网络和通风设施的总称。它包括从进风到回风的全部路线。矿井通风系统对矿井的安全生产和经济效益产生重大影响。

（一）矿井通风的作用

矿井通风的作用是：

（1）向井下各用风场所连续不断地供给新鲜空气。

（2）把井下的有毒有害气体和矿尘冲淡并且稀释到安全浓度以下，排除井下各种有害气体和矿尘。

（3）创造适宜的井下气候条件，提供良好的生产环境，以保障职工的身体健康和生命安全及机械设备安全运转，进而提高劳动生产率。

（4）增强矿井的抗灾能力，保证矿工身心健康和安全生产。

（二）《煤矿安全规程》对矿井通风系统的规定

《煤矿安全规程》对矿井通风系统的主要规定如下：

（1）矿井必须有完整的独立通风系统。改变全矿井通风系统时，必须编制通风设计及安全措施，由企业技术负责人审批。掘进巷道贯通时，必须按《煤矿安全规程》规定，制定安全措施。

（2）实行分区通风，通风系统中没有不符合《煤矿安全规程》规定的串联通风、扩散通风、采空区通风（排瓦斯巷道不在此限）和采煤工作面利用局部通风机通风［非长壁采煤法、残采回收煤柱，地质构造复杂块段和水采经公司（局）或县级以上煤炭主管部门批准的不在此限］。

（3）矿井、采区通风能力满足生产需求。采掘工作面和硐室的供风量要符合《煤矿安全规程》规定。

（4）高瓦斯、煤与瓦斯突出或易燃煤层的采区至少设有一条专用回风巷。

（5）矿井内各地点风速符合《煤矿安全规程》规定。

（6）矿井有效风量率不低于85%。

（7）回风巷失修率不高于7‰，严重失修率不高于3‰。

（8）矿井主要通风机的反风设施按《煤矿安全规程》规定定期检查，生产矿井主要通风机必须装有反风设施，并能在10min内改变巷道中的风流方向；风流方向改变后，主要通风机的供给风量不应小于正常供风量的40%。

每季度应至少检查1次反风设施，每年应进行1次反风演习；矿井通风系统有较大变化时，应进行1次反风演习。

(9) 矿井主要通风机装置外部漏风每年至少要测定1次，外部漏风率在无提升设备时不得超过5%，有提升设备时不得超过15%。

(三)《煤矿安全规程》对矿井通风系统的基本要求

(1) 进风井口必须布置在粉尘、有害和高温气体不能侵入的地方。已布置在粉尘、有害的高温气体能侵入的地点的，应制定安全措施。

(2) 箕斗提升井或装有带式输送机的井筒兼作风井使用时，必须符合《煤矿安全规程》对风速、防尘和消防的要求。箕斗提升井兼作回风井时，井上下装、卸装置和井塔（架）必须有完善的封闭措施，其漏风率不得超过15%，并应有可靠的防尘措施。装有带式输送机的井筒兼作风井使用时，井筒中的风速不得超过6m/s，且必须装设甲烷断电仪。

(3) 矿井必须采用机械通风。主要通风机或分区的主通风机必须安装在地面，主要通风机要设防爆门（盖）、反风设施和专用供电线路。

(4) 禁止把两个独立通风的矿井合并为一个通风系统。若矿井有几个出风井，则各通风子系统需保持独立，各水平、各采区风流保持独立，进、回风流严格分开。

(5) 多台通风机联合运转应稳定可靠，总进风和总回风巷断面积不宜过小，尽量减少公共风路的风阻，防止多台通风机相互影响。

(6) 尽可能采用并联通风系统，并使各条风路的阻力接近相等。避免在通风系统中设置过多的风桥、风门、调节风窗等通风构筑物。

(四) 矿井通风方法

矿井通风方法可分为抽出式通风（负压通风）、压入式通风（正压通风）和混合式通风三种。

1. 压入式通风

压入式通风，是将矿井主要通风机安设在地面，以压风方式向矿井内供风，使整个通风系统在压入式主要通风机作用下，形成高于当地大气压力的正压通风。因此，在进风侧空气压力较大、风流集中的条件下，将新鲜空气送往各处。在压入式通风矿井中，进风井口需安设通风设施，这对运输、行人等都不方便，不易管理和控制，并且井底车场及进风井口漏风大。回风侧空气压力较低，分支风路较多，污浊空气不易集中迅速排出井外。在煤矿中还需考虑到，若矿井主要通风机一旦因故停止运转时，井下气压将降低，这会使采空区或封闭区内瓦斯涌出量增加，对安全不利。所以，一般在瓦斯矿井中很少采用压入式通风。但在矿井浅部开采时，由于地表有塌陷出现裂缝与井下沟通，为避免从地面吸人空气或从老空区内吸入有害气体，可在开采第一阶段时采用压入式通风；在开采以下各阶段时，再改为抽出式通风。

2. 抽出式通风

抽出式通风，是将矿井主要通风机安设在地面，向外抽出井下空气，形成低于当地大气压力的负压通风。由于通风阻力的影响使回风侧处于高负压区，而进风侧处于低负压区，在这种情况下，回风流不易向他处乱窜，可以集中而迅速地流入回风系统排出井外。此外，在抽出式通风中，进风井口不安设通风设施，不妨碍运输、行人，管理简便又控制可靠，对于瓦斯矿井和有自燃危险的矿井来讲是有利的。在抽出式矿井中，主要通风机一旦停止运转，则矿井内空气必然要恢复到当地的大气压强，由于压力增高，一定时间内采空区及封闭区中瓦斯等有害气体不易涌出。所以，煤矿一般多采用抽出式通风。

3. 混合式通风

混合式通风，是将地面新鲜空气由压入式主要通风机送往井下，污浊空气由抽出式主要通风机排出井外。这种通风方法使矿井通风系统大部分都处于较高的压力状况，进、回风集中，易按指定路线流动，漏风少，不易受自然风压影响。但这种通风方法所需通风设备多，动力消耗也大。当用风地点与地表塌陷区沟通、漏风大时，可以用抽压混合式通风来平衡矿内、外压力，控制漏风。但在煤矿中一般很少使用抽压混合式的通风方法。

（五）矿井通风设施

在矿井正常生产中，为保证风流按设计的路线流动，在灾变时期仍能维持正常通风或便于风流调度，要在通风系统中设置一系列的构筑物，这些构筑物称为通风设施。通风构筑物可分为两大类：一类是通过风流的通风构筑物，如风桥、调节风窗风硐、反风装置和导风板等；另一类是隔断风流的通风构筑物，如风墙（密闭）、挡风墙、风门和风帘等。

1. 风门

风门，是指可以使人员和车辆通过又能阻断风流的通风设施。风门分为普通风门和自动风门两类。普通风门利用人力开启，利用自重和风压差来实现自行关闭。自动风门利用机械转动、电动、气动和水动的原理来开启和关闭风门。

在建有风门的巷道中，至少要有两道风门。在行人巷道中，两道风门间的距离不得小于5m；在行驶电机车的巷道中，两道风门的距离应大于1列车的长度，以防止列车通过时两道风门同时打开而造成风流短路。门扇可用木板、铁板或木板包铁皮制成。通过风门时必须随手关闭。在井下通车频繁地点，应设自动风门。一般常用的有撞杆式自动风门和电动自动风门。

2. 风墙（密闭）

设置在需要隔断风流同时又不需要通车行人的巷道中的构筑物，称为挡风墙（密闭）。风墙是切断风流或封闭采空区，防止瓦斯向矿井风流扩散的一种构筑物。风墙又叫密闭。按其服务时间长短，可分为临时风墙及永久风墙；按密闭的用途可分为通风密闭、防火密闭、防水密闭和防爆密闭。已采区和不用的旧巷一般都用风墙封闭。

3. 风桥

风桥是用以隔开两支相互交叉的进、回风的通风构筑物，作用是构成立体交叉风路，使新鲜风流与污浊的风流分开，互不相混。在进风与回风平面相遇的地点，必须设置风桥，构成立体交叉风路，使进风与回风分开，互不相混。根据风桥的结构，可分为铁风筒风桥、混凝土风桥、绕道式风桥。风桥的阻力与漏风应最小，采用不燃性材料建筑，构造要坚固。

4. 调节风窗

在并联风路中，若一个风路中风量需要增加，而另一风路中的风量有余，则可在后一风路中安设调节风窗，并使风路中的风量按需供应，达到风量调节的目的。调节风窗就是在风门或风墙上方开一个面积可调的窗口，利用改变小窗口的面积来调节风量。

5. 反风装置

当矿井进风井口、并筒和井底车场发生火灾时，反风装置能防止火烟向采区蔓延，保证人员安全撤离。

对各种通风设施，必须加以爱护，不准乱动或破坏，以免造成风流混乱。

三、采区通风系统

采区通风系统，是指矿井风流经主要进风巷进入采区，流经采区进风巷道，清洗采掘工作面、硐室和其他用风巷道后，沿采区回风巷道排至矿井主要回风巷的整个网络。

采区通风系统主要取决于采区巷道布置和采煤方法，同时要满足采区通风的特殊要求。在确定采区通风系统时，必须遵守安全、经济、技术合理等原则。

采区通风系统的基本要求是：

①采区必须有独立的风道，实行分区通风。采区进、回风巷必须贯穿整个采区的长度或高度。严禁将一条上山、下山或盘区的风巷分为两段，其中一段为进风巷，另一段为回风巷。

②采掘工作面、硐室都应采用独立通风。采用串联通风时，必须遵守《煤矿安全规程》的有关规定。

③按瓦斯、二氧化碳、气候条件和工业卫生的要求，合理配风。要尽量减少采区漏风，并避免新风到达工作面之前被污染和加热。要保证通风阻力小、通风能力大、风流畅通。

④通风网络要简单，以便在发生事故时易于控制和撤离人员。为此，应尽量减少通风构筑物的数量，避免采用对角风路；无法避免时，要有保证风流稳定性的措施。

⑤要有较强的防灾和抗灾能力。为此，要设置防尘线路、避灾线路、避难硐室和灾变时的风流控制设施，必要时还要建立抽放瓦斯、防尘和降温设施。

⑥采掘工作面的进风和回风不得经过采空区或冒顶区。

⑦采区内布置的机电硐室、绞车房要配足风量。如果它们的通风采用回风时，在排放瓦斯过程中，必须切断这些地点的电源，防止高浓度的瓦斯流经这些地点时引起瓦斯爆炸。

《煤矿安全规程》规定：采掘工作面应实行独立通风。同一采区内，同一煤层上、下相连的两个同一风路中的采煤工作面，采煤工作面与其相连接的掘进工作面、相邻的两个掘进工作面，布置独立通风有困难时，在制定措施后，可采用串联通风，但串联通风的次数不得超过1次。对于该条规定的串联通风，必须在进入被串联工作面的风流中装设甲烷断电仪，且瓦斯和二氧化碳浓度都不得超过0.5%，其他有害气体浓度都应符合《煤矿安全规程》第一百条的规定。开采有瓦斯喷出或有煤（岩）与瓦斯（二氧化碳）突出危险的煤层时，严禁任何两个工作面之间串联通风。

四、掘进通风系统

在掘进巷道时，为了稀释和排除煤（岩）体涌出的有害气体、爆破产生的炮烟和粉尘，保持良好的气候条件，必须对掘进工作面进行通风。掘进巷道是独头巷道，其通风方法必须利用主要通风机或局部通风机产生的风压，采用纵向风墙或风筒等导风设施，将新鲜风流送入工作面，排出污浊空气，保证工作面连续稳定地通风，这种通风称为掘进通风或局部通风。

（一）掘进通风设备有关规定

1. 最新《煤矿安全规程》对局部通风机和风筒的规定

安装和使用局部通风机和风筒应遵守最新《煤矿安全规程》第一百二十八条的规定：

①局部通风机必须由指定人员负责管理，保证正常运转。

②压入式局部通风机和启动装置，必须安装在进风巷道中，距掘进巷道回风口不得小于10m；全风压供给该处的风量必须大于局部通风机的吸入风量。局部通风机安装地点到回风口间的巷道中的最低风速必须符合本规程第一百零一条的有关规定。

③高瓦斯矿井，煤（岩）与瓦斯（二氧化碳）突出矿井，低瓦斯矿井中高瓦斯区的煤巷、半煤岩巷和有瓦斯涌出的岩巷掘进工作面正常工作的局部通风机必须配备安装同等能力的备用局部通风机，并能自动切换。正常工作的局部通风机必须采用三专（专用开关、专用电缆、专用变压器）供电，专用变压器最多可向4套不同掘进工作面的局部通风机供电；备用局部通风机电源必须取自同时带电的另一电源，当正常工作的局部通风机故障时，备用局部通风机能自动启动，保持掘进工作面正常通风。

④其他掘进工作面和通风地点正常工作的局部通风机可不配备安装备用局部通风机，但正常工作的局部通风机必须采用三专供电；或正常工作的局部通风机配备安装一台同等能力的备用局部通风机，并能自动切换。正常工作的局部通风机和备用局部通风机的电源必须取自同时带电的不同母线段的相互独立的电源，以保证正常工作的局部通风机故障时，备用局部通风机能正常工作。

⑤必须采用抗静电、阻燃风筒。风筒口到掘进工作面的距离、混合式通风的局部通风机和风筒的安设、正常工作的局部通风机和备用局部通风机自动切换的交叉风筒接头的规格和安设标准，应在作业规程中明确规定。

⑥正常工作和备用局部通风机均失电停止运转后，当电源恢复时，正常工作的局部通风机和备用局部通风机均不得自行启动，必须人工开启局部通风机。

⑦使用局部通风机供风的地点必须实行风电闭锁，保证当正常工作的局部通风机停止运转或停风后能切断停风区内全部非本质安全型电气设备的电源。正常工作的局部通风机故障，切换到备用局部通风机工作时，该局部通风机通风范围内应停止工作，排除故障；待故障被排除，恢复到正常工作的局部通风后方可恢复工作。使用2台局部通风机同时供风的，2台局部通风机

都必须同时实现风电闭锁。

⑧每 10 天至少进行一次甲烷风电闭锁试验，每天应进行一次正常工作的局部通风机与备用局部通风机自动切换试验，试验期间不得影响局部通风，试验记录要存档备查。

⑨严禁使用 3 台以上（含 3 台）局部通风机同时向 1 个掘进工作面供风。不得使用 1 台局部通风机同时向 2 个作业的掘进工作面供风。

2. 最新《煤矿安全规程》第一百二十九条的规定

①使用局部通风机通风的掘进工作面，不得停风；因检修、停电、故障等原因停风时，必须将人员全部撤至全风压进风流处，并切断电源。

②恢复通风前，必须由专职瓦斯检查员检查瓦斯，只有在局部通风机及其开关附近 10m 以内风流中的瓦斯浓度都不超过 0.5% 时，方可由指定人员开启局部通风机。

（二）掘进通风的安全要求

①掘进巷道必须采用矿井全风压通风或局部通风机通风。

②煤巷、半煤岩巷和有瓦斯涌出的岩巷的掘进通风方式应采用压入式，不得采用抽出式（压气、水力引射器不受此限）；如果采用混合式，必须制订安全措施。

③瓦斯喷出区域和煤（岩）与瓦斯（二氧化碳）突出煤层的掘进通风方式必须采用压入式。

④煤矿井下使用的局部通风机必须性能良好，运转超过 6 个月应上井检修。

⑤局部通风机设备要齐全，吸风门有风罩和整流器，高压部位（包括电缆接线盒）有衬垫，通风机必须吊挂或垫高，离地面高度大于 0.3m；11kW 及以上功率的局部通风机要装有消音器（低噪声局部通风机、除尘风机除外）。

⑥压入式局部通风机和启动装置，必须安装在进风巷道中，距掘进巷道回风口不得小于 10m；全风压供给该处的风量必须大于局部通风机的吸入风量，局部通风机安装地点到回风口间的巷道中的最低风速不能低于 0.25m/s。

⑦矿井使用局部通风机通风时，压入式风筒的出风门或抽出式风筒的吸风口与掘进工作面的距离，应在风流的有效射程或有效吸程范围内，并在作业规程中明确规定。

⑧使用混合式通风时，安设在掘进巷道中的局部通风机（或湿式除尘通风机）必须与掘进巷道中的主导局部通风机联动闭锁。当主导通风机停止运

转时，掘进巷道中的局部通风机能自动停止运转；主导局部通风机未启动时，掘进巷道中的局部通风机不能启动。

（三）特殊条件下掘进通风的安全要求

1. 巷道贯通时的通风安全

（1）综合机械化掘进巷道在相距50m前，其他巷道在相距20m前，必须停止一个工作面作业，做好调整通风系统的准备工作。

掘进巷道贯通时，必须由专人在现场统一指挥，停掘的工作面必须保持正常通风。设置栅栏及警标，经常检查风筒的完好状况和工作面及其回风流中瓦斯浓度，瓦斯浓度超限时，必须立即处理。掘进的工作面每次爆破前，必须派专人和瓦斯检查工共同到停掘的工作面检查工作面及其回风流中的瓦斯浓度，瓦斯浓度超限时，必须先停止在掘工作面的工作，然后处理瓦斯，只有在2个工作面及其回风流中的瓦斯浓度都在1.0%以下时，掘进的工作面方可爆破。每次爆破前，2个工作面入口必须有专人警戒。

掘进巷道贯通后，必须停止采区内的一切工作，立即调整通风系统，风流稳定后，方可恢复工作。

（2）在突出矿井的突出危险区，掘进工作面进风侧必须设置至少2道牢固可靠的反向风门。反向风门距工作面的距离，应根据掘进工作面的通风系统和预计的突出强度确定。

（3）掘进工作面及其他作业地点风流中瓦斯浓度达到1.0%时，必须停止用电钻钻眼；爆破地点附近20m以内风流中瓦斯浓度达到1.0%时，严禁爆破。

（4）掘进工作面及其他作业地点风流中，电动机或其开关安设地点附近20m以内风流中的瓦斯浓度达到1.5%时，必须停止工作，切断电源，撤出人员进行处理。

（5）掘进工作面及其他巷道内，体积大于0.5m^3的空间内积聚的瓦斯浓度达到2.0%时，附近20m内必须停止工作，撤出人员，切断电源，进行处理。

（6）掘进工作面风流中二氧化碳浓度达到1.5%时，必须停止工作，撤出人员，查明原因，制定措施，进行处理。

2. 长距离掘进通风技术

随着煤矿生产技术的发展、工作面长度的增加，单巷长距离通风问题越来越多，各矿井在此方面积累了一定经验。

（1）适当增加风筒的节长，减少风筒的接头数目，降低风筒的局部风阻和漏风。当接头数较多时，不能实现长距离通风。

（2）改进接头方式，淮北沈庄煤矿用铁圈压板接头代替插接方式，送风距离达到3033m，工作面的风量为63.2m^3/min。

（3）采用柔性风筒时，吊挂平直，防止挂破；要用粘补或灌胶封堵所有的针眼，减少漏风。

（4）采用局部通风机串联的方法。

（5）直接采用大功率风机和大直径风筒。

第二节　矿井瓦斯防治

一、瓦斯和瓦斯涌出

（一）瓦斯

瓦斯是指主要由煤层气构成的以甲烷为主的有害气体，其中主要成分是甲烷（也称沼气），约占90%左右，所以有时单独指甲烷。但是一般来说，瓦斯是指井下各种有害气体的总称，指的是一种混合气体，其成分主要包括井下煤层中含有的所有有毒有害气体。

（二）瓦斯涌出

矿井在生产或建设过程中，煤体受到破坏，贮存在煤体内的部分瓦斯就会离开煤体涌入采掘空间，这种现象叫“瓦斯涌出”。

根据瓦斯涌出特性的不同，瓦斯涌出可分为普通涌出和特殊涌出两种形式。

1. 普通涌出

由于受采掘工作的影响，促使瓦斯长时间均匀、缓慢地从煤、岩体中释放出来，这种涌出形式称为普通涌出。这种涌出时间长、范围广、涌出量多，是瓦斯涌出的主要形式。

2. 特殊涌出

瓦斯特殊涌出包括瓦斯喷出和煤（岩）与瓦斯突出两种形式。

①瓦斯喷出：在短时间内，大量处于高压状态的瓦斯，从煤体或岩体裂隙、孔洞或炮眼中大量异常涌出的现象。在20m巷道范围内，涌出瓦斯量大于或等于1.0m^3/min，且持续时间在8h以上时，该采掘区即定为瓦斯喷出危险区。

②煤（岩）与瓦斯突出：在地应力和瓦斯的共同作用下，破碎的煤、岩和瓦斯由煤体或岩体内突然向采掘空间抛出的异常动力现象，伴随有大量的煤粉（或岩石）抛出，并有强大的机械效应。

二、瓦斯爆炸及其预防、处置

瓦斯爆炸就是瓦斯（CH_4）在高温火源的作用下，与空气中的氧气发生剧烈的化学反应，生成二氧化碳和水蒸气，同时产生大量的热量，形成高温、高压，并以极快的速度向外冲击而产生的动力现象。

1. 瓦斯爆炸的条件

瓦斯发生爆炸必须同时具备三个基本条件：一是瓦斯浓度在爆炸界限内，一般为5% ~16%；二是混合气体中氧气的浓度不低于12%；三是有足够能量的点火源。需要说明的是，瓦斯爆炸的三个条件必须同时满足，缺一不可。

2. 瓦斯爆炸的危害

（1）产生高温、高压。井下发生的瓦斯爆炸，产生的高温，瞬间高达2000℃以上，产生的瞬间压力高达1000kPa。这样高的温度和压力不仅会烧伤人、烧坏设备，还能引起矿井火灾，扬起大量煤尘，引起煤尘爆炸，使灾害进一步扩大。

（2）产生冲击波及反向冲击波。在爆炸产生的高温、高压作用下，形成威力巨大的冲击波，瞬间波速高达1000m/s以上，可破坏井下一切设施、设备。但是，反向冲击波以极快的速度沿着原冲击波破坏过的区域反冲，其破坏性更大。如果反向冲击波带有大量的瓦斯、煤尘、氧气回到爆炸源，且火源尚未熄灭，就能引起连续性爆炸。

（3）产生大量有毒有害气体。瓦斯爆炸可产生大量的有毒有害气体，其中一氧化碳浓度高达2% ~5%，这是造成大量人员伤亡的主要原因。统计资料表明，直接死于瓦斯爆炸的人员占总死亡人数的20%左右，而绝大多数人员死于一氧化碳中毒，他们要占总人数80%左右。所以《煤矿安全规程》规定：入井人员必须佩戴自救器。

3. 瓦斯事故隐患的易发地点

瓦斯比空气轻，因此，在风速低的情况下，瓦斯会积聚在巷道顶部、冒落高顶和上山迎头等处。

井下任何地点都有发生瓦斯爆炸的可能，但大部分发生在采掘工作面的以下部位：

（1）采煤工作面的上隅角、采空区边界处、采煤机切割部附近。

（2）顶板冒落的空硐内、低风速巷道的顶板附近、停风的盲巷。

（3）掘进工作面的巷道隅角、掘进机切割头周围。

4. 瓦斯爆炸前的预兆

瓦斯爆炸前能感觉到附近空气有颤动的现象发生，有时还发出咝咝的空气流动的声音。这可能是爆炸前爆炸源吸入大量氧气所致，一般认为是瓦斯爆炸前的预兆。

发现瓦斯爆炸前的预兆，应立即停止作业，迅速撤离，并立即向矿有关部门报告，以采取紧急措施。

5. 预防瓦斯爆炸的措施

预防瓦斯爆炸应从瓦斯爆炸的三个条件入手，即设法防止瓦斯积聚和出现引火火源；同时一旦出现瓦斯爆炸，还要设法防止爆炸事故扩大。

（1）防止瓦斯积聚的措施

落实瓦斯防治的“十二字方针”：先抽后采、监测监控、以风定产，从源头上消除瓦斯的危害。防止瓦斯积聚必须保证采掘工作面有足够的供风量，以稀释并排出涌出的瓦斯。严禁敞开风门，严禁物料堵塞风道，保证风流畅通。要建立健全矿井瓦斯管理制度，建立合理的矿井通风系统，加强盲巷和采空区瓦斯及容易积聚瓦斯地点的日常管理，及时处理局部积聚的瓦斯。

①加强通风管理工作，采用合理的通风系统，确保矿井供风持续、稳定、安全、可靠。

②加强瓦斯检查及管理工作，及时发现瓦斯超限和积聚，使事故消灭在萌芽中；建立健全瓦斯检查制度；检查人员经培训合格后持证上岗发现问题及时处理并汇报；加强矿井安全监控系统的管理和维护，随时了解各监控点的参数变化情况。

③及时处理局部积聚的瓦斯（在巷道的冒落空硐、盲巷、独头巷道以及风流达不到的其他地方，出现瓦斯浓度在2%以上，体积在0.5m^3以上的现象，叫做局部瓦斯积聚。处理局部瓦斯积聚的方法有：充填置换法、分支导风管法、导风板法、隔离抽放法）。

④抽放瓦斯（煤层瓦斯抽放或采空区瓦斯抽放等）。

（2）防止引燃瓦斯的措施

引燃引爆瓦斯的火源主要有电火花、爆破火花、撞击火花、明火等。严格施行入井检身制度，严禁携带烟草及引火物入井，井下严禁吸烟和使用明火。井下需要进行电焊、气焊和喷灯焊接时，应制定安全措施，严格审批手续，并按《煤矿安全规程》的有关规定执行。

①严禁携带烟草及点火工具下井；严禁穿化纤衣服入井；井下禁止使用电炉；严禁拆卸、敲打、撞击矿灯；井口房、瓦斯抽放站、通风机房周围20m内禁止使用明火；井下电、气焊工作应严格审批手续并制定有效的安全措施；加强井下火区管理等。

②井下爆破工作必须使用煤矿许用电雷管和煤矿许用炸药，且质量合格，严禁使用不合格或变质电雷管或炸药，严格执行“一炮三检”制度。在瓦斯矿井中，必须使用煤矿许用炸药，严禁使用不合格或变质的炸药。爆破使用的雷管、炮泥、装药量以及放炮地点附近的瓦斯浓度等必须符合《煤矿安全规程》的有关规定。禁止放糊炮、明炮。

③加强井下机电和电气设备管理，防止出现电气火花。如局部通风机必须设置风电闭锁和瓦斯电闭锁等。井下使用的机械和电气设备，必须符合《煤矿安全规程》的要求，并要经常检查和维修，使之始终处于完好的状态。

④加强井下机械的日常维护和保养工作，防止机械摩擦火花引燃瓦斯。采煤工作面要防止采煤机截齿、钢丝绳和输送机链条等与煤层中坚硬矿物摩擦产生的火花。

（3）防止瓦斯爆炸灾害范围扩大的措施

防止瓦斯爆炸范围扩大的措施主要有以下几个方面：

①实行分区式通风，各水平、采区或工作面都应有其独立的进、回风系统。

②通风系统力求简单，不用的巷道及时封闭。

③装有主要通风机的井口必须设置防爆门。

④矿井主要通风机必须装有反风设备，要能在10min内改变巷道中的风流方向。

⑤在连接两翼、相邻的采区、相邻的煤层的巷道中，设置岩粉棚或水槽棚、水幕，以阻止瓦斯爆炸火焰的传播。

⑥编制周密的预防和处理灾害计划，并向入井工作人员进行救灾安全知识教育，制订安全撤退路线（避灾路线），同时加强矿山救护队的工作等。

6. 发生瓦斯、煤尘爆炸事故时的应急避险

瓦斯爆炸事故通常会造成重大的伤亡，因此，煤矿职工应了解和掌握在发生瓦斯爆炸时的避险自救知识。瓦斯、煤尘爆炸时可产生巨大的声响、高温、有毒气体、炽热火焰和强烈冲击波。因此，在避难自救时应特别注意以下几个要点：

①当灾害发生时一定要镇静清醒，不要惊慌失措、乱喊乱跑。当听到或感觉到爆炸声响和空气冲击波时，应立即背朝声响和气浪传来方向、脸朝下、

双手置于身体下面、闭上眼睛迅速卧倒。头部要尽量低，有水沟的地方最好趴在水沟边上或坚固的障碍物后面。

②立即屏住呼吸，用湿毛巾捂住口鼻，防止吸入有毒的高温气体，避免中毒和灼伤气管和内脏。

③用衣服将自己身上的裸露部分尽量盖严，以防火焰和高温气体灼伤皮肉。

④迅速戴好自救器，以防止吸入有毒气体。

⑤高温气浪和冲击波过后应立即辨别方向，以最短的距离进入新鲜风流中，并按照避灾路线尽快逃离灾区。

⑥已无法逃离灾区时，应立即选择避难硐室，充分利用现场的一切器材和设备来保护人员和自身安全。进入避难硐室后要注意安全，最好找到离水源近的地方，设法堵好硐口，防止有害气体进入。注意节约矿灯用电和食品，室外要做好标记，有规律地敲打连接外部的管子、轨道等，发出求救信号。

7. 瓦斯、煤尘爆炸事故的应急处置

①在矿井通风系统未遭到严重破坏的情况下，原则上保持现有通风系统，保证主要通风机的正常运转。

②及时切断灾区及其影响范围内的电源，消除火源，防止再次爆炸。

③清点井下人员，控制入井人数。

④救援指挥部应根据事故地点、波及范围、通风、瓦斯以及巷道内有无明火、水淹等情况，迅速决定是否采取全矿井或局部反风措施。

⑤采取一切有效措施，及时救助灾区和可能影响区域内的遇险人员，尽量避免或减少人员伤亡。

⑥处理事故时，在保证安全的前提下，应在灾区附近的新鲜风流中选择安全地点设立井下救援基地。

⑦在确认无再次爆炸危险时，及时修复被破坏的巷道和通风设施，以恢复正常通风。

⑧井下基地要设有通往指挥部和灾区的电话，备有必要的装备和救护器材，并由专人经常检查基地风流和气体变化情况。

⑨救护队员除佩戴氧气呼吸器外，必须携带一定数量的隔离式或压缩氧自救器，发现被困人员后，首先将其抢救脱险；发现火源应立即扑灭，防止再次爆炸。

⑩当有爆炸危险时，必须立即将可能受威胁的现场救援人员全部撤到安全地点，并采取措施，排除爆炸危险性，防止连锁爆炸，扩大事故的影响。

8. 瓦斯燃烧事故的应急处置

①在矿井通风系统未遭到严重破坏的情况下，原则上保持现有通风系统，保证主要通风机的正常运转。

②事故发生后，必须严格控制入井人数，准确统计出井下和各采区人数。

③瓦斯燃烧引起火灾时，火灾现场人员首先应直接灭火，当直接灭火无效时，立即向调度室汇报，汇报后佩戴自救器沿避灾路线撤退；电器、油类着火不得用水直接灭火。不经救援领导小组同意，任何人不得改变通风方式。

④采面发生燃烧，在人员全部撤出且不易直接灭火时，应采取封闭的方法或利用通风设施，在机巷和风巷砌筑密闭墙，采取均压方法灭火。

三、煤与瓦斯突出及其预防

在煤矿井下由于地应力和瓦斯压力的共同作用，在极短的时间内，破碎的煤、岩和瓦斯由煤体或岩体内突然向采掘空间抛出的异常的动力现象，称为煤（岩）与瓦斯突出，是另一种类型的瓦斯特殊涌出。煤与瓦斯突出动力现象，是由地应力、瓦斯压力和煤岩性质综合作用的结果。

1. 煤与瓦斯突出的预兆

实践证明，大多数突出都有一些能为人的感官所觉察到的预兆。熟悉和掌握这些预兆，对于减少突出危害、保证人身安全有着重要的意义。煤与瓦斯突出前具有以下各种预兆：

①无声预兆。

工作面顶板压力增大，使支架变形、煤壁外鼓、片帮、掉渣、顶板下沉或底板鼓起，煤层层理紊乱，煤暗淡无光泽，煤质变软，瓦斯涌出量异常或忽大忽小，煤壁发凉，打钻时有顶钻、卡钻、喷瓦斯等现象。

②有声预兆。

煤层在变形过程中发生劈裂声、闷雷声、机枪声、响煤炮，声音由远到近、由小到大，有短暂的、有连续的，间隔时间长短也不一致，煤壁发生震动和冲击，顶板来压、支架发出断裂声。

特别注意：任何一次突出前，并不是所有预兆都出现，仅出现其中一种或数种，而且有的预兆还不明显，也有的预兆距发生突出的时间很短。因此，发现任何预兆，都要格外警惕，及时报告和躲避。

2. 煤与瓦斯突出的危害及易发环节和地点

当发生煤与瓦斯突出时，采掘工作面的煤壁将遭到破坏，大量的煤与瓦斯将从煤层内部以极快的速度向巷道或采掘空间喷出，充塞巷道，煤层中会形成孔洞，同时由于伴随有强大的冲击力，巷道设施会被摧毁，通风系统会被破坏，甚至发生风流逆转，还可能造成人员窒息和发生瓦斯爆炸、燃烧及煤流埋人事故，它是矿井最严重的灾害之一。

在采掘工作面都会发生煤与瓦斯突出，且以掘进工作面居多。就生产工序来讲，煤与瓦斯突出大多发生在爆破、风镐（或手镐）作业的环节中。从地质构造来讲，断层带、破碎带、煤层厚度变化带、褶曲地点和煤层倾角变化地点都是容易发生突出的地点。

3. 预防煤与瓦斯突出的措施

预防煤与瓦斯突出的措施分为区域性措施和局部措施两大类。此外还有一些安全措施和组织措施等。

（1）预防突出的区域性措施。

①开采保护层：开采保护层就是在煤层群开采时，选择其中没有突出危险或突出危险小的煤层先开采，然后再去开采突出危险大的煤层。这样就把先开采的煤层叫保护层，后开采的煤层称为被保护层。根据《煤矿安全生产规程》2012年版在突出矿井开采煤层群时，应优先选择开采保护层防治突出措施。开采保护层后，在被保护层中受到保护的区域可按无突出危险区进行采掘作业；在未受到保护的区域，必须采取综合防治突出措施。开采保护层时，应同时抽放被保护层的瓦斯。开采近距离保护层时，必须采取措施严防被保护层初期卸压的瓦斯突然涌入保护层采掘工作面和误穿突出煤层。

②邻近层（或本煤层）瓦斯抽放：煤层瓦斯抽放能有效地降低煤层瓦斯含量，降低煤（岩）孔洞或裂隙内瓦斯的压力，因此，它也是预防瓦斯突出的一项重要而有效的措施。

（2）预防突出的局部性措施。

①震动性爆破：它是一种诱导突出的方法。人员撤出后，远距离爆破一次揭开具有突出危险的煤层。此法虽不能抑制突出，但能避免人身伤亡事故的发生，因此，常在石门揭煤时应用此法。根据《煤矿安全生产规程》2012年版第201条，石门揭穿（开）突出煤层前，当预测为突出危险工作面时，必须采取防治突出措施，经检验措施有效后，方可用远距离爆破揭穿（开）煤层；若经检验措施无效，必须采取补充防治突出措施直至有效。当预测为无突出危险工作面时，方可直接采用远距离爆破或震动爆破揭穿（开）煤层。厚度小于0.3m的突出煤层，可直接采用震动爆破或远距离爆破揭穿。

②水力冲孔：利用高压水射流来破坏煤岩的外部或内部应力和瓦斯的不稳定平衡，从而诱导控制其潜能的释放，以达到防止突出事故的发生。

③多排钻孔：多排钻孔一般用于石门揭煤时，从石门工作面向煤层打若

干排排放瓦斯的钻孔，使煤层中的瓦斯从钻孔内自然排放，以降低瓦斯压力和含量，缓和煤岩体内的应力状态，从而达到预防突出的目的。

④超前钻孔：超前钻孔是在煤巷掘进工作面的前方，打75mm～300mm直径的钻孔，用以排放瓦斯，并在钻孔周围形成卸压带，使应力集中区移到煤体深部，以防止突出。

⑤松动爆破：在坚硬煤层平巷掘进工作面布置3～5个钻孔，孔深7m～10m，每孔装1kg～5kg炸药，爆破后松动煤体，产生裂隙，使高压瓦斯缓慢释放卸压以防突出。

⑥专门支架：利用专门支架增加煤体的稳定性和支架的承载能力，是一种辅助措施。

需注意的是，突出煤层的采掘工作面，应根据煤层实际情况选用防治突出措施，掘进上山时不应采取松动爆破、水力冲孔、水力疏松等措施。

（3）“四位一体”综合防突措施。

在防治煤与瓦斯突出的实践中，我国总结了一套行之有效的综合防突措施，习惯上称为“四位一体”的防突措施，也有叫双“四位一体”，即区域“四位一体”、局部“四位一体”综合防突措施。区域“四位一体”：区域突出危险性预测、区域防突措施、区域效果检验、区域验证；工作面“四位一体”：工作面预测、工作面防突措施、工作面防突措施的效果检验、安全防护措施。

煤与瓦斯突出具有突发性，在开采煤与瓦斯突出煤层时，为了防止突出的发生，避免突出造成人员伤亡，根据《煤矿安全生产规程》2012年版第177条，突出矿井在编制年度、季度、月生产计划的同时，必须编制防治突出措施计划。开采突出煤层时，必须采取突出危险性预测、防治突出措施的效果检验、安全防护措施等综合防治突出措施，即必须采取“四位一体”的综合防突措施。根据最新《煤矿安全生产规程》的相关规定，对于“四位一体”综合防突措施，各矿落实具体过程如下：

①对有突出危险的新建矿井，突出矿井的新水平、新采区，必须编制防治突出煤层突出的设计。

②突出矿井中布置采掘工作面应遵循下列原则：

主要巷道应布置在岩层或非突出煤层中。应尽可能减少突出煤层中的掘进工作量。开采保护层的采区，应充分利用保护层的保护范围。

应尽可能减少石门揭穿突出煤层的次数，揭穿突出煤层地点应避开地质构造带。如果条件许可，应尽量将石门布置在被保护区，或先掘出揭煤地点的煤层巷道，然后再与石门贯通。石门与突出煤层中已掘巷道贯通时，被贯通巷道应超过石门贯通位置5m以上，并保持正常通风。

在同一突出煤层的同一区段的集中应力影响范围内，不得布置2个工作面相向回采或掘进。突出煤层的掘进工作面，应避开本煤层或邻近煤层采煤工作面的应力集中范围。

③突出矿井必须及时编制矿井瓦斯地质图，图中应标明采掘进度、被保护范围、煤层赋存条件、地质构造、突出点的位置、突出强度、瓦斯基本参数等，作为突出危险性区域预测和制定防治突出措施的依据。在突出煤层顶底板掘进岩巷时，必须定期验证地质资料，及时掌握施工动态和围岩变化情况，防止误穿煤层。

④开采突出煤层时，每个采掘工作面的专职瓦斯检查工必须随时检查瓦斯，掌握突出预兆。当发现有突出预兆时，瓦斯检查工有权停止工作面作业，并协助班组长立即组织人员按避灾路线撤出、报告矿调度室。

⑤突出煤层中的突出危险区、突出威胁区，严禁采用放顶煤采煤法、水力采煤法、非正规采煤法采煤。突出煤层中的突出危险区、突出威胁区的采掘工作面严禁使用风镐作业。

⑥有突出危险的采掘工作面爆破落煤前，所有不装药的眼、孔都应用不燃性材料充填，充填深度应不小于爆破孔深度的1.5倍。

⑦煤与二氧化碳突出、岩石与二氧化碳突出的管理和防治措施参照本章规定执行。

对于预防和治理煤与瓦斯突出的各种措施和方法，各矿必须根据具体条件合理选择，同时还应遵守以下各项规定：

①在突出地点工作的人员，必须经过专门训练，掌握防治突出的基本知识，熟悉突出的各种预兆，熟悉井下的避灾路线。

②突出煤层采掘工作面都必须有独立的通风系统，并设专人检查瓦斯。该区域要安设直通矿调度室的电话，发现有突出危险时，立即撤出人员。

③在突出危险区工作的人员必须佩戴隔离式自救器。

④在有突出危险的煤层中进行采掘工作时，在一个或相邻的两个采区中、同一煤层的同一区段，禁止布置两个工作面同时相向回采，禁止两个工作面同时相向掘进。

⑤在有突出危险煤层中的掘进工作面，应在其进风侧的巷道中设置两道坚固的反向风门，并保持回风巷道畅通无阻。

⑥在突出煤层的采掘工作面附近的进风巷中，必须设置有供给压缩空气的避难硐室或急救袋；其回风巷中，如有人作业，也应设置。

4. 发现突出预兆时的应急避险

（1）采煤工作面。发现有突出预兆或发生突出时，迅速向进风侧撤离。撤离中快速打开自救器并佩戴好，迎着新鲜风流继续外撤。如果距离新鲜风流太远时，应首先撤到避难所，或利用急救袋进行自救，等待救护队救援。

（2）掘进工作面。迅速向外撤离至反向风门之外，并关好反向风门，之后继续外撤，撤离中快速佩戴好自救器。如果自救器发生故障或佩戴自救器仍不能安全到达新鲜风流时，应立即撤到避难所或利用急救袋进行自救，等待救援。

5. 煤与瓦斯突出事故的应急处置

矿井发生了煤与瓦斯突出事故，现场人员必须正确进行避灾，设法自救和互救。

（1）维护安全的工作环境

①在矿井通风系统未遭到严重破坏的情况下，原则上保持现有通风系统，保证主要通风机的正常运转。

②发生煤（岩）与瓦斯突出时，对充满瓦斯的主要巷道应加强通风管理，防止风流逆转，复建通风系统，恢复正常通风，按规定将高浓度瓦斯直接引入回风道中排出矿井。

③根据灾区情况迅速抢救遇险人员，在抢险救援过程中注意突出预兆，防止再次突出造成事故扩大。

④要慎重处置灾区和受影响区域的电源，断电作业应在远距离进行，以防止产生电火花引起爆炸。

⑤灾区内不准随意启闭电器开关，不要扭动矿灯和灯盖，严密监视原有的火区，查清突出后是否出现新火源，并加以控制，防止引爆瓦斯。

⑥综掘、综采、炮采工作面发生突出时，施工人员佩戴好隔离式自救器或就近躲入压风自救袋内，打开压风并迅速佩戴好隔离式自救器，按避灾路线撤出灾区后，由当班班组长或瓦斯检查员及时向调度室汇报，矿调度室通知受灾害影响范围内的所有人员撤离。

⑦制定并严格执行清煤和排放瓦斯措施，以防事故再生和扩大。

（2）佩戴隔离式自救器保护自己

在有煤与瓦斯突出危险的矿井，矿工要把自己的隔离式自救器带在身上，一旦发生煤与瓦斯突出事故，立即打开外壳佩戴好，迅速外撤。

（3）寻找可避难的场所

矿工在撤退途中，如果退路被堵，可到矿井专门设置的井下避难所暂避。也可寻找有压缩空气管路或铁风管的巷道、硐室躲避。这时要把管子的螺丝接头卸开，形成正压通风，以延长避难时间，并设法与外界保持联系。

（4）新鲜风流区域的职工主动正确参加救护工作

①瓦斯突出事故波及范围比较大，如果灾区停电无被水淹的危险，应远距离切断电源。严禁任何人在瓦斯超限有爆炸危险的现场停、送电，防止产生火花引起爆炸。如灾区因停电有被水淹危险时应加强通风，特别要加强电器设备处的通风，做到运转的设备不停电、停电的设备不送电。

②在灾情之外的人员，发现突出事故发生后要通过电话或其他通信方式向领导或调度室报告发生事故的时间、地点、人员情况及其他情况，阻止不佩戴防护装备的人员进入灾区。对灾区内距离新鲜风流近的人员进行抢救时必须佩戴隔离式自救器。

四、瓦斯抽放与排放

（一）瓦斯抽放

为了减少和解除矿井瓦斯对煤矿安全生产的威胁，利用机械设备和专用管道造成负压，将煤层中存在或释放出的瓦斯抽出来，输送到地面或其他安全地点的做法叫做瓦斯抽放。

1. 瓦斯抽放的基本方法

矿井瓦斯抽放的方式和方法多种多样，一般有三种分类方法，见表2－1。瓦斯抽放方法虽然有不同分类方法，但在现场应用时，往往是相互结合、不能截然分开的。如本煤层抽放中包括巷道预抽法、钻孔预抽法及边采（掘）边抽法；而钻孔抽放法又应用于本煤层抽放、邻近层抽放等。

表2－1　　矿井瓦斯抽放方法分类

分类方法	瓦斯抽放方法
1. 按抽放瓦斯的来源分类	1. 本煤层瓦斯抽放 2. 邻近层瓦斯抽放 3. 采空区瓦斯抽放
2. 按抽放与采掘的时间关系分类	1. 采前抽放（也叫预抽） 2. 采中抽放（也叫边采边抽、边掘边抽） 3. 采后抽放
3. 按施工工艺分类	1. 巷道抽放法 2. 钻孔抽放法 3. 巷道钻孔混合抽放法

2. 瓦斯抽放系统

矿井瓦斯抽放是由一系列抽放设备组成的系统来完成的，瓦斯抽放设备能够造成一定负压将瓦斯从煤层中抽出并通过管道输送到地面或其他安全地点。由瓦斯抽放设备和管路等构成的系统，称为瓦斯抽放系统。瓦斯抽放系统主要由瓦斯泵、管路系统、流量计和安全装置等组成。

（1）瓦斯泵

我国煤矿常用的瓦斯泵有三种类型：水环式真空泵、离心式瓦斯泵和回转式瓦斯泵。

（2）瓦斯抽放泵站

瓦斯抽放泵站，是安装瓦斯抽放泵的地点。泵站是瓦斯抽放系统的重要组成部分，其安全管理必须符合有关规定。

许多矿井或区域瓦斯抽放工作量并不是很大，往往这些矿井或区域只需设置临时瓦斯抽放泵站。临时瓦斯抽放泵站根据矿井的具体情况一般设置在井下。

（3）瓦斯抽放管路

瓦斯抽放管路由总管、分管及支管等组成。管材一般选用无缝钢管、焊接管等，支管也可选用玻璃钢管。

（4）流量计

为了全面掌握和了解井下瓦斯的抽放情况，更好地管理瓦斯抽放工作，需要在瓦斯抽放总管路、支（干）管路和各钻场内安设流量计，以便了解各管路的瓦斯量。

（5）安全防护装置

瓦斯抽放管路中应按要求设置安全装置，其主要作用是确保瓦斯抽放管路安全、可靠、有效地运行，便于控制、防止和消灭管路中的瓦斯爆炸与燃烧事故的发生和扩大。主要有放水装置，防爆、防回火装置，控制流量装置，放空和避雷装置等。

（二）瓦斯排放

煤矿井下生产过程中，会不可避免地出现瓦斯积聚现象，因此，排放瓦斯是经常的工作。

1. 排放瓦斯的安全措施

①计算排放瓦斯量，预计排放所需时间。

②明确排出的瓦斯与全风压风流混合处的瓦斯浓度，制订控制送入独头巷道风量的方法，严禁“一风吹”。

③确定排放瓦斯流经的路线，标明通风设施、电气设备的位置。

④明确撤人范围，指定警戒人位置。

⑤明确停电范围、停电地点及断、复电的执行人。

⑥明确必须检查瓦斯的地点和复电时的瓦斯浓度。

⑦明确排放瓦斯的负责人和参加人员及各自担负的责任。

⑧图文齐全、清楚，通风设施、机电设备及甲烷传感器等应该上图的，都要准确，不能遗漏。

2. 独巷排放瓦斯的方法

（1）局部通风机直接排放法

独巷停风时间较短，积存的瓦斯量不多，在排放瓦斯回风线路上瓦斯浓度不超过规定时，可直接启动局部通风机进行排放。

（2）增阻排放法

排放前，在回风口以外的新风流一侧将风筒用绳子捆结一定的程度，以增加阻力，控制通过风筒的风量，使排出后在汇合处瓦斯浓度控制在规定范围内。

（3）风筒接头调风排放法

若独巷距离远、停风时间长、瓦斯积聚量大，启动局部通风机排放瓦斯前，在回风口一侧的全风压巷道内，将风筒接头断开，然后启动局部通风机，并检查局部通风机是否出现循环风。一旦出现循环风，立即停止局部通风机运转，将局部通风机一侧的风筒捆小，增加阻力，减少风量，消除循环风。

（4）风筒三通调风排放法

独巷敷设风筒时，在回风口一侧的全风压风流中敷设一个三通风筒，平时将三通风筒未用的一头封堵。启动局部通风机排放瓦斯前，将三通风筒封堵的一头放开，启动局部通风机检查有无循环风，确认无循环风后开始排放瓦斯。当局部通风机启动后，风筒中的大部分风量经三通未用的一头进入回风内，很少一部分风量送往独巷，便不会造成排出瓦斯浓度超限。为做到绝对有把握，可将三通至独巷的一头缩小，然后根据需要逐渐放大，直至全部放完。在回风瓦斯浓度不超限时，可以慢慢缩小三通未用的一头，全部封严后送往独巷的风量已达最高值。当回风长时间都稳定在安全瓦斯浓度内时，证明独巷瓦斯已排放完毕。

（5）逐段通风排放法

一般情况下，已经封闭的独巷里面都已积聚了瓦斯浓度高的气体，排放时比较困难。所以，启封密闭排放瓦斯要十分慎重。

通常独巷内都未敷设风筒，启封密闭排放瓦斯时要敷设风筒。一种方法是一次性将风筒全部敷设好，然后排放瓦斯。这种方法有两点不足，一是敷设风筒比较困难，需要人工将风筒运往独巷，距离越长越困难；二是工作人员在无风的高浓度瓦斯区作业，进入里面必须佩戴呼吸器，加上一次敷设风筒的时间又比较长，安全上受到的各种威胁大。因此，采用逐段排放法较好。

（6）钻孔贯通利用矿井总负压排放法

该方法用于：掘进工作面贯通待贯通的积聚瓦斯的巷道和总负压通风的巷道贯通待贯通的积聚瓦斯的巷道。这种方法可以减少待贯通巷道敷设风筒排放瓦斯的麻烦。

值得注意的是，掘进巷道贯通采用钻孔超前贯通排放瓦斯时，当钻孔通过的风量与局部通风机供给的风量相等或相差不大时，掘进巷道便处于无风或微风状态，很不安全。因此，一是在设计施工钻孔时，要保证钻孔的总断面积（用钻孔的个数和直径计算）所通过的风量不使掘进巷道的风速低于规定值；二是注意观察掘进巷道的风速，当其风速降低到一定值时，则应停止局部通风机运转，让矿井总负压风量通过掘进巷道经钻孔进入待贯通巷道排放瓦斯。

3. 排放瓦斯应注意的事项

①了解停电、风时间及瓦斯积聚情况，结合井下实际情况，以便选择排放瓦斯的方法。

独巷停电、风会成瓦斯积聚，可根据瓦斯涌出情况计算瓦斯积聚量。

②掌握排放回风线路各区间的风量及瓦斯浓度。按规定要求，估算单位时间内各回风区间的最大允许排放瓦斯量，以便在排放时控制排放量，防止各回风区间瓦斯超过规定。

③了解供电情况。回风线路中有电源时，必须在排放前断掉；独巷有电源时，检查有无风电闭锁装置以及是否良好。

④了解排放瓦斯时采用调节风量的条件，以便采取调节风量控制瓦斯浓度的方法。

⑤回风线路各通道设岗警戒。

⑥排放时在回风汇合均匀处设2个以上检查瓦斯浓度点，以便控制排放浓度。一般检测人员站在新风流中用光学甲烷检测仪配长胶管伸向回风一侧检查，或用甲烷检测报警仪吊挂在测点监视，有条件时可以将甲烷传感器移到测点监视。

⑦编制排放瓦斯措施，报矿总工程师批准，并严格按措施执行。

⑧核实措施是否与现场实际相符合。制订的措施与井下实际情况有出入或者情况发生了变化，必须增补措施后再执行。

⑨检查局部通风机附近10m内瓦斯是否超过0.5%。每次启动局部通风机或调整风量后，要及时检查局部通风机是否发生循环风。如果发生循环风，立即停止局部通风机运转，消除循环风，然后再启动局部通风机排放瓦斯。

⑩瓦斯排放后，检测人员才能逐渐向独巷内检查瓦斯及支护情况。当整个独巷内瓦斯浓度降到1%以下时，才能送电恢复作业。

⑪ 每次排放瓦斯，都必须根据实际情况选择排放方法，并在措施中作明确规定。

第三节 矿尘灾害防治

煤矿粉尘（简称粉尘）是煤尘、岩尘和其他有毒有害粉尘的总称。在煤矿生产过程中，伴随煤和岩石破碎而产生的煤、岩石及其他矿物质的细微颗粒称为矿尘。矿尘一般分为煤尘和岩尘。煤尘是指粒径小于1mm的煤炭颗粒，它含有较多的以固定碳为主的可燃物质。

一、粉尘的危害

粉尘的危害主要表现在对人体健康和安全生产两个方面。

工人长期吸入煤矿粉尘（如硅尘和煤尘）后，轻者会患呼吸道炎症，重者会患尘肺病，而尘肺病引起的矿工致残和死亡人数，在国内外都十分惊人，另外还能引起皮肤发炎、角膜炎、上呼吸道发炎等。

煤矿粉尘危害的另一个表现是燃烧和爆炸。有爆炸性的煤尘在一定的条件下，能够发生爆炸，造成人员伤亡、设备毁坏、停产、资源浪费等。例如，煤尘能够在完全没有瓦斯存在的情况下爆炸；对于瓦斯矿井，则有可能发生瓦斯和煤尘同时爆炸事故。

除此以外，煤矿粉尘能加速机械的磨损，减少精密仪表的使用寿命，降低工作场所的能见度，使工伤事故增多。

因此，认真做好煤矿粉尘防治工作，是矿井安全生产管理中必不可少的环节。

二、煤尘爆炸的条件和事故类型

1. 煤尘爆炸的条件

煤尘发生爆炸，必须同时具备以下四个条件：

（1）煤尘自身具备爆炸危险性。

煤矿生产中产生的煤尘不是都具有爆炸危险性，它是发生煤尘爆炸的基本条件。煤尘是否具有爆炸性，主要决定于它的挥发含量，挥发含量大于10%的煤尘一般都具有爆炸危险性。

（2）煤尘的浓度处在爆炸极限范围内。

具有爆炸危险性的煤尘，只有呈悬浮状态并达到一定浓度范围，才有可能发生爆炸，空气中能发生爆炸的最低浮游煤尘浓度，称为爆炸的下限浓度，简称爆炸下限；空气中能发生爆炸的最高煤尘浓度，称为爆炸的上限浓度，简称爆炸上限。煤尘爆炸是在爆炸下限和爆炸上限之间的浓度范围内发生的。当具有爆炸性的煤尘悬浮在空气中的浓度达到一定值时可能发生爆炸。我国试验表明，煤尘爆炸下限浓度为 $45g/m^3$，上限浓度为 $1500 \sim 2000g/m^3$。爆炸威力最强的煤尘浓度为 $300g/m^3 \sim 400g/m^3$。

（3）着火源存在且能量大于爆炸最小点火能。

煤尘爆炸除了必须具备上述两个条件外，还必须具有点火源存在。煤尘云的着火温度因其可燃挥发分含量、粒度、浓度等因素的差异而不同，一般为610℃～1015℃，多数为700℃～900℃。井下能引起煤尘云产生爆炸的高温热源很多，如爆破作业时产生的炸药火焰、电气设备产生的电火花、提升运输及采掘机械设备产生的摩擦火花、架线机车及电缆破坏产生的电弧、瓦斯燃烧或爆炸、井下火灾或明火、矿灯故障产生的火花等。

（4）空气中的氧气浓度不低于18%。

空气中氧含量小于18%时，一般情况下，煤尘不能爆炸。

2. 煤尘爆炸的事故类型

煤矿粉尘爆炸事故主要是指煤尘爆炸事故。按照参与爆炸的爆炸物种类，煤矿粉尘爆炸事故可以分成两类：一类是单一的煤尘爆炸事故；另一类是瓦斯煤尘爆炸事故。

单一的煤尘爆炸事故，是指在没有瓦斯参与的情况下，由于煤尘浓度处于爆炸极限浓度区间内，在外界火源激发的情况下，发生爆炸事故。这类事故的外界火源多为放炮引起的能量密度较高的火源。

瓦斯煤尘爆炸事故，一般是矿井首先发生瓦斯爆炸，爆炸冲击波扬起巷道四壁的沉积煤尘，形成“粉尘云”，其浓度处于爆炸极限范围内，在瓦斯爆炸气流的高温高压作用下，煤尘被强制点燃爆炸。这类事故一旦发生，如果矿井未设立阻爆、隔爆系统或系统不完善，则可能会导致矿毁人亡的灾难性后果发生。

三、掘进工作面综合防尘措施

《煤矿安全规程》第十七条规定：“掘进井巷和硐室时，必须采取湿式钻眼、冲洗井壁巷帮、水炮泥、爆破喷雾、装岩（煤）洒水和净化风流等综合防尘措施。”

1. 机掘作业的防尘

①掘进机内喷雾装置的使用水压不得小于3.0MPa，外喷雾装置的使用水压不得小于1.5MPa

②采用除尘器抽尘净化措施时，应对含尘气流进行有效控制，以阻止截割粉尘向外扩散。工作面所形成的混合式通风应符合MT/T441的规定。

2. 炮掘作业防尘

①钻眼应采取湿式作业，供水压力以0.3MPa左右为宜，但应低于风压0.1MPa~0.2MPa，耗水量以2L/min~3L/min为宜，以钻孔流出的污水呈乳状岩浆为准。

②炮眼内应填塞封式水炮泥，水炮泥的装填量应在1节级以上。

③放炮前应对工作面30m范围内的巷道周边进行冲洗。

④放炮时必须在距离工作面10~15m地点安装压气喷雾器或高压喷雾降尘系统实行放炮喷雾。雾幕应覆盖全断面并在放炮后连续喷雾5min以上。当采用高压喷雾降尘时，喷雾压力不得小于8.0MPa。

⑤放炮后，装煤（矸）前必须对距离工作面30m范围内的巷道周边和装煤（矸）堆洒水。在装煤（矸）过程中，边装边洒水，采用铲斗装煤（矸）机时，装岩机应安装自动或人工控制水阀的喷雾系统，实行装煤（矸）喷雾。

3. 锚喷支护的防尘

①打锚杆眼宜实施湿式钻孔，采取有效防尘措施后可采用干式钻孔。

②沙石混合料颗粒粒径不得超过15mm，且应在下井前洒水预湿。

③喷射机上料口及排气口应配备捕尘除尘装置。

④距锚喷作业地点下风流方向100m内应设置两道以上风流净化水幕，且喷射混凝土时工作地点应采用除尘器抽尘净化。

4. 转载防尘

（1）转载点防尘。

①转载点落差宜小于或等于0.5m，若超过0.5m，则必须安装溜槽或导向板。

②各转载点应实施喷雾降尘，或采用除尘器除尘。

③在装煤点下风侧20m内，必须设置一道风流净化水幕。

（2）运输防尘。

运输巷内应设置自动控制风流净化水幕。

5. 其他防尘措施

①距离工作面50m内应设置一道自动控制风流净化水幕。

②距离工作面20m范围内的巷道，每班至少冲洗一次；20m以外的巷道每旬至少应冲洗一次，并消除堆积浮煤。

此外，掘进巷道排尘风速应符合《煤矿安全规程》规定。

四、煤尘爆炸事故的预防措施

煤尘遇到外界火源很容易引起火灾。具有爆炸危险的爆尘达到一定浓度时，在引爆火源作用下可发生爆炸。在瓦斯矿井中则可能发生瓦斯、煤尘混合爆炸事故。初次爆炸后，爆炸产生的冲击波使沿途巷道中沉积的煤尘扬起，而煤尘爆炸飞散的火花又可能引起第二次爆炸，乃至所有巷道沉积的煤尘都发生爆炸。煤尘爆炸或煤尘、瓦斯混合爆炸往往造成矿毁人亡，损失惨重。

（一）防爆措施

1. 防止煤尘达到爆炸浓度

（1）冲洗法。

对巷道壁帮的沉积煤尘，用高压水冲洗，防止煤尘飞扬。操作要按相关规定操作，注意安全。

（2）煤层注水。

通过钻孔将压力水注入煤层裂隙和孔隙之中，使煤体湿润，开采时就能减少煤尘的产生量。

（3）水炮泥。

放炮作业使用水炮泥封堵炮眼，借助放炮时爆破冲击力使水散成雾状，从而湿润煤粒，达到降尘的目的。

（4）湿式打眼。

在用煤电钻钻孔时，不断将压力水注入孔底，使煤尘变成煤浆流出，抑制煤尘的生成和飞扬。

（5）喷雾洒水。

在集中产尘点安设喷雾洒水装置，包括放炮喷雾、转载喷雾洒水、采掘机内外喷雾、装载洒水、冲洗煤壁、风流净化水幕等，从而使已经产生的煤尘迅速沉降，减少煤尘飞扬的数量和时间。

（6）清扫积尘。

沉落在巷道中的煤尘要定期清扫，以免其变成浮尘，为煤尘爆炸提供物质基础。

（7）撒布岩粉。

在巷道内撒布惰性岩粉，增加煤尘的灰分，使煤尘失去爆炸性。

（8）黏结法。

煤尘发生爆炸的最小粒度是5μm，使用黏结剂增加煤尘的粒度，可使煤尘失去爆炸性。

（9）清扫法。

主要用于井筒、大巷、车场等地点。

2. 防止引爆煤尘的措施

预防煤尘爆炸必须防止点燃煤尘的高温热源出现，严禁出现一切非生产性火源，严格管理和限制生产中可能出现的火源、热源。

（1）加强管理，提高防火意识。

严禁携带烟草、点火物品和穿化纤衣服入井，井下严禁使用灯泡和电炉取暖，不得从事电焊、气焊和喷灯焊等工作；井口房、通风机房周围20m内禁止有明火；矿灯发放前应保证完好，在井下使用时严禁敲打、撞击，发生故障严禁拆开。新工人入井前，必须进行防火防爆的安全教育，提高他们的安全意识。

（2）防止放炮火源。

在有瓦斯、煤尘爆炸危险的煤层中，采掘面爆破都必须使用取得产品许可证的雷管和炸药，使用合格的放炮器放炮，禁止使用闸刀开关等明电放炮。井下放炮工作必须由专职的放炮员担任。放炮前必须充填好炮泥，严禁放明炮、糊炮、连环炮。

（3）防止电气火源和静电火源。

井下电气设备的选用应符合《煤矿安全规程》的要求，井下严禁带电检修、搬迁电气设备、电缆和电线。井下防爆电器在入井前须由专门的防爆设备检查员进行安全检查，合格后方可入井。井下供电应做到：无“鸡爪子”、“羊尾巴”和明接头，有过电流和漏电保护，有接地装置；应坚持使用检漏继电器、煤电钻综合保护和局部通风机风电闭锁。为防止静电火花，井下使用的高分子材料如塑料、橡胶、树脂品，其表面电阻应低于其安全限定值。如洒水、排水用塑料管外壁表面电阻应当小于1×109Ω等。消除井下杂散电流产生的火源首先应普查井下杂散电流的分布，针对产生的原因采取有效措施，防治杂散电流。

（4）防止摩擦和撞击点火。

随着井下机械化程度的日益提高，机械摩擦、冲击引燃瓦斯的危险性也相应增加。防治的主要措施有：在摩擦发热的装置上安设过热保护装置和温度检测报警断电装置；在摩擦部件金属表面，附着活性低的金属，使其形成的摩擦火花难以引燃瓦斯，或在合金表面涂苯乙烯醇酸，以防止摩擦火花的产生；工作面遇坚硬夹石或硫化铁夹层时，不能强行截割，应放炮处理；应定期检查截齿和其后的喷水装置，保证其工作正常。另外还必须加强瓦斯的检查监测。

（二）隔爆措施

《煤矿安全规程》规定：开采有煤尘爆炸危险煤层的矿井，必须有预防和隔绝煤尘爆炸的措施。矿井的两翼、相邻的采区、相邻的煤层、相邻的采煤工作面间，煤层掘进巷道同与其相连的巷道间，煤仓同与其相连的巷道间，采用独立通风并有煤尘爆炸危险的其他地点同与其相连通的巷道间，必须用水棚或岩粉棚隔开。必须及时清除巷道中的浮煤，清扫或冲洗沉积煤尘，定期撒布岩粉；应定期对主要大巷刷浆。

目前，国内外通常采用的隔爆措施有：在可能发生煤尘爆炸地点的通道上，预先设置岩粉棚、水棚和自动隔爆棚、隔爆水幕及撒布岩粉袋等。煤矿多用水棚，使用开口吊挂式水槽或水袋。一旦发生煤尘爆炸，利用煤尘爆炸产生冲击波使其自燃动作，将消焰剂（岩粉、水等）弥散于巷道空间，阻隔（或熄灭）爆炸火焰的传播，实现隔绝煤尘连续爆炸的目的。此措施也适用于防止瓦斯爆炸事故扩大。

（三）《煤矿安全规程》关于煤矿粉尘防治的规定

（1）新矿井的地质精查报告中，必须有所有煤层的煤尘爆炸性鉴定资料。生产矿井每延深一个新水平，应进行1次煤尘爆炸性试验工作。煤尘的爆炸性由国家授权单位进行鉴定，鉴定结果必须报煤矿安全监察机构备案。煤矿企业应根据鉴定结果采取相应的安全措施。

（2）矿井必须建立完善的防尘供水系统。没有防尘供水管路的采掘工作面不得生产。

（3）对产生煤（岩）尘的地点应采取以下防尘措施：

①掘进井巷和硐室时，必须采取湿式钻眼、冲洗井壁巷帮、水炮泥、爆破喷雾、装岩（煤）洒水和净化风流等综合防尘措施。

②采煤工作面应采取煤层注水防尘措施。

③炮采工作面应采取湿式打眼，使用水炮泥；爆破前、后应冲洗煤壁，

爆破时应喷雾降尘，出煤时洒水。

④采煤机、掘进机作业的防尘必须符合有关规定。液压支架和放顶煤采煤工作面的放煤口，必须安装喷雾装置，降柱、移架或放煤时同步喷雾。破碎机必须安装防尘罩和喷雾装置或除尘器。

⑤采煤工作面回风巷应安设风流净化水幕。

⑥井下煤仓放煤口、溜煤眼放煤口、输送机转载点和卸载点，以及地面筛分厂、破碎车间、带式输送机走廊、转载点等地点，都必须安设喷雾装置或除尘器，作业时进行喷雾降尘或用除尘器除尘。

⑦在煤、岩层中钻孔，应采取湿式钻孔。煤（岩）与瓦斯突出煤层中瓦斯抽放钻孔难以采取湿式钻孔时，可采取干式钻孔，但必须采取捕尘、降尘措施，工作人员必须佩戴防尘保护用品。

（4）开采有煤尘爆炸危险煤层的矿井，必须有预防和隔绝煤尘爆炸的措施。

（5）矿井每年应制定综合防尘措施、预防和隔绝煤尘爆炸措施及管理制度，并组织实施。矿井应每周至少检查1次煤尘隔爆设施的安装地点、数量、水量或岩粉量及安装质量是否符合要求。

五、煤尘爆炸事故的应急处置

煤尘爆炸事故的应急处置与瓦斯爆炸事故的应急处置内容相同，详见本章第二节“瓦斯、煤尘爆炸事故的应急处置”。

第四节　矿井火灾防治

发生在井下的火灾及发生在井口附近但危害到井下安全的火灾，称为矿井火灾。矿井火灾是煤矿五大灾害之一。因此，煤矿职工了解和掌握矿井火灾防治和事故预防的知识是十分必要的。

一、矿井火灾的分类和危害

1. 矿井火灾的分类

根据引起矿井火灾的火源不同，通常可将矿井火灾分成两大类：一是外部火源引起的矿井火灾，也叫外因火灾；二是由于煤炭自身的物理、化学性质的内在因素引起的火灾，也叫内因火灾。

（1）外因火灾

又称外源火灾，是指由于外来热源，如明火、放糊炮、电焊、气焊、在井下吸烟、人为纵火等原因造成的火灾。一般容易发生在井口附近、井下机电硐室、采掘工作面和有电缆的木支架巷道处。外因火灾的特点是：突然发生，如果不能及时发现，常可能酿成恶性事故。

(2) 内因火灾

又称自燃火灾，是指由于一些自燃物质在一定条件或环境下（如破碎后集中堆积，又有一定的风流供给）自身发生物理化学变化、积聚热量从而导致着火而形成的火灾。

根据发火地点不同，矿井火灾又可分为井筒火灾、巷道火灾、采面火灾、煤柱火灾、采空区火灾和硐室火灾。

由于燃烧物质的不同，矿井火灾又可分为机电设备火灾、火药燃烧火灾、油料燃烧火灾、坑木燃烧火灾、瓦斯燃烧火灾和煤炭燃烧火灾。

根据发火性质不同，矿井火灾还可分为原生火灾和次生或再生火灾。次生火灾是指由原生火灾而引起的火灾。在原生火灾发展过程中，含有可燃物的高温烟流由于缺氧而未能完全燃烧，在排烟的道路上一旦与风流汇合，很可能再次燃烧。

2. 矿井火灾的危害

矿井火灾的危害具体表现在以下几个方面：

(1) 井下发生火灾后，产生大量的有害气体。

高温火烟中，一氧化碳、二氧化碳等有毒有害气体会造成人员窒息、中毒，严重威胁着人的生命安全。

(2) 引起瓦斯、煤尘爆炸。

矿井火灾不仅提供了瓦斯、煤尘爆炸的热源，而且由于火的干馏作用，使井下可燃物（煤、木材等）放出氢气和其他多种碳氢化物等爆炸性气体，因此，火灾会引起瓦斯、煤尘爆炸，进一步扩大灾情。

(3) 火灾使井下风流逆转，导致灾情扩大。

矿井火灾发生后，高温浓烟流经区域的空气发生变化；温度升高，井巷中产生火风压。火风压一方面使矿井总风量发生变化；另一方面还能使局部地区风流方向变化，出现风流逆转，造成通风系统紊乱，扩大灾害范围，增大事故损失和灭火救灾的困难。

(4) 产生再生火源。

炽热含挥发性气体的烟流与相接巷道新鲜风流交汇后燃烧，使火源下风侧可能出现若干再生火源，导致煤炭资源大量被烧毁或冻结，机械设备被损坏。

（5）造成经济损失。

包括在火灾过程中烧毁的物质、资源、设备，在救灾过程中所消耗的器材、物质、人员工资以及因火灾停产、减产带来的直接经济损失，还有因封闭火区不能启封煤量所造成的经济损失，以及遇难人员的丧葬费、家属抚恤金、伤残人员医疗费等经济损失。

二、发生火灾的基本要素

引起火灾的基本要素归纳起来有以下三点：

（1）热源

具有一定温度和足够热量的热源才能引起火灾。在矿井中煤的自燃、爆破作业、机械摩擦、电流短路、吸烟、烧焊等，都有可能成为引火的热源。

（2）可燃物

在矿井中，煤本身就是一个大量且普遍存在的可燃物。另外，坑木、各类机电设备、各种油料、炸药等都具有可燃性。可燃物的存在是火灾发生的物质基础。

（3）氧气

燃烧是剧烈的氧化反应。任何可燃物尽管有热源点燃，但缺乏足够氧气时，燃烧是不能持续的，所以氧气供给是维持燃烧不可缺少的条件。

以上火灾发生的三要素必须同时存在才会发生，相互结合、缺一不可。

三、外因火灾的预防

预防外因火灾应从杜绝明火与机电火花着手，其主要措施有：

①井下严禁吸烟和使用明火。

②井下严禁使用灯泡取暖和使用电炉。

③瓦斯矿井要使用安全炸药，放炮要遵守安全规程。

④正确选择矿用型（具有不延燃护套）橡套电缆。

⑤井下和井口房不得从事电焊、气焊、喷灯焊等作业。

⑥利用火灾检测器及时发现初期火灾。

⑦井下和硐室内不准存放汽油、煤油和变压器油。

⑧矿井必须设地面消防水池和井下消防管路系统确保消防用水。

⑨新建矿井的永久井架和井口房，或者以井口为中心的联合建筑，都必须用不燃性材料建筑。

⑩进风井口应装设防火铁门，防火铁门必须严密并易于关闭，打开时不妨碍提升、运输和人员通行，并应定期维修；如不设防火铁门，必须有防止

烟火进入矿井的安全措施。

四、煤炭自燃及其预防

煤炭自燃又称为“矿井内因火灾”。破碎的煤炭及采空区的遗煤接触空气后，氧化生热，当热量积聚、煤温升高、超过临界温度时，最终导致着火，这种现象称为“煤的自燃”。据统计，矿井火灾事故中有80%以上为自燃火灾。因此，煤炭自燃既是矿井灭火工作的重点，也是我们研究、探讨的重点。

1. 煤炭自燃的条件

煤炭自燃必须同时具备以下三个条件：

①煤炭具有自燃的倾向性，并呈破碎状态堆积在一起；

②连续的通风供氧维持煤的氧化过程不断地发展；

③煤氧化生成的热量能大量蓄积，难以及时散失。

2. 煤炭自燃的易发地点

煤炭自燃的地点很多，常见地点有：

①断层附近；

②采煤工作面的进风巷、回风巷和切眼；

③停采线附近；

④遗留的煤柱；

⑤破裂的煤壁；

⑥煤巷的高冒处；

⑦假顶工作面；

⑧密闭墙内、溜煤眼；

⑨联络巷；

⑩浮煤堆积的地方。

3. 煤炭自燃的初期预兆

煤矿内因火灾事故隐患主要表现为煤炭自燃。煤炭自燃的初期预兆有如下几种：

（1）巷道内湿度增加，出现雾气、水珠。

煤炭氧化初期生成水分，往往使巷道内湿度增加，出现雾气或在巷道壁上挂有水珠；浅部开采时，冬季在地面钻孔或塌陷处会发现冒出水蒸气或冰雪融化现象。

（2）煤炭自燃放出焦油味。

煤炭从“发烧”（自热）到自燃过程中，氧化时会产生多种碳氢化合物，并放出煤油味、汽油味、松节油味或焦油味等。当嗅到这些气味时，说明煤已燃到了一定程度。

（3）巷道内发热，气温升高。

煤炭氧化自燃过程中要释放出大量热量。因此，从发火的地方流出的水和空气的温度比平时要高，这一现象人的皮肤可以直接感觉到。

（4）人有疲劳感。

煤炭氧化自燃过程中，会释放出有害气体，如二氧化碳、一氧化碳、二氧化硫等，这些有害气体会使人感到头痛、闷热、精神不振、不舒服，有疲劳感。尤其是多数人有同感时，应提高警惕，查明原因，以防矿井火灾的发生。

4. 预防煤炭自燃的主要方法

《煤矿安全规程》规定：“开采容易自燃和自燃的煤层时，必须对采空区、突出和冒落孔洞等空隙采取预防性灌浆或充填、喷洒阻化剂、注阻化泥浆、注凝胶、注惰性气体、均压等措施，编制相应的防灭火设计，防止自然发火。”

（1）均压通风控制漏风供氧。

均压通风是控制煤层开采中采空区等漏风的有效措施。要在保证冲淡甲烷气体、风速、气温和人均风量的要求下，全面施行区域性均压通风。其调压措施包括单项调压和多项措施联合调压，具体实施中形成的工作面均压逐步扩大到邻近工作面采空区的区域性均压。

（2）喷浆堵漏钻孔灌浆。

对煤层开采中的可疑地点或已出现隐患地点进行全封闭喷浆和打浅密集钻孔注浆，是防止自燃的两个有效措施。

（3）注凝胶防灭火。

采用注凝胶技术处理高温点或自燃是煤层开采中防灭火的重点措施，其方法是将凝胶注入高温点或火点的周围煤体中。其作用是既可以封堵漏风通道，又可以吸热降温。

五、矿井防火

1. 矿井防火的一般措施

（1）严格控制可能引起火灾的高温热源（此条与防止瓦斯燃烧和爆炸相应措施一致）；

（2）严格管理易燃品（油料、棉纱等）；

（3）易燃部位必须用不燃性材料构筑；

（4）设置防火铁门；

（5）设置井上、井下消防材料器材库和消防设施等。

2. 预防煤炭自燃的措施

（1）选择正确的开拓开采方法。

①巷道布置应尽量少切割煤层；

②合理选择采煤方法；

③提高回采率和加快回采速度。

（2）防止漏风。

①增大漏风风阻，构筑高质量的密闭墙。

②利用均压法减少漏风，即设法改变通风系统中的压力分布，降低漏风风路两端的风压差，从而减少漏风。

③加强通风设施的管理，保证井下各种通风设施的构筑质量。

（3）利用阻化剂防止煤炭自燃。

就是将某些能抑制煤炭氧化的物质喷洒在煤炭、采空区或压入煤体中，以控制或延缓煤的氧化过程，达到防止煤炭自燃的目的。如采空区灌浆等。

六、矿井灭火

（一）井下发生火灾时应采取的措施

1. 紧急措施

（1）现场人员在井下发生火情时，应沉着冷静，不应惊慌失措，擅自乱跑。首先应该设法弄清火灾情况（火源地点、起火原因、燃烧范围等），并采取一切可能的措施，力争尽早扑灭；与此同时，还应尽快汇报至矿调度室。调度室应立即向矿领导汇报，并通知矿山救护队。还要向危险地区发出火警信号，让受火灾威胁的人员撤离险区。

（2）矿领导接报后应立即采取下列措施：

①组织力量抢救灾区人员，并将火区扩大后可能威胁地区的人员撤出。

②采取有效措施，尽早控制火势。

③侦察火区，进一步摸清情况，组织人员灭火。

2. 控制风流措施

依据火灾情况可采取调节和控制风流方向、风量，有效控制火风压，防止风流逆转，必要时可采取全矿井反风等措施。

（二）灭火方法

1. 直接灭火法

直接灭火就是用水、沙子、岩粉、化学灭火器、高倍数泡沫灭火器或挖除火源等方法来扑灭火灾。

①用水灭火。用水灭火具有操作方便、灭火迅速、消灭彻底、所需费用少等优点，是煤矿灭火常用的方法之一。

②用沙子或岩粉灭火。用沙子或岩粉灭火，是由于沙子或岩粉能覆盖火源，能将燃烧物与空气隔绝开来使火熄灭。此外，沙子和岩粉不导电，并能吸收液体物质，因此，可用来扑灭油类或电器火灾。

③用化学灭火器灭火。干粉灭火综合了药剂的物理、化学性质和机械的双重作用，达到灭火的目的。目前，常用的干粉灭火剂有碳酸氢钠、硫酸铵、溴化铵、氯化铵、磷酸铵盐等，其中以磷酸铵盐用得最多。

④用高倍数泡沫灭火。泡沫有两大类：空气机械泡沫与化学泡沫。化学泡沫广泛应用于地面灭火。

空气机械泡沫就是用机械的方法将空气鼓入含有泡沫的水溶液而产生泡沫，泡沫发生的倍数在500～1000。由于它比化学反应产生的泡沫倍数（10～20）高得多，故又称高倍数空气机械泡沫。

泡沫灭火方法的灭火速度快，效果好，可以远距离操作，从而保证灭火人员的安全。灭火后恢复工作也较简单，而且成本低，水耗少，无毒、无腐蚀性，因此，应用范围比较广。

⑤挖除火源。挖除火源就是将已经燃烧的煤炭以及其他可燃物挖出、清除、运出矿外，这是扑灭矿井火灾最彻底的方法。但是，采用这种方法的条件是：火灾处于初起阶段，涉及范围不大；火区无瓦斯积聚，无煤尘爆炸危险；火源位于人员可直接到达的地点。

2. 隔绝灭火法

（1）隔绝灭火法的含义。这种方法是在矿井火灾不能直接扑灭时，必须在通往火区的所有井巷内构筑防火墙，将火区封闭起来，阻止空气流入，使火熄灭。这是处理大面积火灾和控制火势发展的有效措施。

一般封闭火区的密闭墙有临时密闭墙和永久密闭墙。在瓦斯矿井还应构筑防爆墙。

（2）构筑密闭墙的顺序及注意事项。在构筑密闭墙时，一般应先构筑进风侧密闭墙，后构筑回风侧密闭墙；在有瓦斯涌出的火区，为防止瓦斯积聚，进回风两侧要同时构筑密闭墙，同时封闭；对有发生瓦斯爆炸危险的火区，为保证救灾人员和构筑密闭墙人员的安全，应尽快地构筑一道防爆墙。防爆墙一般用沙子、黄土、炉灰等装在编织袋或麻袋内，建成5～6m厚的沙袋墙。

（三）灭火时的注意事项

1. 用水灭火时的注意事项

（1）要有足够的水源和水量，否则少量的水在高温条件下可以分解成具有爆炸性的氢气和助燃的氧气。

（2）灭火人员一定要站在火源的上风侧，并应保持正常通风，回风道要畅通以便将火烟和水蒸气引入回风道排出。

（3）应保持正常通风，以使高温烟气和水蒸气直接导入回风流中。

（4）水流应从火焰四周逐步移向火源中心，千万不可把水直接喷向火源中心，防止高温火源将水分解成氢气和氧气，造成氢气爆炸伤人。

（5）要随时检测火区附近的瓦斯浓度。

（6）电气设备着火时，应首先切断电源。在电源未切断前，只准使用不导电的灭火器材（如沙子、岩粉和干粉灭火器）进行灭火。如果未断电源就直接用水灭火，水导电将危及救火人员的安全。

（7）不能用水扑灭油类火灾。因为油比水轻，而且不能与水混合，它总是浮在水的表面，可以随水流动而扩大火灾面积。

2. 挖除火源灭火的注意事项

（1）挖除火源前要做好充分的准备工作，备好工具、车辆、充填材料及支护材料，并备足水量。

（2）合理确定运煤路线和排风路线，彻底清查瓦斯和煤尘积存情况。

（3）挖除火源过程中，要随时检查煤温和气温，并随时检测瓦斯浓度，防止瓦斯超限积聚后发生爆炸事故。

（4）挖出的热煤及其燃烧物应及时运往地面。

（5）遗留的空间要用不燃性材料（如沙、石、黄土等）充填起来。

（6）挖出的范围要超过煤炭发热区1m～2m之外的温度低于40℃的地方。

（7）挖煤过程中需爆破时，炮眼应注水降温至45℃以下。

七、矿井火灾事故的应急处置

（1）在矿井通风系统未遭到严重破坏的情况下，原则上保持现有通风系统，保证主要通风机的正常运转。

（2）采取一切有效措施，尽快组织撤出灾区和受影响区域人员，救助遇险人员，尽量避免或减少人员伤亡。

（3）发生火灾后，密切关注火区有害气体的变化趋势，原则上要先切断火区电源再灭火。

（4）火灾初期，应抓住有利战机，采用直接灭火和有效的通风等措施，控制火灾扩大。采用与火灾类型相应的消防灭火器材进行灭火。发生易燃支护材料和油脂着火时应首先选用灭火器灭火。井下发生煤体燃烧时首先要切断火区电源，然后再采取隔离等措施进行灭火。

（5）应根据火区所在地点、范围、火势和通风、瓦斯等情况，制定通风措施，控制风流，防止火灾有害气体向有人员的巷道蔓延和火风压导致风流逆转，以利救人和灭火。

（6）为防止火灾扩大，需改变矿井通风方法或采用反风时，应先安全撤离灾区和受威胁区域的人员。

（7）采区内直接灭火无效时，应采取隔断灭火法封闭火区。要指定专人连续监测风流方向及风流中瓦斯、煤尘、一氧化碳、二氧化碳、氧气等浓度和温度，以确保抢险救援人员的安全。

（8）当巷道发生坍塌和损坏时，要及时组织抢险队伍修建被破坏的巷道和通风设施，以恢复正常通风。

（9）进风井口建（构）筑物发生火灾时，应立即采取矿井反风或关闭井口防火门等措施，必要时，停止通风机，防止火灾气体及火焰侵入井下。

进风井筒中发生火灾时，必须采取风流短路、反风或停止主要通风机运转等措施，防止火灾产生的有害气体进入井下其他用风地点。进风井底车场和主要进风大巷发生火灾时，必须进行矿井反风或使风流短路，确保火灾气体不侵入工作区。

回风井井底发生火灾时，应保持正常通风，在有害气体不能达到爆炸条件的前提下，可减少进入火区的风量。

倾斜进风巷道中发生火灾时，可采取风流短路或局部反风。

掘进巷道发生火灾时，应保持正常通风状态，根据现场瓦斯情况，必要时可适当调整风量。

采煤工作面发生火灾时，应保持正常通风，从进风侧进行灭火，如果难以取得效果时，可采取局部反风，从回风侧灭火。

第五节 矿井水灾防治

矿区内大气降水、地表水、地下水通过各种通道涌入井下，成为矿井涌水。当矿井涌水量超过矿井正常排水能力时即会发生水患，称为矿井水灾，通常也称透水。矿井水主要来源于地表水、地下水、老空水和断层水。水害是煤矿五大灾害之一，水害事故是仅次于瓦斯爆炸的煤矿重大灾害，在煤矿重、特大事故中所占比重较大。

一、透水事故的易发地点

透水事故的易发地点有：

①接近含水层、导水断层、溶洞和导水陷落柱等地点。

②接近水淹或可能积水的井巷、老空或相邻煤矿的地点。

③接近可能与河床、湖泊、水库、蓄水池、水井等相近的断层破碎带的地点。

④打开隔离煤柱放水的地点。

⑤接近可能出水的钻孔的地点。

⑥接近有水的灌浆区的地点。

二、矿井发生透水前的异常表现和预兆

矿井发生透水前，一般都有一些异常的表现和预兆：

(1) 挂红。在煤（岩）裂隙表面附着有暗红色的水锈。

(2) 挂汗。煤（岩）壁上凝结有水珠，说明此时巷道接近积水区。但有时空气中的水分遇到低温煤（岩）壁也会挂汗，这是一种假象。所以，遇到挂汗时，要辨别真伪，其辨别方法是剥去一薄层，观察新暴露面是否也有潮气，若有则是透水预兆。

(3) 煤壁变冷。工作面接近大量积水时，气温骤降，煤壁发凉，人一进去就有阴冷的感觉，时间愈长愈感到阴凉。

(4) 出现雾气。当巷道温度很高时，积水渗到煤壁后引起蒸发而形成雾气。

(5) 水叫。采煤工作面若在煤壁、岩层内听到“吱吱”的水叫声，说明已接近高压积水区。若是煤巷掘进，则透水即将发生，这时必须立即发出警报，撤出所有受水威胁的人员。

（6）顶板淋水加大。这表明已接近积水区。

（7）顶板来压，底板鼓起。

（8）水色发浑，有臭味。这是接近老空区积水的象征。

（9）工作面有害气体增加。积水区向外散发出瓦斯、二氧化碳和硫化氢等有害气体。

（10）裂缝出现渗水。如果出水清净，则离积水区较远；若出水浑浊，则离积水区已近。

三、防治矿井水害的主要措施

防治水害工作要坚持以防为主，防治结合以及当前和长远、局部与整体、地面与井下、防治与利用相结合的原则；坚持“预测预报、有疑必探、先探后掘、先治后采”的十六字方针；落实“防、堵、疏、排、截”五项措施，根据不同的水文地质条件，采用不同的防治方法，因地制宜，统一规划，综合治理。

煤矿企业应查明矿区和矿井的水文地质情况，编制中长期防治水害规划和年度防治水害计划并组织实施。每个矿井要有准确的井上下对照图、地形地质图。中型以上的矿井，要建立地表移动塌陷观测站，测出本矿的地表移动数据。

1. 防治地表水害的措施

该措施是指在地表修筑防排水工程或采取其他措施，以限制大气降水和地表水补给含水层或直接渗入井下，从而减少矿井涌水量，防止水害事故的发生。地表水防治的主要措施有：慎重选择井筒位置、河流改道、整铺河床、修筑排（截）水沟、堵塞地表水下渗通道等。

（1）留设防水煤柱。工作面上方有江、河、湖、海、水库等压在矿井工作面之上，对矿井有危害，有透水的可能，而且不能排干，可留设防水煤柱。

（2）河流、沟渠改道。河流、沟渠压在煤层及岩层的露头部分，大量向井下漏水，对采矿有透水的威胁，可以对河流、沟渠改道。河流向井下漏水时，还可以采取对河床铺底的措施进行防漏。

（3）积水排干。对于塌陷坑积水、池塘积水等，采煤工作面生产以前，只要有突水的可能就必须将积水排干方能生产。而且在生产过程中要定期查看地面积水。为防止急倾斜煤层开采时引起地表水、冲积水流入井下造成透水事故，必须降低开采上限，留设防水煤柱，确保安全。

（4）水砂填充。采煤工作面采空区，不用垮落法管理顶板，而采用水砂灌注采空区，把采空区顶板支撑起来，降低下沉量，降低对地表下沉的影响，使水流不进入井下，也就确保了矿井的安全。

(5) 抬高主井、副井、风井的井口标高。为确保雨季安全，要调查矿井周围最高洪水位及山洪暴发的影响，抬高主井、副井、风井的井口标高。

2. 地下水害的防治措施

除了地面防治水是第一道防线外，井下防治水是防治矿井水害的重点工作，它包括很多方面和很多方法。

(1) 防隔水煤（岩）柱的留设。

在水体下、含水层下、承压含水层上或导水断层附近采掘时，为防止地表水或地下水溃入工作地点，留出的一定宽度或高度的煤岩层称为防水煤（岩）柱留设。其类型有：断层防水煤（岩）柱、井田边界煤柱、水淹区防水煤（岩）柱、地表水体煤（岩）柱、冲积层煤（岩）柱、上下（或相邻采区）防水煤（岩）柱和陷落柱防水煤（岩）柱等。根据《煤矿安全规程》2012 年版第 259 条规定，防隔水煤（岩）柱的尺寸，应当根据相邻矿井的地质构造、水文地质条件、煤层赋存条件、围岩性质、开采方法以及岩层移动规律等因素，在矿井设计中确定。留设的防水煤（岩）柱必须保持完整，不得随意变动，必要时注浆加固薄弱带。煤柱尺寸及强度要求要按规程计算。

(2) 井下截水建筑物的设置。

防水闸门和防水闸墙是井下防水的主要安全设施，凡水患威胁严重的矿井，在井下巷道设计布置中，就应当在适当地点预留防水闸门硐室和水闸墙的位置，使矿井形成分翼、分水平或分采区隔离开采。在水患发生时，能够使矿井分区隔离，缩小灾情影响范围，控制水势危害，保证矿井安全。

(3) 注浆堵水。

注浆堵水就是利用注浆技术将制成的浆液压入地下预定地点（如突水点、含水层储水空间），使之扩散、凝固、硬化，达到堵截补给水源和加固地层的作用。其应用领域包括：井筒地面预注浆；井筒工作面预注浆；井筒壁后注浆；巷道注浆；注浆恢复被淹矿井或采区；帷幕注浆堵水截流；调节矿井涌水量；底板注浆加固防止突水等方面。其中注浆管的悬挂装置安全系数不小于 8。

(4) 建立完善的井下排水系统。

矿井排水系统应按照《煤矿安全规程》的要求，配备与矿井涌水量相匹配的水仓、水泵、输电线路等设施，确保矿井正常排水，并满足特殊情况下的排水需要。

按照《煤矿安全规程》的要求，矿井井下排水设备应当满足矿井排水的要求。

①除正在检修的水泵外，应当有工作水泵和备用水泵。工作水泵的能力，应当能在20h内排出矿井24h的正常涌水量（包括充填水及其他用水）。备用水泵的能力应当不小于工作水泵能力的70%。检修水泵的能力，应当不小于工作水泵能力的25%。工作和备用水泵的总能力，应当能在20h内排出矿井24h的最大涌水量。

②排水管路应当有工作和备用水管。工作排水管路的能力，应当能配合工作水泵在20h内排出矿井24h的正常涌水量。工作和备用排水管路的总能力，应当能配合工作和备用水泵在20h内排出矿井24h的最大涌水量。

③主要泵房至少有2个出口，一个出口用斜巷通到井筒，并应高出泵房7m以上；另一个出口通到井底车场，在此出口通路内，应设置易于关闭的既能防水又能防火的密闭门。泵房和水仓的连接通道，应设置可靠的控制闸门。

④矿井主要水仓应当有主仓和副仓，当一个水仓清理时，另一个水仓能够正常使用。新建、改扩建矿井或者生产矿井的新水平，正常涌水量在1000m^3/h以下时，主要水仓的有效容量应当能容纳8h的正常涌水量。

正常涌水量大于1000m^3/h的矿井，主要水仓有效容量可以按照下式计算：

$V=2(Q+3000)$

式中 V—主要水仓的有效容量，m^3；

Q—矿井每小时的正常涌水量，m^3。

采区水仓的有效容量应当能容纳4h的采区正常涌水量。

水仓进口处应当设置箅子。对水砂充填和其他涌水中带有大量杂质的矿井，还应当设置沉淀池。水仓的空仓容量应当经常保持在总容量的50%以上。

（5）含水层的疏放降压。

对威胁开采的、较弱的煤层顶、底板直接或间接含水层，采用疏放的办法，使其疏干或降压，煤层可以在无水威胁的情况下实现安全回采。对有些水文地质单元以静储量为主的强含水层，亦可采用疏放的方法。常用的方法有：利用巷道疏放、利用放水钻孔疏放、利用疏放降压钻孔疏放、利用吸水钻孔疏放等。

（6）矿井酸性水的防治。

煤层及煤系岩层中常含黄铁矿及有机硫，这些硫化物氧化后形成硫酸，使矿井水呈酸性。酸性水对金属和混凝土有腐蚀作用，危害矿井生产。井下排除酸性水主要采取以下措施：分区排出酸性水；分级排水，降低水泵扬程；冲淡酸性水；中和酸性水；改善水泵、水管的耐酸性能等。

（7）老空水的防治。

老空水防治最关键的要求是探查积水老空区的位置（平面及垂向的积水边界范围），如果位置不清，则要坚决执行“有疑必探，先探后掘”的原则，地面进行物探，井下进行钻探。

根据《煤矿安全规程》，探放老空水前，应当首先分析查明老空水体的空间位置、积水量和水压等。探放水应当使用专用钻机，由专业人员和专职队伍进行施工，钻孔应当钻入老空水体最底部，并监视放水全过程，核对放水量和水压等，直到老空水放完为止。

（8）岩溶突水灾害的防治。

岩溶突水灾害约占整个水害事故的一半，也是新中国成立以来长期与水害斗争而一直未彻底解决的问题。从突水的方向不同，可分底板突水（由下向上）、侧方突水、顶板突水（由上向下）。防治的关键技术是：

①查明矿井水文地质条件，如含隔水层、富水性、地质构造、岩溶陷落柱等；根据《煤矿安全规程》，新建矿井揭露的水文地质条件比地质报告复杂的，应当进行水文地质补充勘探，及时查明水害隐患，采取可靠的安全防范措施。井下探放水应当采用专用钻机、由专业人员和专职探放水队伍进行施工。

②承压水上采煤时（底板岩溶水大多数是具有压力的承压水，有时压力很高，可达几至十几兆帕），必须执行采煤安全规程、“三下采煤”规程和《矿井防治水条例》，进行探水和留设相应的防水煤柱。

3. 矿井探放水

探放水包括探水和放水两个方面。探水是指采矿过程中用超前勘探方法，查明采掘工作面顶底板、侧帮和前方等水体的具体空间位置和状况等，其目的是为有效地防治矿井水做好必要的准备；放水是指为了预防水害事故，在探明情况后采取钻孔等安全方法将水体放出。有关矿井探放水的要求如下：

（1）凡采掘工作面受水害影响的矿井，应开展充水条件分析，坚持预测预报、有疑必探、先探后掘、先治后采。

（2）由于水文地质条件复杂和极复杂的矿井，在地面无法查明矿井水文地质构造和充水因素时，必须坚持有掘必探。

（3）煤矿在受水害威胁的地区，巷道掘进之前，必须采用钻探、物探、化探等方法查清水文地质条件。地测部门要提出水文地质情况分析报告，并提出水害防范措施，经煤矿总工程师组织生产、安监、地测等有关部门审查后，方可进行施工。

（4）矿井工作面回采前，必须采用物探、钻探、巷探、化探等方法查清工作面内断层、陷落柱和含水层（体）富水性等情况。地测部门要提出专门水文地质情况报告，经煤矿总工程师组织生产、安监、地测等有关部门审查后，方可进行回采。发现断层、裂隙、陷落柱等构造充水时，必须采取注浆加固或留设防隔水煤（岩）柱等安全措施，否则，不得开采。

（5）采掘工作面遇到下列情况之一时，必须进行探放水，探水前必须确定探水线并绘制在采掘工程平面图上：

①接近水淹或可能积水的井巷、老空或相邻煤矿时。

②接近含水层、导水断层、含水裂隙密集带、溶洞和陷落柱时，或通过它们之前。

③打开防隔水煤（岩）柱放水前。

④接近可能与河流、湖泊、水库、蓄水池、水井等相通的断层破碎带或裂隙发育带时。

⑤接近有出水可能的钻孔时。

⑥接近水文地质条件复杂的区域，采掘工作有涌（突）水预兆或情况不明时。

⑦采掘破坏影响范围内有承压含水层或含水构造、煤层与含水层间的防隔水煤（岩）柱厚度不清可能突水时。

⑧接近有积水的灌浆区时。

⑨接近其他可能突水地区时。

（6）采掘工作面探水前，必须编制探放水设计，确定探水警戒线，并采取防止瓦斯和其他有害气体危害等安全措施。探水眼的布置和超前距离，应根据水头高低、煤（岩）层厚度和硬度等确定。探放水设计由地测部门提出，煤矿总工程师审定，严格按设计进行探放水。

（7）探放水钻孔的布设必须遵循以下原则：

①探放老空水、陷落柱水和钻孔水等，探水钻孔应成组布设，并在巷道前方的水平面和竖直面内呈扇形。钻孔终孔位置以满足平距3m为准，厚煤层内各孔终孔的垂距不得超过1.5m。探水孔的布置和超前距离，应当根据水压大小、煤（岩）层厚度和硬度以及安全措施等，在探放水设计中作出具体规定。探放老空积水最小超前水平钻距不得小于30m，止水套管长度不得小于10m。

②探放断裂构造水、岩溶水等钻孔，必须沿掘进方向的前方及下方布置。底板方向的钻孔不得少于2个。

③煤层内原则上不得探放高于1MPa的充水断层水、含水层水及陷落柱水等，如确实需要，可先建防水闸墙，并在闸墙外向内探放水。

④上山探水时，一般应双巷掘进，其中一条超前探水、汇水，另一条用

来安全撤人。双巷间每隔30m～50m掘一联络巷并设挡水墙。

（8）井下探放水必须使用专用的探放水钻机，严禁使用煤电钻探放水。

（9）在安装钻机探水前，必须遵守下列规定：

①加强钻孔附近的巷道支护，背好帮顶，并在工作面迎头打好坚固的立柱和拦板。

②清理巷道，挖好排水沟。探水钻孔位于巷道低洼处时，必须配备与探放水量相适应的排水设备。

③在打钻地点或其附近安设专用电话。

④依据设计，确定主要探水孔位置时，应由测量人员进行标定。负责探放水工作的人员必须亲临现场，共同确定钻孔方位、倾角和钻孔布置数目以及钻进的深度。

⑤在预计水压大于0.1MPa的地点探水时，应预先固结套管，套管口应安装闸阀，套管深度必须在探放水设计中规定；应预先开掘安全躲避洞，规定撤人的避灾路线等安全措施，要使施工人员人人皆知。

⑥钻孔内水压大于1.5MPa时，应采用反压和有防喷装置的方法钻进，并有防止孔口管和煤（岩）壁突然鼓出的措施。

（10）探水钻孔除兼作堵水或疏水用钻孔外，终孔孔径一般不得大于75mm。

（11）探水钻孔超前距离和止水套管长度应符合有关规定。

（12）探放水钻进时发现煤岩松软、片帮、来压或钻眼中水压、水量突然增大和顶钻等异常时，必须立即停止钻进，但不得拔出钻杆。并立即向矿调度室汇报，派人监测水情。如发现情况危急时，必须立即撤出所有受水威胁地区的人员，然后采取措施，进行处理。

（13）探放老空水前，首先要分析查明老空水体的空间位置、积水量和水压。探放水孔必须钻入老空水体，并要监视放水全过程，核对放水量，直到老空水放完为止。钻孔接近老空，预计可能有瓦斯或其他有害气体涌出时，必须有瓦斯检查工或矿山救护队员在现场值班，检查空气成分。如果瓦斯或其他有害气体浓度超过有关规定时，必须立即停止钻进，切断电源，撤出人员，并报告矿调度室，及时处理。

（14）钻孔放水前，必须估计积水量，根据矿井排水能力和水仓容量，控制放水流量，防止淹井；放水时，必须设专人监测钻孔出水情况，测定水量和水压，做好记录。若水量突然变化，必须及时处理，并立即报告矿调度室。

四、矿井发生突水事故时的应急避险

矿井发生突水事故时，要根据灾情迅速采取以下有效措施进行紧急避险：

（1）水害事故发生后，现场及附近地点工作的人员在脱离危险后，应在可能情况下迅速观察和判断突水的地点、涌水的程度、现场被困人员的情况等，并立即报告矿调度室。同时，应利用电话或其他联络方式及时向下部水平和其他可能受到威胁区域的人员发出警报通知。

（2）现场人员在班组长的领导和指挥下，迅速清点人数，组织撤离，撤离时切断灾区电源。

（3）在突水迅猛、水流急速的情况下，现场人员应立即避开出水口和泄水流，躲避到硐室内、拐弯巷道或其他安全地点。如情况紧急来不及转移躲避，可抓牢棚梁、棚腿或其他固定物体，防止被涌水打倒和冲走。

（4）避灾路线的交叉点应设有路牌；上山独头巷道处应设有“此路不通”的路牌，并设灯光照明。当巷道中的照明的安全退路上的指示牌被破坏时，必须朝着有风流通过的上山独头巷道撤离。

（5）当老空水涌出，使所在地点有毒有害气体浓度增高时，现场职工应立即佩戴好隔离式自救器或压缩氧自救器。在未确定所在地点空气成分能否保证人员生命安全时，禁止任何人随意摘掉自救器的口具和鼻夹，以避免中毒窒息事故发生。

（6）井下发生突水事故后，不允许任何人以任何借口在不佩戴防护器具的情况下冒险进入灾区。否则，不仅达不到抢险救灾的目的，反而会造成自身伤亡、扩大事故。

（7）人员进入独头巷道时，其生存应注意以下要点：

①被困人员应静卧等待救援，同时留一人警戒；

②被困时矿灯一次只开一个；

③若备有食品，要注意节省食用，非食品不可食用；

④七天之内应尽量不饮水或少饮水，七天后必须饮水；

⑤有节奏地敲击管路或道轨往外部送信号。

（8）开动全部排水设备，事先清点好人数，人员全部撤出后，关闭防水闸门。防水闸门关闭时，做到“先深后浅、先内后外”。

（9）出口是立井时，撤离按秩序，爬梯子间手抓牢，脚蹬稳。

（10）人员升井后，立即清点人数，向领导汇报，核实入井与升井的人员。

五、矿井水灾事故的应急处理

①发生水灾事故后，应立即组织撤出受灾地区和灾害可能波及区域的全部人员。

②迅速查明水灾事故现场和突水情况，组织有关专家和工程技术人员分析形成水灾事故的突水水源、矿井充水条件、过水通道、事故将造成的危害及发展趋势，采取针对性措施，防止事故影响的扩大。

③坚持以人为本的原则，在水灾事故中若有人员被困时，应制订并实施抢险救人的办法和措施，矿山救护和医疗卫生部门做好救助准备。

④根据水灾事故抢险救援工程的需要，做好抢险救援物资准备和排水设备及配套系统的调配和组织协调工作。

⑤确认水灾已得到控制并无危害后，方可恢复矿井正常生产状态。

第三章　顶板管理与顶板灾害防治

第一节　巷道支护

在地下开掘巷道后，破坏了周围岩体的应力平衡，岩体就会向巷道空间挤压，出现矿山压力，使井巷发生变形甚至坍塌。因此，必须加强顶板管理，对井下巷道进行有效的支护。常用的巷道支护形式有架棚支护、砌碹支护和锚喷支护等。

一、架棚支护

棚式支架俗称棚子，由一梁（顶梁）两柱（柱腿）组成。是煤矿井下常用的支护形式。

按棚式支架的材料构成不同可分为木支架、金属支架和装配式混凝土支架三种。但由于木支架支护强度低、不耐火且我国木材资源紧张等，故将被逐渐淘汰，本书便不做介绍。

（一）金属支架

金属支架具有坚固，耐用，防火，架设方便，可制成各种构件，可回收复用等优点。金属支架有金属梯形支架和金属拱形支架。

1. 金属梯形支架

金属梯形支架有两种类型，一种为梯形刚性支架，另一种为梯形可缩性支架，一般多用梯形刚性支架，梯形可缩性支架应用较少。

梯形刚性支架为一梁两柱结构。梁柱连接方式多采用在柱腿上焊接一块槽板，梁上焊接一块挡板，限制梁和柱腿接口处的位移。为了防止柱腿受压陷入底板，可在腿下焊一块钢板底座。

梯形可缩性支架，也是一梁两柱结构。顶梁用矿用工字钢，柱腿用“U”形钢，由两节构件组成，用卡缆连接，具有可缩性能。

架设梯形金属支架时应遵守下列规定：

（1）严禁混用不同规格、型号的金属支架，棚腿无钢板底座的不得使用，卡缆构件要齐全。

（2）严格按中、腰线施工，并及时返线，保证巷道的坡度和方向。

（3）柱腿要靠紧梁上的挡块，不准打砸梁上焊接的矿用工字钢挡块。

（4）梁、腿接合处不吻合时，应调整梁、腿斜度和方向，严禁在缝口处打入木楔。

（5）按作业规程规定背帮背顶，并用木楔刹紧，前后棚之间必须上紧拉杆和打上撑木。

（6）固定好前探梁及防倒器。

2. 金属拱形支架

金属拱形支架可分为两类：普通金属拱形支架和“U”形钢拱形支架。普通金属拱形支架多采用工字钢、矿用工字钢或轻型钢轨制造，没有可缩性，一般仅作巷道临时支护或与锚喷支护巷道联合支护用。“U”形钢拱形支架采用“U”形钢制造，具有可缩性，多用于地压大、受采动影响显著的采区巷道。

架设拱形金属支架时应遵守的规定：

①拱梁两端与柱腿搭接吻合后，可先在两侧各上一只卡缆，然后背紧帮、顶，再用中、腰线检查支架支护质量，合格后即可将卡缆上齐。卡缆拧紧扭矩不得小于150N·m。

②“U”形钢搭接处严禁使用单卡缆。其搭接长度、卡缆中心距均要符合作业规程规定，误差不得超过10%。

（二）装配式混凝土支架

装配式混凝土支架简称钢筋混凝土支架，可分为两大类：一类是普通混凝土支架；另一类是预应力混凝土支架。

钢筋混凝土支架适应于地压稳定，断面小于12m^2的巷道，但应避免用于受采动影响的巷道。

架设钢筋混凝土支架必须遵守下列规定：

（1）所用支架构件应无开裂、露筋现象，支架接口处要垫上经防腐处理的20mm～30mm厚的木垫板。

（2）找正支架时，不准用大锤直接敲打支架，必须敲打时，应垫上木块等可塑性材料，保护支架不被损坏。

（3）钢筋混凝土支架支护巷道一般采用预制水泥板背帮背顶，梁、柱不准直接与顶、帮接触。

（4）在煤和软岩巷道中，混凝土支架紧跟工作面时，必须采取防止炮崩的加固措施，确保不崩倒、崩坏钢筋混凝土支架。

（三）架棚巷道防止倒棚的措施

（1）所有架棚巷道施工，迎头10棚必须使用棚撑或多功能探防器。

（2）大于10°（含10°）的倾斜巷道必须使用永久性棚撑。

（3）地质构造变化带及岩石破碎地带，必须使用永久性棚撑。

（4）棚撑材料可用钢材，也可用直径不小于50mm的塘材棍或40mm×40mm的方木。

（5）可缩性拱形支架，每棚都必须使用永久性拉杆，其数量、规格、质量要在作业规程中规定。

（四）架棚支护安全注意事项

（1）现场应有班、组长负责指挥协调架棚作业。

（2）严格执行敲帮问顶制度。

（3）必须检查工作地点支架的质量。

（4）必须采用金属前探梁等临时支护，严禁空顶作业。

（5）注意操作安全，保证支护施工质量。

二、砌碹支护

砌碹支护，是以料石、砌块为主要原料，以水泥砂浆胶结，或以混凝土现场浇灌而成的连续体支护。砌碹支护对围岩能够起到防止风化的作用，具有坚固、耐久、防火、阻水、通风阻力小、材料来源广、便于就地取材等优点。缺点是施工复杂，劳动强度大，成本高，进度慢。现在煤矿使用的较少。即使用之，也是在巷道服务年限超过10年以上，围岩十分破碎同时很不稳定，且有大面积淋水或部分淋水，及水质有化学腐蚀性的地段。

砌碹支护在砌碹前要按照作业规程要求，在巷道断面进行刷帮、挑顶和拆除临时支架。在砌碹过程中，需要立碹胎、模板和拆模，施工工序复杂，而且由于砌碹支护劳动强度大，大多只在地质条件复杂的时候采用，因此，施工时应特别注意安全。

砌碹支护施工安全注意事项：

（1）砌碹施工工艺复杂，区队干部应与工人一起跟班作业，及时处理施工中出现的事故隐患，保证安全施工。

（2）施工前应对施工地点的支护情况、环境等作全面检查，发现不安全因素，要及时处理，处理后方可进行工作。

（3）掘砌基础的工作必须在临时支护的保护下进行。挖基础沟槽时，一般用风镐、手镐挖掘，岩石特别坚硬时，可打浅眼、少装药爆破将岩石崩松，但必须制定专门的安全措施，防止崩倒临时支架。挖基础沟槽前，要对空帮部位进行安全检查。

(4) 立碹胎时要配足人员，由班长或经验丰富的工人统一指挥，保证立碹胎工作的安全。在砌拱过程中，要经常检查工作台的稳定性，不许在工作台上存放过多的料石，防止工作台倒塌。

(5) 回胎时要配足人力，在班长或老工人的统一指挥下进行。回收人员必须站在安全的地点，退路必须畅通，严禁无关人员在其附近停留。

(6) 有冒顶危险的地区不能进行掘、砌平行作业。巷道围岩破碎时要短段掘砌。

(7) 在上山掘进和砌碹平行作业时，在砌碹工作面上方5m～10m，要设置安全挡。在下山掘进和砌碹平行作业时，除在下山上部设置安全挡以外，砌碹和掘进工作面的上方5m～10m处也要设置，以防跑车。同时对砌碹处的材料和工具等都要有安全存放措施，防止向下滚动伤人。

三、锚喷支护

锚喷支护是锚杆与喷射混凝土联合支护的简称。二者又可单独使用，称为锚杆支护与喷射混凝土支护。

（一）锚杆支护

锚杆支护就是在巷道掘进后，先向围岩打眼，在眼孔内锚入锚杆，把巷道围岩予以加固，充分利用围岩自身的强度，从而达到支护巷道的目的。

锚杆不同于一般的支架，它不只是消极地承受巷道围岩所产生的地压和阻止破碎岩石的冒落，而是通过锚入围岩内的锚杆来改变围岩本身的力学状态，在巷道周围形成一个整体而稳定的岩石带，锚杆与围岩共同作用而达到支护巷道的目的。锚杆支护是一种积极防御的支护方法。

1. 锚杆支护施工安全注意事项

(1) 巷道锚杆支护施工必须依据作业规程进行，并且严格按照作业规程的规定组织施工。

(2) 锚杆眼必须按作业规程要求的间距和排距布置，锚杆至迎头的间距必须小于锚杆的设计排距。

(3) 打眼前必须敲帮问顶，撬掉活矸，按规定架设临时支护，严禁空顶作业。钻眼时应该按事先确定的眼位标志处钻进。钻完后应将眼内的岩粉和积水吹（掏）干净。

（4）锚杆眼应做到当班打的眼当班锚。锚杆的外露长度要符合作业规程的规定，一根锚杆上不允许上两个托板或螺帽。

（5）锚杆眼必须按照规定角度打眼，不得打穿皮眼或沿顺层面、裂缝打眼。

（6）使用树脂锚杆时应用防护手套，未固化的树脂药包和固化剂具有毒性和腐蚀性，应避免与皮肤接触。破损的药包应及时处理，严禁树脂药包接触明火。

（7）锚杆安装时的预应力必须符合作业规程的规定，否则将可能导致重大事故的发生。

2. 锚杆施工要执行“五不”制度

（1）巷道断面不符合设计要求，危岩、活石不处理，险情未排除，班组长不画眼位；

（2）班组长不画眼位，打眼工不打眼；

（3）不按规定打眼或打眼不合格，不准安装锚杆；

（4）锚固剂质量不合格，不准使用；

（5）杆体、托盘不符合规定要求，不准使用。

（二）喷射混凝土支护

喷射混凝土是将水泥、沙、石子（也即瓜子片）按一定比例混合搅拌后，送入混凝土喷射机中，用压缩空气将干拌和料或潮料送到喷头处，在喷头的水环处加水后，高速喷射到巷道围岩表面而起到支护作用的一种支护形式和施工方法，是一种不用模板，没有浇注和捣固工序的快速、高效的混凝土施工工艺。

喷射混凝土支护具有及时、密贴、早强、封闭的特点。

根据使用机具或施工方法的不同，喷射混凝土大致可分为干式喷射法、半湿式喷射法和湿式喷射法三种。目前，使用较多的是半湿式喷射法，半湿式喷射法采用的是潮料。所谓的潮料就是先将喷射混凝土的骨料在地面或井下矿车内用水浇透，停放最少10h以上，其含水率保持在7%～8%，然后按水泥配比拌和过筛。

1. 对配拌混凝土料的要求

（1）喷射混凝土所用材料的标号、规格、材质均应符合作业规程的规定。配料前，沙、石必须过筛。

（2）必须按设计配合比计量配料。

（3）人工或机械配拌时均须采用潮拌料。人工拌料时，水泥和沙、石应清底并翻拌三遍，使其混合均匀。机械拌料时间应大于2min。

（4）速凝剂必须按作业规程规定的掺入量在喷射机上料口均匀加入。

2. 喷射混凝土前应挂“三条线”

为了保证喷射质量和巷道规格，喷浆前挂好三条线：两帮挂线，中心挂线，喷浆手照线喷。以保证厚度和喷平、喷直、喷齐。

为了确保巷道轮廓线，有的要求更严格，挂好七条线。即在喷射范围内的巷道顶部中心与两肩窝部位，两侧拱基线上下七个部位，沿巷道轴线方向在巷道轮廓线上甩铅丝拉好控制线，控制线多少视巷道成型情况和喷射手技术熟练程度而定。

3. 喷浆手应做到“五不喷”

除必须做到围岩面用风、水吹洗干净外，还必须做到以下几点：

（1）两帮的基础挖不到底不喷。

（2）巷道尺寸不合格不喷。

（3）锚杆数量、质量不合格不喷。

（4）中线、腰线不清不喷。

（5）混凝土配料搅拌不匀不喷。

4. 喷浆工应做到“四到底”

（1）喷浆前工作面矸石清到底。

（2）巷道的浮石、活石找到底。

（3）两帮基础挖到底。

（4）喷浆后回弹物清理到底。

5. 喷射混凝土开停机的顺序

喷射混凝土前开机时必须先给水，后给料，再开机，最后上料。当喷射混凝土结束停机时必须先停料，后停机，再关水，最后停风。

6. 掺入速凝剂的规定

速凝剂的掺入量一般为水泥重量的2%～4%。

何时掺入为宜：必须边喷边放入喷射机中，与混凝土搅拌，拌入时间不得超过3min。

加入速凝剂的混凝土喷射后，初凝时间不应大于5min，终凝时间不应大于10min。

7. 对喷射混凝土工艺的一般要求

（1）合理划分作业区段，区段最大宽度不应超过2m。相邻区段喷射接茬区域应成斜交接茬，其宽度为厚度的两倍。

（2）喷射顺序：先墙后拱，从墙基开始，自下向上进行。当受喷面有裂隙或超挖的凹部位时，应首先填裂补凹，找平后再按正规要求操作喷射。

（3）喷枪头与受喷面应尽量保持垂直，喷巷帮时其喷射角度可以下俯10°~15°，喷巷顶时其最小夹角不小于65°。喷射口至喷射面的距离一般不大于1m为宜。当喷嘴的风压为0.15MPa~0.4MPa时，喷嘴与受喷面应保持在1m~1.2m以内。一般水压应比风压大0.1MPa，因为混凝土在喷头内与水混合的时间只有1/30~1/20s。但是，喷嘴处的风压与多方面的因素有关：如输料管的直径大小、输料管的接头多少与质量、输料管的长度、上山或下山、混凝土里含水量的多少、混凝土中骨料的粒度大小等。

（4）喷射方法可画圆或走线喷射均可。现场多按螺旋形一圈压半圈的轨迹移动，螺旋圈的直径以200~250mm为宜。

（5）要使喷射的混凝土无干斑、无流淌、黏着力强、回弹少。

（6）当混凝土喷射厚度大于100mm时，应采取分层喷射。初喷应紧跟迎头，厚度不小于20mm。一次喷射混凝土厚度（不是迎头初喷）墙为60mm~100mm，拱为30mm~60mm，如一次喷射厚度达不到设计要求时应分次喷射，但复喷间隔时间不得超过2h，否则应重新冲洗受喷面。

（7）在围岩渗水、涌水段喷射混凝土时，应采取减少给水量、加大速凝剂掺入量、插入导水管等措施。

（8）喷射结束后，喷层必须连续洒水养护7天，每天洒水不少于3次，保证喷层不出现龟裂现象。

（9）一次喷射完毕，应立即清理、收集回弹物（喷射混凝土的回弹率，边墙不应大于15%，拱部不应大于25%），并应将当班拌料用净。

8. 锚喷工应做好的安全工作

（1）锚喷工应佩戴劳动保护用品，如防尘口罩、护眼纱罩、风帽、长筒乳胶手套等。

（2）检查锚喷支护作业地段的围岩情况，尤其是初喷前要先敲帮问顶，清除危岩、活石，以保证安全。把机械布置在围岩稳定或已有支护的安全地带。

（3）喷射机、注浆机、水箱、风包等均应安设压力表、安全阀。

（4）高空作业搭设的工作台应坚固可靠，操作人员应佩戴安全带。

（5）发生堵管时，应尽量采用敲击法疏通，若用高压风吹通时，工作风压不超过0.5MPa，同时要放直输料管，喷射手应紧按喷头，前方严禁站人。

（6）在锚喷支护区作业，喷头或注浆管严禁直接对人，非操作人员不得随便进入作业区。

（7）施工中应经常检查输料管，出料弯管及注浆管有无磨薄击穿现象，喷射机必须保持密封性能良好，发现问题及时处理。

（8）处理机械故障时，必须及时停机、断电；开机送电时，必须要先通知有关人员，以防发生安全事故。带式上料机的传动部分应有防护罩。

（9）喷射机内积料，严禁用手处理，防止发生人身事故。

（10）打锚杆眼前必须检查顶、帮，处理危石。打眼时前方严禁站人，防止断钎伤人。

（三）联合支护

锚杆和喷射混凝土支护各有优点，但也都有不足之处。锚喷联合支护，能使两者取长补短，互为补充，是一种性能更好的支护形式。锚杆与其穿过的岩体形成承载加固拱，喷射混凝土层防止围岩风化剥落，并和围岩结合在一起，对锚杆表面的岩石起支护作用，从而提高了岩石拱的承载能力。

喷射混凝土可以有效控制锚杆间岩石的掉落，但其本身是脆性的，当岩石变形较大时，易于开裂剥落。因此，可以在锚杆与喷射混凝土之前敷设金属网，喷成钢筋混凝土层，提高喷层的整体性，改善喷层的抗拉性能，能有效地支护松散破碎的软弱岩层，形成了锚网喷联合支护。

金属网用钢筋直径一般为6mm～12mm，钢筋间距一般为200mm～400mm。

采用锚杆、锚喷等支护形式时，应遵守下列规定：

（1）锚杆、锚喷等支护的端头与掘进工作面的距离，锚杆的形式、规格、安装角度，混凝土标号、喷体厚度，挂网所采用金属网的规格以及围岩涌水的处理等，必须在施工组织设计或作业规程中规定。

（2）打锚杆眼前，必须首先敲帮问顶，将活矸处理掉，在确保安全的条件下方可作业。

（3）使用锚固剂固定锚杆时，应将孔壁冲洗干净，砂浆锚杆必须灌满填实。

（4）软岩使用锚杆支护时，必须全长锚固。

（5）锚杆必须按规定作拉力试验。煤巷还必须进行顶板离层监测，并用记录牌板显示。对喷体必须做好厚度和强度检查，并有检查和试验记录。在井下作锚固力试验时，必须有安全措施。

（6）锚杆必须用机械或力矩扳手拧紧，确保锚杆的托板紧贴巷壁。

（7）采用人工上料喷射机喷射混凝土、砂浆时，必须采用潮料，并使用除尘机对上料口、余气口除尘。喷射前，必须冲洗岩帮。喷对后应有养护措施。作业人员必须佩戴劳动保护用品。

四、锚索支护

1. 锚索支护在煤矿的应用

锚索支护技术在我国煤矿的发展较快，现在煤巷应用比较广泛。锚索通常用来加强支护。煤巷锚索的主要作用是将下部不稳定岩层悬吊在上部稳定岩层中，因而可按悬吊理论进行支护设计。

锚索支护适用于大断面、地质构造破坏地段、顶板软弱且较厚、高地应力、综放巷道等困难、复杂的巷道中。

2. 锚索施工安全注意事项

（1）检查施工地点支护状态，严防片帮、冒顶伤人。在有架空线巷道内作业时，要先停电。

（2）遇到节理、裂隙发育、顶板破碎时，应先进行临时支护，确认安全后再进行打眼。

（3）打锚索眼时，要注意观察钻进情况，有异常时必须迅速闪开，防止断钎伤人。钻机5m内不得有闲杂人员。

（4）巷道支护高度超过3m，或在倾角较大的上、下山进行支护施工，必须有脚手架或搭设工作平台。

（5）锚索张拉预紧力应控制在80kN～100kN，锚索安装48h后，如发现预紧力下降，必须及时补拉。张拉时如发现锚固不合格，必须补打合格的锚索。

（6）服务年限10年以上锚索需注浆防锈。

第二节 掘进巷道顶板管理

一、掘进工作面顶板管理的主要内容

（1）掌握巷道开掘后围岩体的范围及围岩应力分布情况。根据影响巷道围岩应力的因素：围岩的性质、巷道所处的深度、巷道周围的地质构造、水文变化、巷道的断面形状与尺寸等，了解围岩应力分布情况及在此应力作用下围岩的变形和位移后，才能选择合适的支护材料、支护形式，达到维护巷道的目的。

（2）从有利于巷道围岩的稳定性出发，合理选择巷道的施工方法，减少各工序对顶板管理的影响。

（3）按作业规程规定控制工作面空顶距离和临时支护的长度，尽可能缩短工作面空顶时间和临时支护巷道的长度。

（4）施工中，做好基础资料的积累和隐蔽工程的记录工作。施工中和竣工时，按井巷工程质量标准进行检查和验收。

二、巷道掘进期间日常顶板管理的内容

（1）敲帮问顶。上班进入工作面，打眼放炮前均应敲帮问顶，处理隐患，排除不安全因素后再作业。

（2）控制工作面空顶距离，超过规定的空顶距应先支护后掘进。

（3）单孔长距离掘进，要经常检查工作面后方支架的情况，对于断梁、折腿或变形严重的支架，应加固修复。修复巷道时，修复地点以里的人员应全部撤出，预防冒顶堵人。工作面内放炮崩倒的棚子应由外向里逐架扶棚复位。

（4）熟悉掘进巷道出现冒顶事故的原因，加强日常检查，采用针对性措施，预防冒顶片帮事故的发生。

三、掘进工作面执行敲帮问顶法的操作

掘进工作面每班开工前及放炮后进入工作面前，首先要进行敲帮问顶（找顶）工作，将松动岩石清除掉。

（1）找顶人员要站在有支架的下方安全地点，并且要保证后退路线畅通无阻。找顶地点不准同时进行其他工作。

（2）找顶工作应从有支架的地方开始，由外向里（上山迎头则必须站在一侧进行找顶，严禁站在巷中操作找顶），先顶部后两帮依次进行。顶板较高，用手镐够不到时，可以用长把工具进行找顶，找顶时要防止矸石顺杆而下。

（3）找顶工作要由两名有经验的工人担任，一人找顶，一人观察顶板，观察顶板的人要站在找顶人的侧后面，并保证两人的退路畅通。

（4）遇到有大块矸石或岩石离层，巷道压力加大时，应加强支护，可以设置临时支护，在保证安全后，再顺着裂隙、层理慢慢地凿下，不得硬刨硬挖。

（5）敲帮问顶时，找顶人员要戴手套操作，以防矸石掉落擦伤手。

（6）敲帮问顶时，对顶、帮敲击发出清脆声音的，说明顶、帮没有问题，

若对顶、帮敲击发出“空空”、“嗡嗡”或沉闷声时，说明顶、帮有问题，应立即顺着裂隙、层理慢慢找下，切不可硬刨。

（7）用手镐找顶时，应由轻而重，禁止用大抡镐的方法，而应采取背镐的方法，以免碰伤他人或自己。

（8）找顶时，只准一组进行，禁止两组同时找。以防出现险情躲闪不及而发生事故，更不准在找顶范围内有其他人进入。

第三节　采煤工作面的顶板管理

工作面回采时必须维护的工作空间宽度称为采煤工作面控顶距。控顶距以外被废弃的空间称为采空区。工作面顶板控制的主要内容，是控制顶板的变形、破坏和采空区处理。顶板控制又称顶板管理，是采煤工作面工作空间支护和采空区处理工作的总称。

一、采空区的处理方法

（1）垮落法。用垮落法处理采空区的实质是有步骤地、人为地使采空区直接顶垮落下来（称放顶工作），从而减轻直接顶对工作面的压力，并利用垮落的岩石支撑上部未垮落的基本顶。垮落法适于直接顶较易垮落的顶板。

（2）充填法。充填法可分为局部充填法和全部充填法两种。局部充填法是用砌矸石带来支撑采空区的顶板。矸石的来源可用挑顶或卧底的方法取得，也可用煤层中的夹石。充填法可用于在水体下、铁路下、建筑物下煤层的开采。

（3）煤柱支撑法（又称刀柱法）。此法是在采空区里按一定规律留煤柱支撑顶板。它的煤炭损失量大，适用于顶板极难垮落，采高较大的中厚煤层。

（4）缓慢下沉法。它是采用撤除采空区的全部支护，使顶板在垮落前靠本身的挠曲下沉与底板相接触。它适用于直接顶塑性较强、煤层厚度较小的煤层，当底板具有底鼓性质时更为适合。

二、采煤工作面顶板的支护管理

（1）支护设备。工作面支架是控制矿压的一种支护结构物。按支架的组合形式，工作面支架可分为单体支架和自移式液压支架两类。除综采工作面使用自移式液压支架外，其他工作面都使用单体支架。

单体支架是指由单体支柱与顶梁或柱帽组成的支架。前者称为悬臂支架或棚子支架，后者称为戴帽顶柱（点柱）。单体支架常用的顶梁为金属铰接顶梁。常用的支柱类型有刚性金属支柱和液压支柱。

工作面支架，除上述单体支架和液压支架两类以外，在特殊情况下，如工作面冒顶、放顶、周期来压、遇到断层等，还可采用木垛、斜撑、抬棚、丛柱、排柱等特种支架。

（2）《煤矿安全规程》规定：采煤工作面必须经常存有一定数量的备用支护材料。使用摩擦式金属支柱或单体液压支柱的工作面，必须备有坑木，其数量、规格、存放地点和管理方法必须在作业规程中规定。

采煤工作面严禁使用折损的坑木、损坏的金属顶梁和失效的单体液压支柱。

在同一采煤工作面中，不得使用不同类型和不同性能的支柱。在地质条件复杂的采煤工作面中必须使用不同类型的支柱时，必须制订安全措施。

三、特殊条件下采煤工作面顶板控制

1. 采煤工作面初采时的顶板控制

（1）开切眼高度小于采高时，应从开切眼一端开始扩巷，换成工作面支架。

（2）单体支柱工作面在顶板稳定情况下开切眼支护可以采用同工作面一样的悬臂梁支护，在原棚梁下打中柱，随后撤掉煤壁侧的棚腿，拉线打柱架设一排金属顶梁就可以开始回采。

（3）如果工作面顶板破碎，需再架设1梁3柱的抬棚，然后撤去煤壁侧帮的棚腿，开始回采。

（4）初采期间采用放小炮多循环的方式向前推进，并采用超前支护，不得放大炮。

（5）综采工作面初采时需刷大开切眼，开切眼支护根据顶板情况可采用与工作面推进方向一致的棚子加铺顶网支护或采用锚杆加铺顶网支护。

2. 采煤工作面过旧巷时的安全措施

旧巷里的支架，由于时间长和受工作面超前压力的影响，折梁断柱较多，顶板破碎，易冒顶。因此，工作面过旧巷时应采取安全措施，主要有：

（1）由于旧巷不通风，故首先要通风排出瓦斯，然后再进行巷道清理维修，加固支架，即在旧巷原有的支架下打上1梁2柱或1梁3柱的托梁顺板棚子。排瓦斯时要禁止一风吹。旧巷上有冒顶时，要用木垛接顶。分层开采时还要预先铺好顶网。

（2）旧巷因顶板压力大而破坏时，工作面不能与旧巷平行推进，应调整工作面推进方向，采用与旧巷斜交的方式通过。

（3）炮采工作面落煤时，应尽可能放小炮或放震动炮，减小对顶板的破坏。

（4）炮采工作面透旧巷前，遇煤层松软，应停止爆破，换用手镐采煤。

（5）在工作面与旧巷斜交处的空顶面积大，顶板压力集中，要增加支架密度，必要时加打木垛。

（6）如果旧巷在工作面上方，要用大于旧巷宽度的长木梁托顶。木梁一头伸入煤壁梁窝，打上贴帮柱，长梁上用木料刹紧刹严，再沿倾斜方向打上抬棚。移设输送机以后，靠采空区一侧要打上木垛。

（7）开采厚煤层时，旧巷大都在工作面下方，过旧巷前应先用采下的煤填实。工作面推到旧巷时，底板要下长底梁，支柱要支在底梁上，防止支柱下沉，旧巷处要加打木垛托顶。

（8）工作面过旧巷时要加快推进速度，减少顶板压力。同时要边采边支护，减少空顶时间和空顶面积。

（9）综采工作面过旧巷时，可利用液压支架的前探梁托住棚梁端头，再逐步拉架前移，若顶板不稳定，可在前探梁上先沿倾斜放上抬梁，用以托住空巷的棚梁前进。

3. 采煤工作面受地质构造影响较小时的安全措施

采煤工作面过断层或褶曲时，煤层的走向、倾斜、厚度往往发生明显的变化，顶底板不平整，岩石松散破碎、煤层裂隙多，裂隙中夹有白色结晶体，煤质变软，光泽变暗，有的还在断层带有淋水和瓦斯涌出量增多等现象，这种情况最容易发生顶板事故。因此，过断层或褶曲时应采取如下安全措施：

（1）过断层前，应先摸清工作面与断层走向的交角，交角越小，工作面越危险，冒顶的可能性越大，因而必要时应调整工作面的方向。对落差小的断层，工作面可用挑顶、卧底的办法直接采过去；对断层落差较大、影响范围大的断层，工作面通过困难较大时，也可另掘开切眼进行开采。

（2）在断层破碎地带，工作面顶板压力都比较大，为了加强顶板支护，在断层附近两侧要打木垛或戗柱，柱根要支在硬底上。

（3）如果采用挑顶方法过断层时要丢底煤，单体支柱要“穿木鞋”，防止钻底；如果采取卧底过断层时要丢顶煤，为防止顶煤落下造成空顶，留顶煤处要背严刹紧。

（4）过褶曲时，如果褶曲平缓，工作面可用加强支架办法采过去。如果变化大，就要挑顶或卧底并在其附近加打木垛。如果顶煤留不住，则要及时挑落，并在支架上用小木垛接顶，留底煤时支柱下要“穿木鞋”。

(5) 综采工作面通过落差小的断层时，同样可采取调整采高、挑顶卧底、垫矸石或木料和架设木垛及提吊支架等措施直接通过；断层落差大不能通过时，则应另掘开切眼。

(6) 由于煤（岩）层节理（裂隙）常与工作面前方支承压力作用而造成的采动裂隙互切，使顶板形成楔形岩块，很容易冒落，故必须及时敲帮问顶，挑落活矸并及时支护。如果工作面平行节理推进，则有冒顶危险，要注意观察顶板掉渣，及时支护，工作面要用连锁支架，并加打木垛管理，保证安全。

(7) 层理发育的顶板岩层受采动影响会产生离层现象，要经常进行敲帮问顶，发现顶板离层，要立即加强支护，并用连锁棚子，棚梁之间要打撑木。

4. 采煤工作面收尾时预防冒顶的安全措施

①开采到停采线时要留出最小控顶距，以便行人和运料。必要时用木垛保护好上、下安全出口，使退路畅通。

②回柱的次序是由采空区向煤壁，由下而上。对拉工作面及有中间巷的工作面，如煤层倾角较小，也可由两头向中间回柱。

③回柱时必须2人1组，并指定有经验人员观察顶板。采空区内支架应回收干净。

④对个别采用由上而下回柱的，要特别注意顶板，防止岩石垮落下滚造成事故。

⑤走向长壁上行水砂充填工作面结束循环时的支护形式、回柱等，都要严格执行作业规程的规定。

⑥水砂充填工作面分层开采结束后，要充满充实。

第四节　顶板事故防治

顶板事故主要是指在井下建设、生产过程中，因为顶板意外冒落、垮塌而造成的人员伤亡、设备损坏和生产停止事故。顶板事故占全国煤矿事故总起数的比例和总死亡人数的比例最高。所以，井下职工要特别注意避免工作场所顶板事故所造成的伤害。

一、顶板事故的类型及其特点与危害

按一次冒落的顶板范围和伤亡人员多少，常见的顶板事故可分为局部冒顶事故和大面积切顶事故两大类。

1. 局部冒顶事故

局部冒顶绝大部分发生在临近断层、褶曲轴部等地质构造部位，多数发生在基本顶来压前后，特别是在直接顶由强度较低、分层厚度较小的岩层组成的情况下。

采煤工作面局部冒顶易发生地点是放顶线、煤壁线、工作面上下出口和有地质构造变化的区域。

掘进工作面局部冒顶事故，易发生在掘进工作面空顶作业地点、木棚子支护的巷道，在倾斜巷道、岩石巷道、煤巷开口、地质构造变化地带和掘进巷道工作面过旧巷等处。

局部冒顶事故的主要原因是由于已破坏的顶板失去依托而造成的，其触发原因：一部分是采煤工作（包括破煤、装煤等）过程中未能及时支护已露出的破碎顶板；另一部分是回柱操作过程中发生局部冒顶事故。

2. 大面积切顶事故

大面积切顶事故（简称垮面）的特点是冒顶面积大、来势凶猛、后果严重，不仅严重影响生产，往往会导致重大人身伤亡事故。事故原因是直接顶和基本顶大面积运动造成的。

由直接顶运动所造成的垮面事故，按其作用力性质和顶板运动时的始动方向又可分为以下两类。

（1）推垮型事故。

这类事故的特点是顶板运动发生时，在平行于煤层的层面方向产生较大的推力，推倒失稳的支架造成垮面事故。

（2）压垮型事故。

这类事故主要是由于垂直于顶、底板方向的作用力压断、压弯阻力不足的支架或将支架压入抗压强度低的底板所造成的。

由基本顶运动所造成的垮面事故，按其作用力性质和顶板运动始动方向不同也可分为以下两类。

（1）冲击推垮型（即砸垮型）事故。

这类事故的特点是开始运动的基本顶首先将其作用力施加于靠近煤壁处已离层的直接顶上，造成煤壁片塌和顶板下切，紧接着高速运动的基本顶把直接顶推垮。

（2）压垮型事故。

这类事故发生在木支柱支护的工作面。可缩性很小的木支柱由于不能抵抗基本顶的压力，在基本顶的下沉过程中依次被折断，从而导致剩余支柱的支护强度不足以平衡直接顶的作用力而被全部压断，造成垮面事故。

3. 顶板事故的危害

①无论是局部冒顶还是大型冒顶，事故发生后，一般都会推倒支架，埋压设备，造成停电、停风，给安全管理带来困难，对安全生产不利。

②如果是地质构造带附近的冒顶事故，不仅给生产造成麻烦，而且有时会引起透水事故的发生。

③在有瓦斯涌出区附近发生顶板事故将伴有瓦斯的突出易造成瓦斯事故。

④如果是采掘工作面发生顶板事故，一旦人员被堵或被埋，将造成人员的伤亡。

二、顶板冒落的预兆

顶板事故前的典型预兆主要有：响声、掉渣、片帮、裂缝、脱层、漏顶等。

（1）响声。

岩层下沉断裂、顶板压力急剧加大时，支架会发生很大声响；有时也能听到采空区内顶板发出断裂的闷雷声。

（2）掉渣。

顶板岩石已有裂缝和碎块，其中小矸石稍受震动就掉落。

（3）片帮。

冒顶前煤壁所受压力增加，变得松软，片帮煤比平时多。

（4）漏顶。

破碎的伪顶或直接顶，在大面积冒顶以前，有时因为背顶不严或支架不牢而出现漏顶。若不及时处理，会使棚顶托空，支架松动。顶板岩石继续冒落，就会造成没有声响的大冒顶。

（5）裂缝。

顶板的裂缝张开，裂缝增多。

（6）脱层（离层）。

检查顶板是否脱层要用“敲帮问顶”的方法，如果声音清脆，表明顶板完好；如果顶板发出“空空”的响声，说明上下岩层已经脱离。

（7）瓦斯涌出量突然增大。

（8）顶板淋水增大。

三、发生冒顶事故时的应急处置

1. 迅速撤退到安全地点

当发现工作地点有即将发生冒顶的征兆而当时又难以采取措施防止顶板冒落时，要迅速离开危险区，撤退到安全地点。

2. 遇险时要靠煤帮贴身站立或到木垛处避灾

当发生冒顶来不及撤退到安全地点时，应靠煤帮贴身站立避灾，但要注意煤壁片帮伤人；如靠近木垛也可撤至木垛处避灾。

从采煤工作面发生冒顶，特别是大冒顶的实际情况来看，顶板沿煤壁冒落的情况很少。这是因为，煤壁上方顶板未被扰动，仍是整体。也就是说，当发生冒顶事故来不及撤退到安全地点时，靠煤帮贴身站立避灾，比在其他地方避灾防止伤亡的可能性要大一些。但是，避灾者一定要注意躲避地点附近的煤壁状况，防止煤壁片帮伤人。另外，在冒顶时可能有支柱被压断或推倒，但在一般情况下却不可能压垮或推倒质量合格的木垛，因此，在木垛附近避灾，可对遇险者起到保护作用。

从发生冒顶实际伤亡情况来看也可说明这个问题。冒顶后，不少遇险者往往是在煤壁处和木垛附近被救出的，有的虽受伤但经抢救后亦可安全脱险，有的在遇险后并未受伤。而在其他地方避灾的人员，除极少数特殊情况外生还的可能性并不大，即使抢救脱险也会因受伤严重而致残。

3. 遇险后立即发出呼救信号

冒顶对人员的伤害是砸伤、掩埋或隔堵。冒落基本稳定后，遇险人员应立即采用呼叫、敲打（不要敲打对自己有威胁的支架、物料和岩块）等方法，发出有规律、不间断的呼救信号，以便撤出的人员了解灾情，组织力量进行抢救。

冒顶后人员被埋压或隔堵，人员遇险地点的不少物料和岩块等尚处于暂时平衡状态。如不注意察看，稍一敲打就会破坏平衡而使物料、岩块等移动，造成新的冒顶，从而加剧对遇险者的伤害。

4. 遇险人员要积极开展自救和互救

事故发生后，遇险人员要听从灾区班组长和有经验的老工人的指挥，在保证安全前提下，积极开展自救和互救。被煤矸、物料等埋压的人员，不要惊慌失措，在条件不允许时切忌采用猛烈挣扎办法脱险，以免造成事故扩大。一是猛烈挣扎会震动遇险者周围物体，使被埋压人员周围的煤矸、物料失去暂时平衡，从而导致新的冒落。这样做，不仅不能脱险，还会扩大事故，增大伤害。二是遇险者被大块冒落岩石压住后挣扎也无用，根本无法脱险。而正确的方法是：正视已发生的灾害，不要惊慌失措，坚信领导和同志一定会积极抢救，注意保持自己的体力，等待救援。未受伤和受轻伤人员，要采取切实可行的措施设法营救被掩埋人员，并尽可能脱离险区或转移到较安全地点等待救援。对于被营救出的受伤人员，应立即在现场进行止血、包扎等急救处理。

四、顶板事故的预防与治理

（1）充分掌握顶板压力分布及来压规律。冒顶事故大都发生在直接顶初次垮落、老顶初次来压和周期来压过程中。只要充分掌握压力分布及来压规律，采取有效的支护措施即可防止冒顶。掘进巷道在布置及支架形式的选择上也要充分考虑压力的分布规律及顶板压力大小，把巷道布置在压力降低区内。

（2）采取有效的支护措施。根据顶板特性及压力大小采取合理、有效的支护形式控制顶板，防止冒顶。如果工作面压力太大，基本支架难以承受时，还可采用特殊支架支护顶板。综采工作面要严格控制采高，及时移架控制裸露顶板。掘进工作面要坚持使用前探梁支护。爆破前要加固棚子、实行连锁，防止崩倒棚子引起冒顶。

（3）及时处理局部漏顶，以免引起大冒顶。

（4）坚持“敲帮问顶”制度。在进入采掘工作面装煤、支护前，要“敲帮问顶”，处理已离层的顶板，如果处理不下来，要先用点柱支撑。

（5）严格按规程作业。

①必须按作业规程的规定及时支护，严禁空顶作业，并及时回柱放顶或充填。

②所有支架必须架设牢固，并有防倒措施，严禁在浮煤或浮矸上架设支架。

③严禁在控顶区内提前摘柱。

④碰倒、损坏及失效的支柱，必须立即恢复或更换。

第四章　矿井提升的安全运行和相关规定

第一节　立井提升的安全运行和规定

一、对提升信号设备的基本要求

（1）信号电源的额定供电电压不得超过127V，并设置独立的信号电源变压器及电源指示灯，信号装置的直接供电线路上严禁分接其他任何负荷。

（2）信号电缆应采用铠装或非铠装通信电缆、橡套电缆或MVV型塑力缆。

（3）井筒和巷道内的通信和信号电缆应与电力电缆分挂在井巷的两侧，如果受条件所限，在井筒内，应敷设在距电力电缆0.3m以外的地方；在巷道内，应敷设在电力电缆上方0.1m以上的地方。

二、对提升信号的要求

（1）工作信号必须声光兼备，警告信号必须为音响信号，指示信号一般为灯光信号。

（2）《煤矿安全规程》第三百九十三条规定：每一提升装置，必须装有从井底发给井口信号工和从井口信号工发给绞车司机的信号装置。井口信号装置必须与绞车的控制回路相闭锁，只有在井口信号工发出信号后，绞车才能启动。除常用的信号装置外，还必须有备用信号装置。井底车场与井口之间，井口与绞车司机台之间，除有上述信号装置外，还必须装设直通电话。1套提升装置服务几个水平使用时，从各水平发出的信号必须有区别。

（3）《煤矿安全规程》第三百九十四条规定：井底车场的信号必须经由井口信号工转发，不得越过井口信号工直接向绞车司机发信号；但有下列情况之一时，不受此限：

①发送紧急停车信号；

②箕斗提升（不包括带乘人间的箕斗的人员提升）；

③单容器提升；

④井上下信号连锁的自动化提升系统。

（4）应设置井筒检修信号及检修指示灯。在检修井筒的全段时间内，检修指示灯应保持显示。沿井壁应敷设供检修人员使用的开车、停车信号装置，或采用井筒电话与绞车司机直接联系。

（5）井口、井底及各水平，必须设置紧急停车信号。

（6）应设置各种闭锁保护的信号。

（7）缠绕式绞车必须设置松绳信号。

三、立井提升信号的特殊规定

1. 立井罐笼提升信号的特殊规定

罐笼提升作业，井口工作繁琐，环节较多。特别是副井提升作业，不仅作业内容繁杂，而且有些作业对安全的要求很高，如升降人员或特殊吊运等。所以罐笼提升信号除了应满足对提升信号的基本要求外，还必须满足下列要求：

（1）开车信号必须为转发式，并能详细区分作业内容。停车信号为直发瞬动式，各信号台的停车信号均能够直发至提升机房。

（2）开车信号应设为灯光保留信号。为了增强提升工作的安全性，立井罐笼混合提升时，应设置表示提人、提物（煤或矸石）、上下设备和材料，以及检修的灯光保自信号，并且各信号间应有闭锁。

（3）《煤矿安全规程》第三百八十四条规定：

①立井使用罐笼提升时，井口、井底和中间运输巷的安全门必须与罐位和提升信号连锁：罐笼到位并发出停车信号后安全门才能打开；安全门未关闭，只能发出调平和换层信号，但发不出开车信号；安全门关闭后才能发出开车信号；发出开车信号后，安全门打不开。

②井口、井底和中间运输巷都应设置摇台，并与罐笼停止位置、阻车器和提升信号系统连锁：罐笼未到位，放不下摇台，打不开阻车器；摇台未抬起，阻车器未关闭，发不出开车信号。

③立井井口和井底使用罐座时，必须对罐座设置闭锁装置，罐座未打开，发不出开车信号。升降人员时，严禁使用罐座。

（4）《煤矿安全规程》第三百九十五条规定：用多层罐笼升降人员或物料时，井上、下各层出车平台都必须设有信号工。各信号工发送信号时，必须遵守下列规定：

①井下各水平的总信号工收齐该水平各层信号工的信号后，方可向井口总信号工发出信号。

②井口总信号工收齐井口各层信号工信号并接到井下总信号工信号后，才可向绞车司机发出信号。

③信号系统必须设有保证按上述顺序发出信号的闭锁装置。

（5）当多层罐笼的下层装矿车、上层乘人时，信号工必须发提升人员的信号，绞车司机也必须按提升人员的速度操作绞车。严禁在同一层罐笼内人员和物料混合提升。

2. 立井箕斗提升信号的特殊规定

箕斗提升信号除应满足对提升信号的基本要求外，还应满足下列要求：

（1）开车及停车信号可以用一套信号设备并且为直发瞬动式。

（2）井口卸载煤仓及井底装载煤仓，都必须设置煤位信号。

（3）应设置溜煤嘴正常位置指示和防撞报警信号。

（4）应设停车及装载和卸载指示信号。

（5）井口煤仓的仓满信号必须与提升机的控制系统闭锁。

（6）为了防止卡箕斗事故和卡箕斗松绳后由于给煤机给煤、振动引起箕斗坠落事故的发生，箕斗提升必须同地面煤炭运输系统的井口煤仓及其给煤机密切配合，在绞车司机操纵台上设置井口煤仓给煤机运转指示灯，或安设直通电话，必要时还可以设置给煤机的停止按钮（但不能启动给煤机）。

（7）箕斗提升大多采用自动装、卸载，因此开车、停车信号的发送方式，一般应具备既能手动发送，又能自动发送的功能。

四、提升机的安全运行

1.《煤矿安全规程》对提升装置的规定

提升装置的各部分包括提升容器、连接装置、防坠器、罐耳、罐道、阻车器、罐座、摇台、装卸设备、天轮和钢丝绳，以及提升绞车各部分，包括滚筒、制动装置、深度指示器、防过卷装置、限速器、调绳装置、传动装置、电动机和控制设备以及各种保护和闭锁装置等，每天必须由专职人员检查1次，每月还必须组织有关人员检查1次。发现问题，必须立即处理，检查和处理结果都应留有记录。

主要提升装置必须配有正、副司机，在交接班升降人员的时间内，必须正司机操作，副司机监护；每班升降人员前，应先开1次空车，检查绞车动作情况；但连续运转时，不受此限。

提升装置发生故障时，必须立即向矿调度室报告。

新安装的矿井主要提升装置，必须经验收合格后方可投入使用。投入运行后的设备，必须每年进行1次检查，每3年进行1次测试，认定合格后方可继续使用。

《煤矿安全规程》规定，检查验收和测试内容应包括下列项目：

各保险装置；天轮的垂直和水平程度、有无轮缘变形和轮辐弯曲现象；电气、机械传动装置和控制系统的情况；各种调整和自动记录装置以及深度指示器的动作状况和精密程度；检查常用闸和保险闸的各部间隙及连接、固定情况，并验算其制动力矩和防滑条件；测试保险闸空动时间和制动减速度，对于摩擦轮式绞车，要检验在制动过程中钢丝绳是否打滑；测试盘形闸的贴闸压力；井架的变形、损坏、锈蚀和震动情况；井筒罐道的垂直度及固定情况。

检查和测试结果必须写成报告书，针对发现的问题，必须提出改进措施，并限期解决。

主要提升装置必须具备下列资料，并妥善保管：绞车说明书；绞车总装配图；制动装置结构图和制动系统图；电气系统图；提升装置（绞车、钢丝绳、天轮、提升容器、防坠器和罐道等）的检查记录簿；钢丝绳的检验和更换记录簿；安全保护装置试验记录簿；事故记录簿；岗位责任制和设备完好标准；司机交接班记录簿；操作规程。

制动系统图、电气系统图、提升装置的技术特征和岗位责任制等必须悬挂在绞车房内。

2.《煤矿安全规程》对把钩工的规定

井口和井底车场必须有把钩工。人员上下井时，必须遵守乘罐制度，听从把钩工指挥。开车信号发出后严禁进出罐笼。严禁在同一层罐笼内人员和物料混合提升。

3.《煤矿安全规程》对提升机司机的要求

为保证提升机的安全运行，司机应有较强的安全意识和高度的责任感，严格执行《提升机司机操作规程》和《煤矿安全规程》，集中精力，谨慎操作。

（1）提升机司机应按以下要求执行提升信号：司机不得无信号动车；当司机所收信号不清或有疑问时，应立即用电话与井口信号工联系，重发信号，再进行操作；司机接到信号因故未能执行时，应通知井口信号工，申请原信号作废，重发信号，再进行操作；罐笼（箕斗）在井口停车位置，司机不得擅自动车（不发提升信号，无法动车），因故需要动车时，应与信号工联系，按信号执行；罐笼（箕斗）在井筒内，若因检修需要动车时，应先通知信号工，经同意后可做多次不到井口的升降运行。完毕后，再通知信号工。

（2）提升机司机应遵守的安全守则：禁止超负荷运行（电流不超限）；非紧急情况运行中不得使用保险闸；斜井提升矿车脱轨时，禁止用绞车牵引复轨；不得调整制动闸；不得随意变更继电器整定值和安全保护装置整定值；检修后必须按有关规定试车，并做过卷、松绳保护试验；操作高压电气设备主回路时，应按《煤矿安全规程》要求，戴绝缘手套，穿电工绝缘靴或站在绝缘台上，一人操作，一人监护；检修人员接近或进入转动部件前，应落下保险闸，切断电源，并在闸把上挂上“有人操作，禁止动车”警示牌；工作完毕后，摘除警示牌，并应缓慢启动。操作滚筒离合时，应严格遵守离合的“分”、“合”操作规定及安全注意事项；停车期间，司机离开操作位置时必须做到：将安全闸落下；主令控制器手把置于中间“0”位；切断控制回路电源。

4.《煤矿安全规程》对提升速度、加速度和减速度的规定

立井中用罐笼升降人员时的加速度和减速度，都不得超过 $0.75m/s^2$，其最大速度，不得超过用下列公式所求得的数值，且最大不得超过12m/s：

$$v=0.5\sqrt{H}$$

式中　v——最大提升速度，m/s；

H——提升高度，m。

立井中用吊桶升降人员时的最大速度：在使用钢丝绳罐道时，不得超过上述公式求得数值的1/2；无罐道时，不得超过1m/s。

立井升降物料时，提升容器的最大速度不得超过用下列公式所求得的数值：

$$v=0.6\sqrt{H}$$

式中　v——最大提升速度，m/s；

H——提升高度，m。

立井中用吊桶升降物料时的最大速度：在使用钢丝绳罐道时，不得超过用上述公式求得数值的2/3；无罐道时，不得超过2m/s。

5.进行特殊吊运时，提升机速度应遵守以下规定

①使用罐笼运送硝化甘油类炸药或雷管时，升降速度不得超过2m/s；运送其他爆炸材料时，不得超过4m/s。

②吊桶升降速度，不论运送何种爆炸材料，都不得超过1m/s。

进行以上两项运送，在启动和停绞车时，不得使罐笼或吊桶发生震动。

③吊运特殊大型设备（物品）及长材料时，其运行速度一般不应

超过1m/s。

④人工验绳时，其运行速度一般不大于0.3m/s。

6. 检修人员站在罐笼或箕斗顶上工作时，必须遵守下列规定

在罐笼或箕斗顶上，必须装设保险伞和栏杆；必须佩戴保险带；提升容器的速度，一般为0.3m/s~0.5m/s，最大不得超过2m/s；检修用信号必须安全可靠。

7. 提升机房标准化、安全保卫制度和火灾防范

（1）提升机房标准化内容：

①房内整洁卫生、窗明几净，做到无杂物、无油垢、无积水、无灰尘，禁止用机房兼作其他用途。

②机房门口挂有“机房重地，闲人免进”字牌。

③机房设施齐全、完善、规范：机房内管线敷设整齐；有工具板，排放整齐，有帐或卡；防护用具齐全（绝缘靴、手套、试电笔、停电牌），并做到定期试验合格；灭火器材齐全，放置整齐，数量充足（2~4个灭火器，$0.2m^3$以上的防火砂）；照明适度，光线充足，并备有行灯；有适当的采暖降温设施（暖气、电扇或空调等）；带电及转动部分有保护栅栏和警示牌；室内接地系统完善，接地电阻符合规定。

（2）提升机房安全保卫制度：

①提高警惕，加强“防火、防盗、防破坏”工作，保证设备的安全运转。

②严格执行本岗位保卫制度。非本室工作人员不得入内，外来人员必须持介绍信或由有关人员陪同。

③如果发生事故，必须妥善保护现场，如实汇报情况，及时联系处理。

（3）提升机房的火灾防范及灭火方法。

①机房火灾的防范措施：保持电气设备的完好，发现故障及时处理；避免设备的温度过高；保持电气设备的清洁，电缆要吊挂整齐，及时清理设备的油污；机房内不得存放汽油、煤油及易爆物品；检修人员在地面提升机房检修中，使用易爆清洗溶剂时，严禁吸烟，检修后应立即撤除；机房内存放的润滑油容器必须将盖盖严，存放地点应避开暖气及易产生火花的电气设备；机房人员用过的棉纱、布头和纸也必须放在盖严的铁桶内，定期进行安全处理；严禁将剩油、废油泼洒在机房内；机房与井口距离不足20米时，任何时间都不得有烟火或用火炉取暖。井下提升机房不得用电炉或灯泡取暖，不得用可燃材料支护；机房内应配备符合规定的灭火（消防）器材，并加强管理，定期检查及试验，使用后及时补齐。

②提升机房发生电火灾和油火灾的灭火方法：首先，应及时处理切断电源，以防灭火者触电，控制火灾蔓延；立即向矿调度室汇报；灭火时，不可将身体或手持的用具触及导线和电气设备，以防触电；应使用不导电的灭火器材；扑灭油火时，不能使用水，只能使用黄沙、二氧化碳或干粉灭火器等。

第二节　倾斜井巷提升安全运行和规定

一、倾斜井巷提升信号的特殊规定

（1）《煤矿安全规程》第三百六十九条规定：斜井人车必须设置使跟车人在运行途中任何地点都能向司机发送紧急停车信号的装置。多水平运输时，从各水平发出的信号必须有区别。人员上、下地点应悬挂信号牌。任一区段行车时，各水平必须有信号显示。

（2）串车提升的各车场，人车上、下人地点和倾斜井巷内每隔一定距离应设置红灯信号，开车时由绞车司机送电，红灯亮时，斜巷内禁止行人。

二、倾斜井巷运输时的安全注意事项

1.《煤矿安全规程》对倾斜井巷运送人员的规定

（1）人员上下的主要倾斜井巷，垂深超过50m时，应采用机械运送人员。

（2）倾斜井巷运送人员的人车必须有顶盖，车辆上必须装有可靠的防坠器。当断绳时，防坠器能自动发生作用，也能人工操纵。

（3）倾斜井巷运送人员的人车必须有跟车人，跟车人必须坐在设有手动防坠器把手或制动器把手的位置上。每班运送人员前，必须检查人车的连接装置、保险链和防坠器，并必须先放1次空车。

（4）斜井人车必须设置使跟车人在运行途中任何地点都能向司机发送紧急停车信号的装置。多水平运输时，从各水平发出的信号必须有区别。人员上、下地点应悬挂信号牌。任一区段行车时，各水平必须有信号显示。

（5）用架空乘人装置运送人员时应遵守下列规定：

①巷道倾角不得超过设计规定的数值。

②蹬座中心至巷道一侧的距离不得小于0.7m，运行速度不得超过1.2m/s，乘坐间距不得小于5m。

③驱动装置必须有制动器。

④吊杆和牵引钢丝绳之间的连接不得自动脱扣。

⑤在下人地点的前方，必须设有能自动停车的安全装置。

⑥运行中人员要坐稳，不得引起吊杆摆动，不得手扶牵引钢丝绳，不得触及邻近的任何物体。

⑦严禁同时运送爆炸物品和人员。

⑧每日必须对整个装置检查1次，发现问题，及时处理。

2. 对连接装置的规定

倾斜井巷运输时，矿车之间的连接、矿车与钢丝绳之间的连接，必须使用不能自行脱落的连接装置，并加装保险绳。

倾斜井巷运输用的钢丝绳连接装置，在每次换钢丝绳时，必须用2倍于其最大静荷重的拉力进行试验。

倾斜井巷运输用的矿车连接装置，每年必须进行1次2倍于其最大静荷重的拉力试验。

3. 对车辆及停放、人力推车的规定

（1）各种车辆的两端必须装置碰头，每端突出的长度不得小于100mm。

（2）不得在能自动滑行的坡道上停放车辆。确需停放时，必须用可靠的制动器将车辆稳住。

（3）人力推车时，必须遵守下列规定：

①1次只准推1辆车。严禁在矿车两侧推车。同向推车的间距，在轨道坡度小于或等于5‰时，不得小于10m；坡度大于5‰时，不得小于30m。

②推车时必须时刻注意前方。在开始推车、停车、掉道，发现前方有人或有障碍物，从坡度较大的地方向下推车以及接近道岔、弯道、巷道口、风门、硐室出口时，推车人必须及时发出警号。

③严禁放飞车。巷道坡度大于7‰时，严禁人力推车。

4. 对倾斜井巷内使用串车提升的规定

（1）在倾斜井巷内安设能够将运行中断绳、脱钩的车辆阻止住的跑车防护装置。

（2）在各车场安设能够防止带绳车辆误入非运行车场或区段的阻车器。

（3）在上部平车场入口安设能够控制车辆进入摘挂钩地点的阻车器。

（4）在上部平车场接近变坡点处，安设能够阻止未连挂的车辆滑入斜巷的阻车器。

（5）在变坡点下方略大于1列车长度的地点，设置能够防止未连挂的车辆继续往下跑车的挡车栏。

（6）在各车场安设甩车时能发出警号的信号装置。

上述挡车装置必须经常关闭，放车时方准打开。兼作行驶人车的倾斜井巷，在提升人员时，倾斜井巷中的挡车装置和跑车防护装置必须是常开状态，并可靠地锁住。

三、倾斜井巷跑车事故和防跑车装置

（一）倾斜井巷跑车事故

倾斜井巷运输事故以跑车事故为主，一般分为两大类：一类是串车运行中，提升钢丝绳断裂、提升钩断裂或组成串车的各个矿车之间没有连挂及连挂装置失效引起的断绳脱钩跑车事故。其中，断绳的主要原因有：提升钢丝绳强度不足、超载提升、过卷事故、串车刮卡或掉道事故、松绳事故及提升机司机操作不当等。断钩、矿车之间没有连挂或连挂装置失效的主要原因有：提升钩强度不足、超期使用或超载提升；信号把钩工违章操作或误操作；连挂装置中的矿车碰头、钢丝绳绳扣、保险插销等不合格或失效等。另一类是带绳跑车事故，事故原因多为提升机制动力矩不足、提升机司机违章操作或钢丝绳调头作业不规范、定车装置失灵等。倾斜井巷跑车事故会损坏巷道内设施、设备，造成重大的经济损失和人身伤亡等。对倾斜井巷运输事故发生的原因进行分析，从中汲取教训，有针对性地对倾斜井巷运输事故进行有效的防治，对搞好煤矿安全生产具有重要意义。

（二）倾斜井巷防跑车装置

斜井巷使用串车运输时，为防止因脱扣、连接装置折断等原因引发跑车事故，降低事故危害，必须装设防跑车装置和跑车防护装置。

1. 防跑车装置

防跑车装置就是能够防止在倾斜井巷中发生跑车的装置，主要有防跑车保险绳和防跑车阻车器等。

（1）防跑车保险绳。防跑车保险绳有串车首尾连接式和绳套车辆式两种。

专用牵引车串车首尾连接式是在提升钢丝绳的钩头以上连接一根保险绳，提升时把保险绳的另一端沿矿车的上部绕过整个串车用插销固定在最后一辆矿车的尾部。

绳套车辆式是在提升钢丝绳的多头以上，连接一根环形保险绳，提升时把保险绳沿矿车侧面绕串车一圈套在矿车上，防止脱钩跑车。

（2）防跑车阻车器。防跑车阻车器按不同的方式分为以下几种：

按组合数量分为单式阻车器、复式阻车器。

按动力方式分为风动式、电动式和手动式。

按阻车部位分为阻轮式、阻轴式、阻碰迟式、阻挡（矿车底档）式。

2. 跑车防护装置

跑车防护装置是能够阻挡倾斜井巷内运行矿车发生跑车的装置或设施，分为常闭式和常开式两种类型。

跑车防护装置主要有如下两个功能：

①识别功能。通过传感器对下行车辆正常行车或跑车进行识别。

②防护功能。对下跑车辆进行阻挡防护。

对跑车防护装置的要求：

①在阻挡跑车时，吸收能量大，缓冲效果好，把跑车与跑车防护装置撞击造成的损失降到最低。

②跑车事故处理后，跑车防护装置复位方便，能及时恢复正常行车。正常行车时，跑车防护装置的能量消耗小。

③结构简单，动作可靠，检查维护方便。

3. 斜井（巷）轨道运输设置防跑车装置管理规定

①对于坡度小于2°（含2°）的倾斜井（巷），在实际工作中确实有必要设置时，具体设法由矿总工程师决定。

②对于斜长小于20m（含20m）的斜井（巷），上部车场必须设置一档。

③对于斜长在20m～50m的斜井（巷），上部车场及下部车场必须各设置一档。

④对于斜长大于50m的斜井（巷），上部车场变坡点下方20m处（无明显变坡点的不在此限）及下部车场必须各设置一档。在变坡点下方20m处与下部车场两档之间应视其实际长度增设一定数量的挡车装置。其中，对于坡度小于8°的斜井（巷），各档之间的距离不得大于100m。

⑤对于斜坡中有人员作业的地点，须在其上方15m～20m内增设1～2档，以确保工作人员的安全。

⑥上部车场挡车装置的位置应距上部变坡点不小于2m（含2m）；下部车场挡车装置的位置应设在距下部变坡点上方15m～20m内［有甩车道岔的应设在道岔以上，斜井长小于50m的斜井（巷）具体位置由矿总工程师决定］。所有的挡车装置必须固定在适当位置上的统一形式的装置，且要求操作方便、安全可靠。

四、对绞车运输的安全要求

1. 倾斜井巷使用绞车提升时必须遵守的规定

（1）轨道的铺设质量符合《煤矿安全规程》第三百五十三条的规定，并采取轨道防滑措施。

（2）托绳轮（辊）按设计要求设置，并保持转动灵活。

（3）倾斜井巷上端有足够的过卷距离。过卷距离根据巷道倾角、设计载荷、最大提升速度和实际制动力等参量计算确定，并有1.5倍的备用系数。

（4）串车提升的各车场设有信号硐室及躲避硐室；运人斜井各车场设有信号和候车硐室，候车硐室具有足够的空间。

2. 斜井提升时，严禁蹬钩、行人

运送物料时，开车前把钩工必须检查牵引车数、各车的连接和装载情况。牵引车数超过规定，连接不良或装载物料超重、超高、超宽或偏载严重有翻车危险时，严禁发出开车信号。

3. 对斜井串井提升信号的具体要求

（1）串车提升的各车场，人车上、下人地点和倾斜巷内每隔一定距离都要设置红灯信号，开车时由绞车司机送电，红灯亮时，斜巷内禁止行人；

（2）双道提升的斜井，应设置反映道岔事故状态的信号。

4. 对斜井提升容器的最大速度和最大加、减速度的要求

（1）升降人员时的速度，不得超过5m/s，并不得超过人车设计的最大允许速度。升降人员时的加速度和减速度，不得超过$0.5m/s^2$。

（2）用矿车升降物料时，速度不得超过5m/s。

（3）用箕斗升降物料时，速度不得超过7m/s；当铺设固定道床并采用大于或等于38kg/m钢轨时，速度不得超过9m/s。

5. 斜井（巷）提升机司机在提升机运转中的注意事项

（1）注意轴承温度，不得超过规定值。

（2）注意电动机温度，不得超过规定值。

（3）注意抱闸是否灵活可靠，当全速运行发生事故时应立即停车；停车地点与事故地点之间的距离：上行不超过5m，下行不超过10m。

（4）注意深度指示器是否准确可靠。

（5）注意机械各部的震动情况和运转声响，如有异常，应立即停车检查。

（6）钢丝绳的排列应整齐，不反圈、不松动，如果发生反圈松动现象，

应立即停车处理。

(7) 上行车行至顶端位置，下行车放到终点，如无信号，也要停止运转。

(8) 发现电动机超载、冒火或有烧焦气味时，应立即停止运转。

(9) 全速运行时，非紧急情况不得使用保险闸。

(10) 下行车必须送电运行，严禁不送电就松闸放车。

(11) 除在上、下车场停车外，中途停车任何情况下都不得松闸。

(12) 挂人车行至上、下停车场时，必须由人车把钩工打停车点。

第三节 矿井提升事故的原因及预防

一、立井提升事故的原因及预防

在各类立井提升事故中，按事故的性质基本上可分为松绳事故、断绳事故和过卷事故、电气事故、卡罐事故、断轴事故、井筒事故、检修事故和建井事故等类型。这里主要介绍松绳事故、断绳事故和过卷事故。

（一）松绳事故的原因及预防

立井松绳事故，只发生在缠绕式提升机的运行过程中。当上井口箕斗在卸载位置因满仓、冰冻、溜煤嘴闸板不能关闭而被卡住时，或提升容器向下运行时因防坠器误动作、罐内矿车溜出、刚性罐道的间距变小而被卡住时，如果松绳保护失效，提升机司机马虎大意，不能注意到提升电流增大而继续开车，下放的容器因不能向下运行而造成该钩容器的提升钢丝绳松弛，即发生松绳事故。松绳事故发生后，提升钢丝绳容易被拉断，且提升钢丝绳因弯曲、扭转而报废或缠住另一钩容器，从而会引发更大的提升事故。

【案例】

某矿主井，提升机为 XKT2×3×1.5 型。当西箕斗正在卸煤时，信号工通知司机井下无煤。司机没有注意仓满红灯已亮，在松绳警铃已响的情况下，开车把西箕斗习惯地下降到井口水平，然后停车。实际此时箕斗仍卡在卸载位置，松绳已达 24.5m。箕斗突然下落，在机房外 50m 的机电科长听到井筒巨响，到机房问司机，司机还不知已发生断绳坠斗事故，此事故造成提升机停运 38.5 小时。

为防止松绳事故的发生，主要应从以下几个方面加强管理：

(1) 根据《煤矿安全规程》第四百二十七条的规定，缠绕式提升绞车必须设置松绳保护装置并接入安全回路和报警回路，在钢丝绳松弛时能自动断电并报警。箕斗提升时，松绳保护装置动作后，严禁受煤仓放煤。此外，为确保松绳保护装置的正常使用，必须至少每天检查并试验1次。

（2）箕斗提升时，必须加强对满仓保护的检查和试验，确保满仓保护可靠、有效。

（3）箕斗提升时，必须加强对箕斗溜煤嘴闸板和卸载曲轨的维护检修，并保证溜煤嘴闸板开闭灵活和箕斗在卸载曲轨上正常运行。

（4）加强对刚性罐道的检查维护，发现罐道之间的距离变小后应立即处理，严禁在不具备安全提升条件的情况下进行提升作业。

（5）缠绕式提升机发生松绳事故后，运行电流一定会增大。因此要求提升机司机和监护司机，在提升机运行时，必须时刻注意运行电流的变化情况。一旦电流增大，必须立即停车检查。

（6）加强对提升机司机和维修人员的安全教育和安全管理工作，杜绝违章作业。

（二）断绳事故的原因及预防

断绳事故，一般发生在钢丝绳强度不足、超载提升、松绳冲击、过卷事故及钢丝绳在运行中遭受到卡罐或突然停车等情况下。

【案例】

某矿主井，提升机为2JK—3/11.5型。煤仓信号工发现仓满但时间已太晚，松绳保护又失灵，司机发现松绳时已松绳30m，钢丝绳已打卷，去找钳工处理，钳工还未赶到就已发生断绳坠斗事故。此事故造成提升机停运42.5小时。

为防止断绳事故的发生，主要应从以下几个方面加强管理：

①提升钢丝绳的使用和保管必须符合《煤矿安全规程》第三百九十八条的规定：新绳到货后，由检验单位进行验收检验。合格后应妥善保管备用，防止损坏和锈蚀。对每卷钢丝绳必须保存有包括出厂厂家合格证、验收证书等完整的原始资料。保管超过1年的钢丝绳，在悬挂前必须再进行1次检验，合格后方可使用。

②缠绕式提升机的提升钢丝绳应使用符合条件的设备和方法进行定期检验；摩擦式提升机的提升钢丝绳和平衡钢丝绳应不超过《煤矿安全规程》规定的使用期限。

③新钢丝绳及在用钢丝绳的安全系数、断丝数和直径减小量必须符合《煤矿安全规程》的相关规定。

④提升钢丝绳必须每天检查1次，并至少每月涂油1次；平衡钢丝绳必须至少每周检查1次。

⑤必须严格执行《煤矿安全规程》第三百八十二条的规定：提升装置的最大载重量和最大载重差，应在井口公布，严禁超载和超载重差运行。箕斗提升必须采用定重装置。

⑥必须严格执行《煤矿安全规程》第三百八十三条的规定：升降人员或升降人员和物料的单绳提升罐笼、带乘人间的箕斗，必须装设可靠的防坠器。

⑦必须严格执行《煤矿安全规程》第三百九十一条的规定：每天必须由专职人员对防坠器检查1次，每月必须组织有关人员对防坠器检查1次。

⑧加强对满仓保护、松绳保护、限速保护和过卷保护的检查维护，确保上述保护正常使用、动作可靠，避免由于松绳事故和过卷事故引发断绳事故。

⑨提升机司机必须按章操作，随时注意运行电流的指示变化情况，发现异常立即停车，同时，监护司机要加强责任心，确实起到监护作用。

⑩提升机司机应熟练操作，避免因突然加速、紧急停车而使提升钢丝绳受到冲击负荷的作用。

信号把钩工必须工作负责，装完矿车并确认罐内阻车器关闭后，方可发出开车信号。

（三）过卷、蹲罐事故的原因及预防

正常情况下，提升容器到达终端停止位置时应及时停车。如果容器继续上提（另一钩下放），上提的容器就会超过上井口而发生过卷事故，同时下放的容器就会发生过放（超过过放距离即为蹲罐）事故。发生过卷事故的主要原因有：提升机司机操作时马虎大意、深度指示器失效或自动控制装置出现故障、提升容器到达减速位置而没有减速、安全保护装置失效、制动装置失灵等。

【案例一】

某矿主井，罐笼提升，提升机为$2Bm^2500/1520$型。某日凌晨正在提升时，正副司机都在打盹，由于自动减速及限速保护失灵，未能及时减速，造成过卷。南罐上冲14m，被天轮二平台挡住，钢丝绳断裂。由于防坠器动作，没有造成坠罐。

【案例二】

某矿老副井，某日当班司机3人全是女青年，正在提人时，其中2名司机在室内追逐嬉戏，分散了操作司机的注意力，又因自动减速装置故障，司机没能及时采取措施，发生蹲罐事故，造成1人重伤，3人轻伤。

【案例三】

某矿副井，正在提升人员时，由于深度指示器传动伞齿轮轴断，设置在其上的所有保护均同时失效。由于司机精力不集中，没能及时发现，以致全速过卷，上罐过卷6.2m，下罐蹲罐。该井井底虽有5.8m过放距离，仍有22人受伤。

为防止过卷、蹲罐事故的发生，主要应从以下几个方面加强管理：

①加强对过卷保护装置的检查维护，并且每天至少试验1次。对于只安装1套牌坊式深度指示器的提升设备，除在深度指示器上安装1套过卷保护装置外，还应在上井口井架上再安装1套过卷保护装置。

②提升机必须安装深度指示器失效保护装置，当指示器失效时，能自动断电并使保险闸发生作用。

③加强对限速保护、过速保护、闸间隙保护和减速功能保护装置的维护检修，确保上述保护装置齐全、有效，动作灵敏可靠。

④提升机工作制动装置和保险制动装置应齐全、有效，并定期检查和试验，确保动作灵敏、制动可靠。

⑤条件允许时，可以增设后备保护系统。目前，我国已研制出多种型号的后备综合保护系统，其主要功能包括：过卷保护和自动停车；通过减速点显示和自动减速；限速保护和自动停车；深度指示器传动失效报警和自动停车；超速显示和自动停车等。当提升机现有保护装置失灵时，后备保护可以起到保护作用。

⑥提井机操作司机和监护司机必须精神集中，严格按照提升机操作规程进行操作，并注意提升容器接近终端停止位置时的示警铃声。

⑦加强对提升机司机的培训，提高司机的安全意识、技术操作水平和处理紧急事故的应变能力。

⑧加强对提升机的维护检修，尤其要对提升机的各种安全保护装置、制动装置、深度指示器和调绳离合器等进行维护检修。

二、斜井提升事故的原因及预防

在斜井提升事故中，按事故性质基本上可分为过卷事故、松绳事故、掉道事故、断轴事故等类型。这里主要介绍过卷事故和松绳事故。

（一）过卷事故的原因及预防

斜井提升系统发生过卷（过放）事故的主要原因有：提升机司机违章操作，精神不集中，进入减速点而没有减速或串车到达下坡口后仍然不停车；深度指示器失效又没有深度指示器失效保护；过卷保护、过速保护、限速保护、减速功能保护装置失效；制动装置失灵等。斜井串车提升系统发生过卷事故时，过卷后的串车在惯性作用下可能冲入上坡口平巷，如果在平巷的过卷距离内有人员，可能造成人身伤害事故；如果平巷有矿车或其他障碍物，会造成碰撞，严重时过卷后的串车在撞击力的作用下还可能反弹而滑入斜井，甚至造成断绳跑车事故。因此斜井串车提升系统发生过卷事故后产生的危害有时比立井更为严重。

【案例】

2002年12月某日，某矿主暗斜井2JK－2.5/11.5型绞车因检修时将过卷开关去掉，检修完毕，未恢复即试车对绳，司机开车车速又过快，造成斜井箕斗越过卸载曲轨，险些撞上天轮的恶性事故。

为防止过卷事故的发生，主要应从以下几个方面加强管理：

（1）加强对提升机司机的安全教育和安全培训，提高司机的安全意识、技术操作水平和处理紧急事故的应变能力，并严格按照操作规程认真操作。

（2）加强设备管理，完善各种安全保护装置，如过卷保护、限速保护、过速保护、减速功能保护和深度指示器失效保护等。并对上述保护装置按照有关规定进行认真检查和维护，确保齐全、有效，动作灵敏可靠。条件允许时，还可以增设后备保护系统。当提升机现有保护装置失灵时，后备保护可以及时投入使用，起到保护作用。

（3）提升机必须安设符合《煤矿安全规程》规定的制动装置，并正确使用，及时维护，保证其动作灵敏，制动可靠。

（4）按照《煤矿安全规程》的规定：在上坡口留有足够的过卷距离；信号把钩工每次发出开车信号前，必须经过检查，确认过卷距离内没有人员、车辆和影响行车的任何障碍物。

（二）松绳事故的原因及预防

斜井串车提升系统松绳事故，一般多为立井提升系统松绳事故。发生松绳事故的主要原因有：斜井箕斗在上坡口卸载煤仓附近被卡住而下放该钩箕斗；串车向下运行时被轨道内杂物卡住、被误动作的跑车防护装置挡住或掉道后，提升机继续运行；串车（尤其是重载串车）向上运行时实施保险制动或保险闸误动作，而制动减速度大于串车自然减速度；串车向下运行时严重过放等。斜井提升系统发生松绳事故后，容易引发断绳跑车事故。

【案例】

1998年7月14日，某矿23采区回风上山JD－40绞车上提矿车时发生断绳跑车事故。断绳时恰巧有4名矿工扒车，结果造成两死一重伤的恶性事故。事后查明，造成断绳的主要原因是绞车安装不正，钢丝绳偏向滚筒一侧缠绕，绞车司机无证上岗，没有经验未及时找人拨绳，致使偏缠的钢丝绳越缠越高，最终超过滚筒挡板边沿而滑落到轴上，造成瞬时松绳，钢丝绳受冲击力而断绳。

为防止松绳事故的发生，主要应从以下几个方面加强管理：

（1）提升机必须设置松绳保护并接入安全回路和报警回路，在钢丝绳松弛时能自动断电并报警。箕斗提升时，松绳保护装置动作后，严禁受煤仓放煤。此外，为确保松绳保护的正常使用，必须每班手试一次松绳保护。

（2）箕斗提升时，必须加强对满仓保护的检查、试验，确保满仓保护有效、可靠。

（3）箕斗提升时，必须加强对箕斗溜煤嘴闸板的维护检修，并保证溜煤嘴闸板开闭灵活。

（4）加强对提升机各种安全保护装置的检查维护，保证其齐全、有效，动作灵敏、可靠，不发生误动作。

（5）加强对斜井轨道的日常检查和维护，及时清除轨道线路上的杂物，防止杂物影响串车运行。

（6）加强对斜井跑车防护装置的检查维护，确保其保持正常的开、闭状态，防止误动作挡住正常运行的串车。

（7）提升机的保险闸优先采用二级制动和延时制动。

（8）加强对提升机司机的安全教育和培训，严格按操作规程精心操作，并随时注意提升机运转电流的指示变化情况，发现问题，及时停车检查。

第五章 矿井供电安全

第一节 井下供电安全

一、《煤矿安全规程》对井下供电的要求

（1）对井下各水平中央变（配）电所［含井下各水平中央变（配）电所和采区变（配）电所］、主排水泵房和下山开采的采区排水泵房供电的线路，不得少于两回路。当任一回路停止供电时，其余回路应担负全部负荷。矿井的两回路电源线路上都不得分接任何负荷。

（2）井下低压配电系统同时存在 2 种或 2 种以上电压时，低压电气设备上应明显地标出其电压额定值。

（3）矿井必须备有井上、下配电系统图，井下电气设备布置示意图和电力、电话、信号、电机车等线路平面敷设示意图，并随着情况变化定期填绘。图中应说明：

①电动机、变压器、配电设备、信号装置、通信装置等装设地点。

②每一设备的型号、容量、电压、电流种类及其他技术性能。

③馈出线的短路、过负荷保护的整定值，熔断器熔体额定电流值以及被保护干线和支线最远点两相短路电流值。

④线路电缆的用途、型号、电压、截面和长度。

⑤保护接地装置的安设地点。

（4）电气设备不应超过额定值运行。

（5）直接向井下供电的高压馈电线上，严禁装设自动重合闸。

（6）井上、下必须装设防雷电装置，并遵守下列规定：

①经由地面架空线路引入井下的供电线路和电机车架线，必须在入井处装设防雷电装置。

②由地面直接入井的轨道及露天架空引入（出）的管路，必须在井口附近将金属体进行不少于 2 处的良好的集中接地。

③通信线路必须在入井处装设熔断器和防雷电装置。

二、《煤矿安全规程》对机电硐室的要求

（1）永久性井下中央变电所和井底车场内的其他机电设备硐室，用砌碹或用其他可靠的方式支护。采区变电所应用不燃性材料支护。铁门全部敞开时，不得妨碍运输。铁门上应装设便于关严的通风孔。装有铁门时，门内可加设向外开的铁栅栏门，但不得妨碍铁门的开闭。硐室必须装设向外开的防火铁门。从硐室出口防火铁门起5m内的巷道，应砌碹或用其他不燃性材料支护。硐室内必须设置足够数量的扑灭电气火灾的灭火器材。井下中央变电所和主要排水泵房的地面标高，应分别比其出口与井底车场或大巷连接处的底板标高高出0.5m。

（2）采掘工作面配电点的位置和空间必须能满足设备检修和巷道运输、矿车通过及其他设备安装的要求，并用不燃性材料支护。

（3）变电硐室长度超过6m时，必须在硐室的两端各设1个出口。

（4）硐室内各种设备与墙壁之间应留出0.5m以上的通道，各种设备相互之间，应留出0.8m以上的通道。对不需从两侧或后面进行检修的设备，可不留通道。

（5）带油的电气设备必须设在机电设备硐室内。严禁设集油坑。硐室内不应有滴水。硐室的过道应保持畅通，严禁存放无关的设备和物件。带油的电气设备溢油或漏油时，必须立即处理。

（6）硐室入口处必须悬挂“非工作人员禁止入内”字样的警示牌。硐室内必须悬挂与实际相符的供电系统图。硐室内有高压电气设备时，入口处和硐室内必须在明显地点悬挂“高压危险”字样的警示牌。

采区变电所应设专人值班。无人值班的变电硐室必须关门加锁，并有值班人员巡回检查。

硐室内的设备，必须分别编号，标明用途，并有停送电标志。

（7）井底车场及其附近，机电设备硐室、调度室、机车库、爆炸材料库、候车室、信号站、瓦斯抽放泵站，使用机车的主要运输巷道、兼作人行道的巷道等都必须有足够的照明。

（8）主副井绞车房、井底车场、运输调度室、采区变电所、上下山绞车房、水泵房、带式输送机集中控制硐室等主要机电设备硐室和采掘工作面，应安装电话。井下主要水泵房、井下中央变电所、矿井地面变电所和地面通风机房的电话，应能与矿调度室直接联系。

三、安全用电作业制度

1. 工作票制度

凡井下高压电气设备的检修都要使用工作票。依据《电工安全作业规程》的规定，工作票分为三种：第一种工作票、第二种工作票和口头或电话命令。井下高压电气设备的检修采用第一种工作票。第一种工作票包括以下内容：

（1）工作负责人。也称监护人，负责此项工作。其安全责任是：正确地进行组织工作，结合实际进行安全教育，工作前对工作组成人员交代安全措施和技术措施，严格执行工作票所列安全措施和技术措施，督促和监护工作人员遵守规程规定。

（2）工作人员。所有参加此项工作的人员。

（3）工作内容和工作地点。

（4）计划工作时间。包括年、月、日、时、分。

（5）安全措施。包括两部分：一部分由工作票签发人填写，由工作票签发人签字；另一部分由工作许可人填写，由工作许可人签字。

工作票签发人可由矿机电部门熟悉设备情况的主管领导、技术负责人员或经批准的人员担任。工作票签发人员不得担任该项工作的工作负责人。工作票签发人的安全责任有：工作的必要性，工作是否安全，工作票上所填写的安全措施是否正确完备，所派的工作负责人和工作人员是否适当和充足。

工作许可人，由值班调度员、井下中央变电所值班人员担任。安全责任是：审查工作必要性，线路停送电和许可工作的命令是否正确，安全措施是否正确完备。

（6）许可开工时间（年、月、日、时、分）。一旦确定后，由工作负责人和工作许可人分别签名。

（7）工作负责人变动。当工作负责人临时变动时，列出新工作负责人姓名，注明变动时间，由工作票签发人签名。

（8）工作票延期。注明延期的时间，由工作负责人签名，值班负责人签字。

（9）工作终结。注明工作完成的时间，由工作负责人签名，工作许可人签名，值班负责人签名。

在工作期间，工作票应始终保留在工作负责人手中，工作结束后交工作票签发人保存 3 个月。

事故紧急处理可以不填工作票，但应履行许可手续，做好安全措施。

2. 工作许可制度

对地面变电站电源进线及与进线有关的电气设备进行操作检修时，必须得到主管部门调度的批准。对地面和井下高压电气设备操作检修时，必须经矿生产调度方的许可方可进行。

许可开始的命令，必须通知到工作负责人，其方式可采用当面通知、电话传达、派人传递等。

3. 高压倒闸、试验操作票和工作监护制度

高压倒闸操作和高压试验必须执行操作票和工作监护制度，必须由两人执行，其中一人监护，一人操作。由对操作现场和设备比较熟悉、级别较高的人做监护人；特别重要和复杂的倒闸操作，应由熟练的值班员操作，由值班班长或值班负责人监护；进行倒闸操作时，应由操作人填写操作票。操作票中应写明被操作线路编号和操作顺序：停电拉闸必须按断路器→负荷侧隔离开关→母线（电源）侧隔离开关的顺序依次操作，送电合闸操作顺序与此相反。

在进行高压试验时，应由两人执行，一人操作，一人监护。专职监护人员不得兼做其他工作。

检修、操作高压电气设备的整个过程中，监护人必须始终在现场监护。

4. 停送电制度

井下不得带电检修、搬迁电气设备、电缆和电线。检修或搬迁前，必须切断电源，检查瓦斯。在无人值班的变电所，停电后应设专人看守。严禁约时停、送电，严禁约定信号停、送电。

5. 验电、放电、接地、挂牌制

（1）停电后验电前，应先检查周围的瓦斯浓度，当瓦斯浓度低于1%时，用与电源电压相适应的验电笔验电。

（2）当验明确实停电后，先用短路接地线接地，然后将被检修的设备、导线三相短路对地放电。

（3）工作前，应将电气设备的闭锁装置锁好，并挂上“禁止合闸，有人工作”的警示牌。

6. 工作中防止送电的措施

（1）高压防爆配电装置停电后，必须把开关拉出，使插销脱离电源。拔出插销后，电源侧要用专用的挡板挡住，以防触电和误推入开关。

（2）可能从两侧送电的设备，必须可靠地断开各方电源，拔出插销或拉

开刀闸。

(3) 低压防爆开关在开盖进行检修时，严禁解除闭锁，不盖盖进行送电试验或进行其他带电检查工作。

7. 井下用电十不准制度

(1) 不准带电检修、搬迁电气设备、电线、电缆。

(2) 不准甩掉无压释放器、过电流保护装置。

(3) 不准甩掉漏电继电器、煤电钻综合保护装置和甲烷风电闭锁装置。

(4) 不准明火操作、明火打点、明火爆破。

(5) 不准用铜丝、铝丝、铁丝等代替保险丝。

(6) 停风、停电的采掘工作面，未检查瓦斯，不准送电。

(7) 有故障的线路不准强行送电。

(8) 电气设备的保护装置失灵后，不准送电。

(9) 失爆的设备、电气，不准使用。

(10) 不准在井下拆卸和敲打矿灯。

8. 井下供电要实行“三无”和“三坚持”

井下供电要实行“三无”，即无“鸡爪子”，无“羊尾巴”，无明接头；必须做到“三坚持”，即坚持使用检漏继电器，坚持使用煤电钻、照明、信号综合保护，坚持使用甲烷风电闭锁。

四、触电的危害及防治措施

(一) 触电的方式

按照人体触及带电体的方式和电流通过人体的途径，触电可分为单相触电、两相触电和跨步电压触电。

单相触电——当人体直接接触带电设备的一相，电流通过人体流入大地，这种触电现象称为单相触电。

两相触电——人体同时接触带电设备或线路中的两相导体，或在高压系统中，人体同时接近两相带电导体，发生电弧放电，电流从一相导体通过人体流入另一相导体，构成一个闭合回路，这种触电的方式称为两相触电。

跨步电压触电——当电气设备发生接地故障，接地电流通过接地体向大地流散，在地面上形成电位分布时，若人在接地点周围行走，其两脚之间的电位差，就是跨步电压。由跨步电压引起的触电称为跨步电压触电。

（二）安全电流和安全电压

1. 安全电流

安全电流是指发生触电时不会使人致死、致伤的通过人体的最大触电电流。我国规定安全电流为30mA。其含义是：对于任何供电系统，必须保证当发生人员触电时，触电电流不得大于30mA，否则必须设置触电保护装置。

2. 安全电压

安全电流与人体电阻的乘积称为安全电压。在我国，对于人员可能经常接触的电气设备，在没有高度危险的条件下（如干燥洁净的场所），安全电压采用65V；在有高度危险的条件下（如煤矿井下），安全电压采用36V。那么，从触电的危险性看，36V以上为危险电压。

（三）预防人身触电的措施

由于煤矿井下特殊的工作环境，极易发生人身触电事故，因此，必须分析触电发生的原因，采取有效的措施，预防触电事故的发生。

1. 煤矿井下发生触电事故的原因

（1）高压电网触电事故的主要原因。

①带电清扫、带电检查、带电搬运、带电作业。

②没有工作票，没有安全措施，没有执行高压电网作业中停电、验电、放电等规程和要求。

③误操作，误停、送电，错误辨认开关和电缆，没有执行作业监护制度，没有悬挂“有人工作，不准送电”的作业牌。

④没有设置高压漏电保护装置。

（2）低压电网触电事故的主要原因。

①违章带电安装、带电检修、带电检查。

②不执行停、送电制度，停错、送错电。

③用电制度安全技术管理有漏洞，如设备及电缆漏电，保护装置失灵而没有及时修理或更换。

（3）直流触电事故的原因。

①架线高度低，不符合《煤矿安全规程》的要求。

②带电修理电机车集电弓。

③工人违章乘坐矿车。

④矿车掉道后，使用长铁器处理时触及架线。

⑤工人在有架线的巷道里扛钎子、管子等触及架线。

⑥架线漏电或没装直流漏电保护装置。

2. 防止触电的措施

（1）井下不得带电检修、搬迁电气设备、电缆和电线。

检修、搬迁前，必须切断电源；检查瓦斯，只有当工作地点的瓦斯浓度低于1%时，再验电（与电源电压相适应的验电笔）；确认无电后，进行导体的对地放电。

（2）操作井下电气设备必须遵守下列规定：

①非专职人员或非值班人员不得擅自操作电气设备。

②操作高压电气设备主回路时，操作人员必须戴绝缘手套，并穿电工绝缘靴或站在绝缘台上。

③手持式电气设备的操作把手和工作中必须接触的部分必须有良好的绝缘效果。

④普通型携带式电气测量仪表，必须在瓦斯浓度1%以下的地点使用，并实时监测使用地点的瓦斯浓度。

⑤操作电气设备要有工作票和施工措施，停、送电的操作，要根据书面申请或其他可靠的联系方式，由专职电工执行。

（3）加强对电气设备、供电线路的管理。

电气设备安装使用合理，严禁甩掉各种保护装置；电缆线路不准有“鸡爪子”、“羊尾巴”、明接头，对地绝缘电阻符合要求；井下巷道内的电缆，沿线每隔一定的距离、拐弯或分支点以及连接不同直径电缆的接线盒两端、穿墙电缆的墙的两边都应设置注有编号、用途、电压和截面的标志牌。

（4）防止人体接触或接近带电体。

①将电气设备裸露带电部分安装到一定的高度。如《煤矿安全规程》第356条规定了井下电机车架空线的悬挂高度：在行人的巷道内、车场内以及人行道与运输巷道交叉的地方不小于2m；在不行人的巷道内不小于1.9m。井底车场内，从井底到乘车场不小于2.2m。

②容易碰到的、裸露的带电体及机械外露的传动部分必须加装护罩或隔栏等防护设施。

③各种电气设备的导电部分和电缆接头都必须封闭在坚固的外壳中，并保证闭锁装置完好。

（5）对人员经常接触的电气设备，采用低工作电压。如井下照明、信号、电话、手持式电气设备额定电压都不超过127V，控制回路电压不超过36V。

（6）井下电气设备必须有保护接地。

（7）设置漏电保护系统，一旦发生人体触电，应立即切除电源，保证人身安全。

3. 防止触电应注意的事项

（1）加强对触电危害性的教育。

（2）任何人无权自行停、送电。

（3）携带较长的金属工具、金属管材料在架空线下行走时，严禁扛在肩上。

（4）乘坐平巷人车或专列人车，上、下车时必须切断该区段架空线电源，严禁带电扒车。

（5）上、下山行走，不能手扶电缆，防止电缆漏电后触电。

（6）严禁在电气设备、电缆上躺坐，以防触电。

第二节　井下电网三大保护

一、矿井供电电网保护的类型及要求

煤矿井下电气保护所指的“三大保护”（漏电保护、过流保护和保护接地），是我国煤矿井下电气设备和线路普遍具有和使用的三种保护类型。《煤矿安全规程》根据井下电气设备的作用、使用电压等级、操作方式与环境，对所采用的保护作出了规定。

对矿井电气保护装置的基本要求有以下几点：

（1）选择性。当供电系统发生故障时，电气保护装置应能有选择地将故障段切除，即断开距离事故点最近的开关设备，从而保证供电系统的其他部分能正常运行。

为了保证电气保护装置的动作有选择性，上级开关保护的动作值应比下级开关保护的动作值大1.1倍以上，而且要求上级开关的动作时间比下级开关的动作时间长0.5～0.7s。

（2）快速性。一般要求电气保护装置能快速切除故障。但有些情况下快速动作与选择性相矛盾。例如，选择性漏电保护，在线路出现漏电故障后，经一定选择时限，再通过开关的动作，就影响了故障的快速切断。在不能同时满足以上两个要求时，一般应首先满足选择性的要求。

对用来监视电力系统不正常工作状态的保护装置，如过负荷保护，就不需要快速动作，应有一定的延时。

（3）灵敏性。电气保护装置对其保护范围内的故障和不正常运行状态的

反应能力称为灵敏性。不同的保护装置和被保护设备对灵敏系数的要求也不相同。井下被保护的变压器、线路等所有电气设备，其过流保护的最低灵敏系数为1.5，后备保护的灵敏系数为1.2。

（4）动作可靠性。动作可靠性是指线路和电气设备发生故障时，保护装置应能可靠动作，不会出现拒动，也不会出现误动。

二、漏电保护

在电力系统中，如果带电导体对大地的绝缘阻抗降低到一定程度，使经该阻抗流入大地的电流增大到一定程度，那么，说明该带电导体发生了漏电故障，流入大地的电流称为漏电电流。

在变压器中性点绝缘的低压供电系统中，发生单相接地（包括直接接地和经过渡阻抗接地）或两相、三相对地的总绝缘阻抗下降到危险值的电气故障就叫做漏电故障。由此可见，漏电故障分为单相漏电、两相漏电和三相漏电三种类型，其中前两种属于不对称漏电故障，后一种属于对称性漏电故障。

按照漏电故障存在的区域特征，又可以把漏电故障分为集中性漏电和分散性漏电两种。集中性漏电是指漏电故障发生在电网中的某一处或某一点，而电网其余部分的对地绝缘水平保持正常。分散性漏电是指整个电网或整条线路的对地绝缘水平均匀下降并低于允许水平的漏电。在井下供电中遇到的大多数漏电故障是集中性漏电故障，分散性漏电故障极为少见。

三、接地保护

接地保护对保证人身触电安全是非常重要的。由于接地电阻的数值被控制在规定的范围内，因此，通过接地装置的有效分流作用，就可以把流经人身的触电电流降低到安全值以内，确保人身的安全。此外，由于装设了保护接地装置，带电导体外壳处的漏电电流的绝大部分经接地装置流入大地。即使设备外壳与大地接触不良而产生电火花，但由于接地装置的分流作用，也可以使电火花能量大大减小，从而避免了引爆瓦斯、煤尘的危险。

井下电气设备比较分散，而且供电距离又远，很难用一个集中的接地装置来满足接地保护的需要。因此，除井下中央变电所设置主接地极外，沿着供电线路还埋设了许多局部接地极。利用铠装电缆的铅皮、钢带（或铜丝）以及橡套电缆的接地芯线，把分布在井底车场、运输大巷、采区变电所以及工作面配电点的电气设备（36V以上）的金属外壳在电气上连接起来，这样就使各处埋设的接地极（局部接地极）也并联起来，形成一个井下接地保护系统，这就是井下接地保护网。

在我国，煤矿井下36V以上的电压为危险电压。凡是电气设备绝缘损坏时，可能带有36V以上电压的电气设备的金属外壳、构架、铠装电缆的钢带（或钢丝）、铅皮和橡套（塑料）电缆的接地芯线或屏蔽护套等均要求设接地保护。

为了防止接地保护损坏或断线，根据相关要求，每班必须由电气维护人员在工作前进行一次外壳检查。电气设备和系统，由于用途的不同，可能有多种接地。但为了防止漏电和触电，要求接地电阻值都不得超过2Ω。任何移动式和手动手持式电气设备同接地网之间的接地保护用的电缆芯线的电阻值，都不得超过1Ω。接地装置与接地网务必牢固可靠。

四、过电流保护

所谓过电流，是指流过电气设备和电缆的电流超过了它的额定值。

煤矿井下常见的过电流故障有短路、过负荷和断相三种。

短路故障是最危险的过电流。特别是煤矿井下，电气设备和电缆的绝缘容易遭到破坏，发生短路的可能性比地面大得多，因而应加强对电气设备和电缆绝缘的维护及检查，并设置短路保护装置。

过负荷是指流过电气设备和电缆的实际电流超过其额定电流，而且过电流的延续时间还超过了允许时间。电气设备和电缆出现过负荷后，它们的温度将超过所用绝缘材料的最高允许温度，损坏其绝缘，如果不及时切断电源，将会发展成漏电和短路事故。过负荷是井下烧毁中、小型电动机的主要原因之一。

断相是指三相交流电动机的一相供电线路或一相绕组断线。此时，运行中的电动机叫单相运行。由于其转矩比三相运行时小得多，在其所带负荷不变的情况下，必然过负荷，甚至烧毁电动机。

综上所述，由于井下发生过电流的机会多而且造成的危害巨大，所以对于电气设备和电缆都必须加以相应的过电流保护装置。

五、电压保护

1. 欠电压保护

电压保护包括欠电压保护和过电压保护。欠电压保护也叫做失压保护，它是指在供电过程中，由于某种原因，出现电网电压突然消失或急剧降低30%～40%，此时，保护装置使开关跳闸，自动切断电源。当电网电压恢复后，开关不会自动合闸，不会自动恢复供电或用电设备自行启动的一种保护装置。

2. 过电压保护

过电压是指在供电系统的运行过程中，产生危及电气设备绝缘的电压升高。一般超过额定电压15%以上。

依照过电压产生的来源，过电压可分为内部过电压和大气过电压两类。经由地面架线引入井下的供电线路和电机车架线，为防止大气过电压波及井下，应在该线路的入井处装设防雷电装置，通信线路还应装有熔断保护器。

煤矿井下的过电压主要是内部过电压，按其性质可分为操作过电压、弧光接地过电压和谐振过电压等几种。供电系统的误操作、一相接地和短路故障等都是引起内部过电压的直接原因。

减少过电压的技术措施：

(1) 研制低截流和低重燃率的真空触头（其截流值为0.5A～1A）。

(2) 在感性负载上并联电容器或在10kV及其以下的母组上装设一中性点接地的星形接线电容器组。

(3) 负载端并联电阻、电容，可以有效地降低截流过电压和减少或阻止电弧重燃。

第三节　静电及杂散电流的危害与防治

一、静电的危害及防治

1. 静电的产生

两物质发生摩擦时使它们本身带电，称为静电。在生产过程中，在物质、装置、人体、器材和构筑物上均可产生和积累静电，这些静电对安全生产、产品质量有极大的影响，必须加以限制和消除。

2. 静电的危害

静电在煤矿井下会造成人体电击，更严重的是静电放电火花会成为点火源，引起瓦斯煤尘爆炸。

3. 静电的防治

(1) 防止静电产生的措施。

①保护接地；

②增加湿度；

③加抗静电添加剂；

④采用静电消除器。

（2）防止静电造成危害的措施。

①防止静电火花引起瓦斯煤尘爆炸；

②防止人体触电及带有静电电位的物体而产生电击；

③防止人体带电而造成电气设备中电子元件的击穿，避免造成设备误动作；

④防止带电人体接触炸药和雷管而引起炸药和雷管先爆炸。

二、杂散电流的危害与防治

（一）杂散电流的定义及安全值

杂散电流是指任何不按指定通路而流动的电流。

下列地点的杂散电流值应不大于60mA：

①采区内各巷道中的轨道对总接地网间。

②采煤工作面内的金属网假顶对总接地网间。

③采区内上、下山的轨道与运输大巷连接处的第二道绝缘夹板相连接的轨道对总接地网间。

④掘进工作面与掘进巷道内任何地点的轨道对总接地网间。

⑤掘进巷道的轨道与运输大巷连接处的第二绝缘夹板处的轨道对总接地网间。

⑥采区煤仓对轨道间。

⑦井下爆炸材料库铁门对轨道间。

（二）杂散电流过大的危害

（1）在井下，杂散电流可能引起电雷管的误爆炸。因为一般电雷管只需要1V～1.5V的电压就可以引爆，而在杂散电流影响下，轨道与大地之间的电位差可达到1V～1.5V，因此，两根爆破导线的一根与轨道接触，另一根与接地装置接触，就可能引起先期引爆。

（2）对井下金属管道和铠装电缆外皮造成腐蚀，缩短金属铠装电缆和金属管路的使用寿命。

（3）杂散电流可能产生电火花，引起瓦斯、煤尘爆炸，引起火灾。

（4）杂散电流可能使漏电保护、高压隔爆配电装置发生误动作。

（三）杂散电流的防治

1. 直流杂散电流的防治措施

（1）牵引电网对架线的要求：

①当有两个以上牵引变流所向架空线供电时，牵引变流所供电区域之间应设绝缘和分段联络开关。当电机车为双弓时，架线上要装设两处绝缘，其间距离应大于电机车双弓之间的距离。

②架线每隔500m左右应设分段绝缘和分段开关。

③馈电线与架线应用不少于2个铜质馈电夹子连接，每个夹子与导线的接触面积应不小于导线截面的1.5倍，连接应紧固、可靠。

④多水平生产的矿井，每个生产水平要有单独的直流供电系统，严禁一个牵引变流所向多个水平供电。

⑤牵引变流所电源的正极经馈电线接架线，负极经回电线接轨道。为了减少回电点附近电缆外皮的腐蚀，宜将电源的负极经馈电线接架线，正极经回电线接轨道。如果有几个牵引变流所向架线供电时，必须采取相同极性的接线方法。

⑥牵引变流所应设在架线区间的中央，最佳供电半径不宜大于1.5km。

（2）对轨道的要求：

①回电轨道的接缝应进行电气连接，连接方法为：采用长度不小于600mm、截面积不小于50mm^{2}的铜线进行焊接，焊接点的面积不小于255mm^2。

②不同规格的轨道接缝电阻值，不大于表5-1的要求。

③回电的平行钢轨间，每隔50m应用截面积不小于30mm^{2}的钢板进行电气连接。

④回电轨道在道岔处导轨和主轨道之间应进行电气连接，连接电阻值与轨道接缝电阻值的要求相同。

⑤不回电的轨道和回电的轨道相连时，必须加以绝缘。

⑥平巷与斜巷间的轨道分别设置两道绝缘。两道绝缘间的距离应不大于一列串车的长度，并保证在任何情况下，第二道绝缘处不回电侧轨道与回电侧轨道之间不得被串车等形成电气连接。

表5-1 轨道接缝电阻值

钢轨规格/（kg/m）	15	18	22	24	30	33	38	43
轨道接缝电阻值/10-3Ω	0.27	0.24	0.21	0.20	0.19	0.18	0.17	0.16

2. 交流杂散电流的防治措施。

（1）改变牵引电网的电压极性。

（2）缩短供电半径，增设变流所。

（3）焊接长轨、减少轨道接缝电阻值。

（4）采用绝缘道夹板。

（5）提高交流电网的绝缘水平。

（6）采用对称结构的橡胶电缆。

（7）采用屏蔽电缆。

（8）完善矿井机电设备及供电系统的保护接地系统。

下　编

煤矿班组安全建设

• Mei Kuang Ban Zu Zhang An Quan Pei Xun Quan Shu •

第一章　煤矿班组与班组长

第一节　班组安全管理的原则和基本内容

一、班组安全管理的原则

班组安全管理是指为了保障每个职工在劳动过程中的安全与健康，保护班组所使用的设备、装置、工具等财产不受意外损失而采取的综合性措施。

煤矿班组安全管理应坚持以下原则：

（1）目的性原则。班组安全管理的目的是为了防止和减少伤亡事故与职业危害，保障职工的安全和健康，保证生产的正常进行。“安全第一”是企业的生产方针，是提高企业经济效益的基础性工作。因此，班组安全管理工作应根据工作现场状况和作业人员情况的变化，将安全管理过程和措施与班组实际相结合，以便有的放矢地实行动态管理。

（2）民主性原则。

①通过在班组内实行民主管理，充分调动每个职工的积极性，使他们能够肩负起自己所承担的安全生产责任，并能发挥聪明才智，主动参与班组的安全生产管理，为班组的安全建设献计献策。

②民主性原则还体现为以人为本，注重人力资源的开发和利用。第一，按照班组的组织结构和岗位设置，为各岗位配备称职的人员，实现人才合理配置，获得最佳效能；第二，要变控制式、命令式的管理方式为理解和参与式管理，为班组成员营造一个能发挥创造力的环境；第三，培训和发掘每一个班组成员的才干，使其更好地完成工作，在班组不断发展的同时，使职工个人也得到发展。

（3）规范性原则。班组安全管理规范化，主要是建立规范化的安全管理运行机制，制定和完善各种安全生产管理制度、安全技术规范、操作程序和动作标准。在此基础上，实现安全生产标准化，即操作标准化、现场标准化和管理标准化。

二、班组安全管理的基本内容

（1）安全目标管理。

①班组制定安全管理目标时，应切合实际，服从企业、车间安全管理的目标。在班组安全目标的基础上，班组成员应制定出自己的年度安全目标和措施。根据自身的实际情况，如安全意识、业务技术水平、工种、制度熟悉程度，以及实际工作中的安全状况、所管辖设备的实际状况等，提出问题，加以解决。

②要保证安全管理目标的实现，必须有相应的实施措施计划，具体解决以下问题：提高班组成员的安全意识、工作责任心和业务技术水平，严格按章操作；落实工艺质量标准，提高设备的安全可靠性，加强工器具的使用管理；加强班组现场安全管理，及时进行隐患排查治理。

（2）工种安全操作规程执行。

①工种安全操作规程须由企业统一制定，班组是工种安全操作规程的执行者。班组除了要认真贯彻执行工种操作规程外，还要根据形势的变化和生产的发展，以及国家安全生产法律法规的颁布、标准的更新等情况，及时修改、充实新的内容，提出新的要求。班组长、安全员和班组业务骨干应在执行中起表率、监督、检查和指导的作用。

②班组要经常检查工种安全操作规程的落实情况。检查以自查、互查、巡回检查为主，要重点突出，有针对性，用规章制度和标准严格要求，依据数据、记录进行评定，注重质量，讲求实效。

（3）班组现场管理。班组的现场管理水平是企业的形象、管理水平和精神面貌的综合反映，是衡量企业素质及管理水平高低的重要标志。班组现场安全管理应严格落实班前会制度，严格执行交接班制度，充分发挥特聘煤矿安全生产群众监督员的作用，搞好安全质量标准化动态达标，加强隐患排查治理，落实班组安全生产权益。

（4）班组安全隐患排查与治理。

①作业现场由人、物和环境构成，班组作业现场的安全管理主要从三个因素着手，即对人的不安全行为的管理、对物的不安全状态的管理及作业环境条件的调节和治理，主要是现场隐患的排查与治理。班组要加强现场隐患的排查与治理。

②班组现场隐患的排查与治理，要求班组要认真落实工种岗位安全责任，严格执行煤矿“三大规程”，按照安全质量标准化标准作业。坚持“班组长、安监员、质检员”三位一体，进行现场安全确认，实行现场无隐患作业，保

证隐患排查治理到位，实现班组安全生产。

(5) 班组安全质量标准化管理。

①安全质量标准化就是对每道工序、每个环节、每个岗位直至每项操作都制定科学的标准，全体职工都按照各自应遵循的标准进行生产活动，各道工序按规定的标准进行衔接。

②班组实行安全质量标准化作业，就是要改变以往的习惯性作业及不规范做法，这就需要制定严格的制度，严格要求，严格管理，严格考核，奖惩分明，实行按岗位定职责、按职责定标准、按标准进行考核。

③在工作中，班组长要以身作则，不但自己要坚持高标准、严要求，还应与有关部门积极配合，强化现场管理，采取有效措施，切实推进安全质量标准化作业。

(6) 班组安全教育与培训。

①班组要配合有关部门做好职工的安全思想教育工作，提高职工遵章守纪的自觉性，使党和国家有关安全生产的方针、政策真正为群众掌握，成为职工在生产中的自觉行动。与此同时，要有针对性地开展班组安全技术培训和逐步实现全员培训，做到岗位操作正确、熟练；安全基本知识人人掌握，能熟练判别异常情况，及时排除生产故障。

②班组安全教育的基本内容包括劳动保护方针政策教育、安全技术知识教育、典型经验和事故教训教育三类，可依据以下方法进行开展：结合事故案例，组织学习安全技术操作规程；结合安全生产检查，进行安全技术教育；结合技术练兵，组织岗位安全操作的技能训练；结合职工思想动态，进行安全教育；订立师徒合同，包教包学；在班组中开展安全竞赛和安全奖惩；以多种方式进行长期的、重复的教育。

(7) 安全台账管理。

①安全台账是班组开展安全工作的实绩记录，查看安全台账记录可以了解、检查班组安全工作的情况。安全台账记录不拘形式，但绝不能伪造。每个班组和每个班组成员都必须认真对待，而且在实际管理工作中逐步加以完善充实。

②安全台账由安全员负责建立和管理，其主要内容有：安全生产计划、总结；安全日活动记录；事故、故障、异常情况分析讨论记录；月度安全情况小结（安全评价分析、安全实绩记录、好人好事记录等）；安全工器具检查登记表与特种安全设施管理；安全检查及隐患项目整改记录；安全培训与考核记录；安全奖惩记录；现场设备、安全设施巡查记录；违章记录。

第二节　班组安全管理的艺术和方法

一、班组长安全工作的领导艺术

班组长是班组安全生产工作的第一责任人。班组长不仅应有坚定的安全生产信念，丰富的安全工作知识，而且必须具有高超的安全工作领导艺术。班组长可以从处理爱与恨、顺与逆、刚与柔、赏与罚、标与本的关系开展安全领导工作。

（1）爱与恨。班组长在安全生产工作上的执着追求，是爱的崇高境界。班组长与企业保持思想上、政治上、行动上的高度一致，就是用企业的安全工作思想、方针、政策统一班组职工的思想，教育、引导他们自觉地服从、服务于企业的安全工作大局，为实现企业的经济效益和职工共同富裕而努力工作。这种爱落实在全心全意为职工服务的宗旨上，就是要充分相信职工、依靠职工。在日常生产过程中，时时想着职工，事事尊重职工，处处为了职工。班组长的恨，主要体现在坚持安全生产原则、立场等方面。具体说来，就是要本着对企业和职工负责的态度，对麻木不仁、善恶不分、不顾大局、违章作业的行为恨得下去、斗得起来。班组长在顾及安全工作方面的基础上，应当不弃小善，不容小恶。

（2）顺与逆。顺与逆指的是顺耳之言与逆耳之言。一般顺言容易入耳入脑，为人所接受。班组长听顺言，应更多地从顺言中听出问题和不同意见，看到自己或工作中存在的缺点和不足，保持冷静的头脑，同时，要分辨哪些话是阿谀奉承之语，哪些人是溜须拍马之徒。忠言逆耳利于行。职工群众对班组安全工作不满的逆耳之言往往发自肺腑，它能使人受到教育、启发和触动，有利于推动班组安全生产工作。听不得逆耳之言，往往吃亏坏事。

（3）刚与柔。班组长的刚，是指坚守安全工作的原则性；柔，则是指一种巧妙的安全工作方法。班组长刚性如何，突出反映在对职工在安全生产中的选择、任用上。做到选贤任能，顶住胡搅蛮缠，需要有胆有识，需要敢于坚持原则，需要无私无畏。班组长所处的环境和从事的安全生产工作都比较复杂，不少时候需要忍让，还可能要代人受过。高风亮节、豁达大度、明达事理、顾全大局、当让人处则让人，是柔在安全管理上的体现。柔体现在做安全思想教育时，应当是平易近人，平等待人，动之以情、晓之以理，关心其痛痒，排解其忧难，让班组成员通过班组长的言行感受到一级组织的关怀。

（4）赏与罚。对于班组中吃苦耐劳，善于开拓创新的能人，既要在精神上鼓励，也要在物质上奖励，更要予以重用，使其适才适位，适时适用。改进班组安全工作，处罚至关重要。安全处罚需要区分错误的类别、性质、程度。对于在安全工作中偶尔失误的职工，注重帮扶，让其吸取教训，轻装上阵。而对于某些发生重大失误，造成重大事故的职工，要依法依纪严惩不贷。

（5）标与本。从治标上来说，班组长要兼顾方方面面，认认真真做好当前的安全生产工作，努力完成上级交给的各项任务，解决好难点、热点、弱点安全问题。从治本上来说，班组最重要的是安全思想建设、安全作风建设和安全制度建设。班组长必须保持清醒的头脑，统筹兼顾，立足当前，着眼长远，标本兼治。

二、班组长安全管理方法

1. 班组长应注重的安全谈心方法

安全谈心借助的是语言和感情的交流，通过安全思想碰撞达到安全工作的目的。通过安全谈心，可以增进班组长和职工之间的相互理解、支持和配合，建立友谊。在具体过程中要把握好以下六个方面的要求。

（1）扣心弦。即把握职工的安全心态，将安全思想工作做到实处，触动职工心弦。要使安全思想工作有针对性，就必须研究职工的群体安全心态，还要掌握好职工的个性特征。与职工安全谈心要讲真话、实话。

（2）用诚心。安全思想工作要做到位，在具体的安全工作中以诚相待、坦诚交流、以理服人是十分重要的。在处理安全问题过程中，要语气温和亲近、行为诚恳真挚，切忌用伤害职工感情、伤害自尊、甚至侮辱人格的方式开展工作。对职工存在的安全问题，要在摆事实的基础上，晓之以理、动之以情，在细节安全问题上进行合情合理的剖析引导，要循循善诱，不断启发职工的安全思想，使其豁然开朗、心悦诚服。

（3）有耐心。班组长为了解决某个棘手安全问题与职工谈心时，一定要有耐心，即使“安全谈心”不顺利，产生了一些误会，甚至碰到钉子，也不要灰心，或听之任之、撒手不问，更不能计较和抱怨职工。

（4）将心比心。班组长与职工安全谈心一定不能摆出领导架子，切忌高高在上，亦不可厚此薄彼，而要一视同仁。在处理安全问题的过程中要经常与职工进行换位思考，设身处地为职工着想，这样往往会发现，站的角度不同，了解的情况就不同；认识安全问题、处理安全问题的出发点和方法不同，就会得出截然不同的结论。

（5）选时机。对一些性格倔强或理解问题比较偏激的职工，与其安全谈心往往是在“火头”上谈不成，对此不必操之过急，而是要采取“冷处理”的办法，等待时机成熟时再谈。

（6）以德感人。班组长平时一定要以自己的洁言、洁行和高尚品德去感化职工，逐步在职工的心目中树立起自己的威信，赢得职工的信赖和尊重。这样与职工安全谈心时，职工才能听得进去。如果平时班组长形象不正，安全谈心时还使用高压手段，就会增加职工的安全逆反心理，不仅使安全谈心一无所获，还会适得其反。

2. 班组应注重职业道德建设

职业道德在企业文化中占据着极其重要的地位。班组进行职业道德建设有助于个人、班组的发展。

班组的职业道德建设，可从以下基本途径开展：

（1）坚持学习马克思主义的伦理观。

（2）发挥榜样的激励作用，向先进模范人物学习。

（3）提倡“慎独”、“积善成德”、“防微杜渐”。慎独是重在自律，即在道德上自我约束。积善成德，就是精心保持自己的善行。防微杜渐，是对自己任何不符合职业道德的言行，都务必注意克服，将其消灭在萌芽状态。

（4）文化诱导。弘扬企业价值理念，把思想、道德、伦理、文化、情操融为一体，促进人生观、价值观不断地在工作实践中优化升华。

班组职业道德建设的方法如下：

（1）进行职业道德培训。

（2）企业道德制度建设。结合班组工作内容和性质，制定职业道德标准、考核制度、激励惩戒制度等。

（3）典型引导。解剖正反典型事件、典型个人，加以引导。

（4）行为倡导。把良好行为贯穿于工作和生活的各个方面。要提倡从我做起，从小事做起，形成良好的习惯，贯穿于生产、生活的始终，尤其要落实制度的要求。

（5）强化监督评价。包括领导监督评价、成员监督评价和外部监督评价。

3. 班组长应注重沟通能力的提升

班组管理离不开“沟通”二字，无论是班组日常问题的解决、上下级关系的处理、员工潜能的调动等等，都要求班组长有较强的沟通能力。班组长沟通能力可从以下几个方面予以提升：

（1）控制情绪，理智沟通。情绪管理是班组长的一项重要修炼课。遇到下属工作粗心、违规等问题，班组长切忌采用呵斥、怒骂、责备等不理智的方法来解决，这样只会激化矛盾，不能真正地解决问题。沟通以解决问题为目的，遇事应冷静、理智，心平气和地采用下属能够接受和理解的方式进行沟通。

（2）放下“官架”，平等沟通。人拒绝被管理，就如同拒绝被征服。班组长与组员之间只有职位的高低、权力的大小，没有人格上的高低之分。班组长只有放下“官架子”，尊重组员，平等沟通，才能真正走进组员心里，被组员接纳，否则组员表面上可能会听命于班组长，实际上却对班组长避而远之。

（3）换位思考，坦诚沟通。班组长与组员所处的位置不一样，思考的方式也不一样，因此，班组长与组员之间的冲突也往往不可避免。如果班组长能够站在组员的立场，设身处地地为其着想，才能更好地理解组员的想法和做法，才能找到沟通的融合点。

（4）主动关心，从心沟通。“沟通从心开始”，这对于基层管理者班组长来说非常重要。班组凝聚力建设和士气管理可以说是班组管理的重点，只有把班组成员团结起来，拧成一股绳，才能完成艰巨的任务，克服各种困难。要处理好自己与组员之间的关系，就要尊重、信任、理解他们，关心他们个人及家庭生活，力所能及地帮助他们解决遇到的困难。

4. 班组长应注重下属安全创新潜能的激发

班组成员工作意识超前，不断开拓创新，能使安全工作成绩显著，班组长应注重下属安全创新潜能的激发。可通过以下方式进行：

（1）注重安全工作创新意识的培养。要培养下属安全工作的创新意识，就要帮助下属树立不进则退的危机感，对此，班组领导必须通过安全教育引起下属的警觉，使其增强危机意识，让他们切实感受到不进则退的压力，从而变“要我工作创新”为“我要安全工作创新”，把创造性地开展安全工作变成他们的自觉行动。

（2）注重安全工作创新品格的形成。班组领导一定要重视和加强对下属进行安全工作创新品格方面的教育和指导，促使下属创新品格的形成。

（3）注重安全工作创新能力的提高。安全工作创新能力是指班组在安全生产中分析问题、解决问题的能力，是指创造性地采取安全工作新措施，实现安全发展的能力。班组要采取多种方法，促使下属提高安全工作创新能力。

①帮助下属掌握发散思维的方法。班组领导要帮助下属克服安全思维定式，进行发散性思维，从多种角度看问题，从多种途径寻找解决安全问题的答案。

②加强安全培训，扩大下属的安全知识、安全技术面。在对下属进行安

全工作创新能力培训时，除了要安排学习必要的安全理论和安全科技文化知识外，还要特别注重把创新思维与方法作为教育的重要内容。班组领导可以通过讲解成功的创新案例，促使下属结合自己的本职工作，广开思路，不断进行安全工作创新。

③为下属提供富有挑战性的工作。下属承担的工作越具挑战性，他们创新的意识就越强。因此，班组领导要适当地给下属安排一些有一定难度的安全工作任务，而具体完成的办法则让他们自己思考。

（4）注重安全工作目标的制定。班组领导要善于运用制定安全工作目标的方法来激发下属的安全工作创新活动。班组领导的一项重要工作，就是帮助下属制定一个合理的、具有挑战性的安全工作目标。与此同时，还要设订一个时间表，给下属提出阶段性的安全生产任务，定期进行检查和督促，年终还要对目标的完成情况进行总的检查和评价。

（5）注重安全工作创新环境的营造。优良环境是促进安全工作创新的氛围和条件，作为班组领导，必须努力营造一个有利于安全工作创新的宽松氛围和良好环境。

①改变传统的年终总结和考评办法，鼓励下属的创造性行为。在年终总结安全工作时，要改变过去流水账式的总结方式，要求下属只讲创造性地做了哪些安全工作。在考评安全工作绩效时，要把安全工作是否有创造性或创新工作的多少作为评价下属的重要依据，并采取一票否决制。从而真正营造一个没有创新就是过的氛围。

②对下属有容错的胸襟。班组领导要包容下属在创新中的失误和失败，对下属的逆向思维，发散思维，不仅要有包容之心，而且要珍惜和鼓励他们的这种探索精神。要创造一种“鼓励成功，宽容失败”的宽松环境。唯有在“容错”的环境中工作，下属才能放下包袱，轻装上阵。

③建立创新促进机制。在班组安全工作中，班组领导要大力培养创新人才，对具有创新意识和能力的下属，在政治上要关心，在工作上要支持，并把这些下属用到重要的操作岗位上。同时，还要建立一套创新保护机制，对压制、阻碍、扼杀新思想、新观点、新举措的行为坚决制止；对不求创新、因循守旧者予以淘汰。

第三节　煤矿班组的地位和作用

一、煤矿班组的地位

（1）煤矿班组是煤矿的“细胞”。班组是煤矿经营管理工作的基础，是煤矿组织生产经营活动的基本单位。煤矿的所有生产活动都在班组中进行，班组就像人体的一个个细胞，只有所有细胞都健康，人的身体才能健康，才能充满旺盛的生命力。

（2）煤矿班组是煤矿职工工作、生活、学习的基本场所。现代社会是学习型的社会，终身学习和终身职业培训已是现代煤矿建设的重要标志。煤矿企业应该以班组为基本单位，鼓励职工在工作中学习，将班组建成职工提高素质、发展职业生涯的最基本场所。

（3）煤矿班组是煤矿安全管理的基础。班组是煤矿安全管理的出发点。先进的管理制度、科学的施工方法、合理的劳动组织、完善的安全措施都要靠班组去落实。因此，班组又是煤矿安全管理的落脚点。

（4）煤矿班组是执行《煤矿安全规程》和各项规章制度的主体。为了保障安全生产，煤炭企业必须严格遵守《煤矿安全规程》，并建立自己相应的安全生产规章制度。这些规程和制度的落实和实施，最后都需要通过班组来实现。没有班组这个基础环节，煤矿的规范化管理将无法落实。

二、煤矿班组的作用

（1）保障煤矿安全管理目标的实现。班组是煤矿安全管理的基础，对职工的管理，要依靠班组进行。例如，生产经营指标的完成情况、职工的表现与素质状况、工作纪律情况等，都基于班组的管理工作。班组的管理水平影响并决定煤矿企业的整体管理水平。

（2）促进煤矿提高经济效益。班组是煤矿提高经济效益的“开发点”，起着聚财作用。煤矿经营管理的目的在于提高经济效益，而提高经济效益的源泉在于班组，提高工程质量、厉行增产节约、降低消耗、提高劳动生产率、挖掘内部潜力等大量工作要在班组中落实。

（3）煤矿班组是煤矿活力的“源头”。看一个煤矿是否有活力，首先看班组有没有活力。不断创新、不断完善、不断改革是保持班组活力的基本策略。班组有了活力，有了创造力，煤矿的活力和竞争力就会提高。

（4）煤矿班组对于团结和稳定职工具有凝聚作用。煤矿企业需要通过各种教育活动和必要的规章制度，调整职工内部的人际关系，增强职工的集体主义观念。通过班组，可以将职工紧密团结在一起，起到“黏合剂”的作用。

（5）煤矿班组是煤矿民主管理的“基石”。班组民主管理的主要特点是职工直接参与管理和自我管理，班组民主管理搞好了，就会大大增强职工的主人翁责任感，使每个职工的积极性和创造性得到极大的发挥。

（6）优秀班组具有标杆示范作用。在企业内部选择优秀班组，树立标杆班组，并充分发挥优秀班组的典型示范作用，将优秀班组先进的学习方法和成功的学习经验传递到其他班组，可以带动其他班组整体素质的提高。

第四节　煤矿班组长的素质和职责

班组长是煤矿班组的灵魂，是煤矿基层工作的直接指挥员，是联系职工和企业领导的纽带。提高班组长的素质，加强班组长的职责，是煤矿班组管理的核心内容。

一、煤矿班组长的素质要求

班组长是“兵头将尾”，既是生产者，又是管理者。班组长应具备较高的政治思想素质、文化素质、专业素质、管理素质、人文素质、身体素质、创新素质等基本素质。

（一）政治思想素质

具有较高的政治思想素质，是当好班组长的首要条件。

（1）对党和国家的各项方针、政策，特别是党和政府的安全生产方针以及国家安全管理的法规、规章等能够正确理解，对企业的经营决策、工作目标能够全面了解，并认真贯彻落实。

（2）正确执行上级领导的指令，正确处理好国家、企业、个人三者的利益关系。

（3）具有较高的民主、法制和文明意识。

（4）热爱煤炭事业，具有献身煤炭事业的敬业奉献精神。

（5）要有良好的社会公德、职业道德、家庭美德和个人品质，自身修养好。

（6）具有良好的工作方法，办事公道，不徇私情。坚持原则不含糊，发扬民主不武断，热情真诚不落俗，平等待人不特殊，艰苦奋斗作表率。

（7）谦虚谨慎，团结同志。

（二）文化素质

班组长的文化素质，是指班组长应具备的文化知识水平。为了使班组长能够通过自学或接受培训，掌握一些新知识和新技术，提高自身的文化水平、技术水平和管理水平，要求班组长至少具有初中以上的文化水平，并应不断地通过培训、自学和深造，使自己的实际文化水平达到高中或高中以上。

班组长应该具备两个基本的素质，即实践的经验、学习的经验。换言之，一个班组长在管理工作中应该表现出较强的实践能力和较高的学习能力。

1. 班组长应具备的实践能力

（1）具有独立处理问题的能力。

（2）具有较强的组织指挥能力。

（3）具有知人善任的能力。

（4）具有协调沟通的能力。

（5）要有一定的分析和判断的能力。

2. 班组长应具备的学习能力

（1）获取知识的能力。

（2）思考问题的能力。

（3）理论联系实际的能力。

（4）改造世界观的能力。

（三）专业素质

专业素质，顾名思义，是指在本专业、本岗位上应该具备的能力，对于班组长而言，就是要有专业化水平。

从目前煤矿发展的现状来看，专业化应包含以下四个方面：

（1）受过专业教育，煤矿专业本科、专科、技校毕业。

（2）要懂得管理，会做组织领导工作，会做人的思想工作，有“带兵”的能力。

（3）自学成才的人。

（4）具备自主管理所应知、应会的基本能力的人。

（四）管理素质

管理素质包括许多方面，重点是班组自主管理的素质。班组自主管理体现了以人为本的要求。班组长对职工要进行纪律约束，用道德熏陶，逐步实现以人为本的民主管理。班组自主管理是科学管理的要求，也是煤矿企业道德价值观体系的有效载体。

（五）人文素质

人文素质是指人们在人文方面所具有的综合品质或达到的发展程度。班组长应该具备一定的人文素质，通过做“人”的工作，构建和谐的人文氛围，充分调动职工的积极性和创造性。

（六）身体素质

由于煤矿属于地下生产，生产环境相对较差，自然条件变化较大，劳动强度也比较大，这就要求班组长具有吃苦耐劳、勇敢顽强和克服各种困难的毅力。因此，健康的体魄，是当好煤矿班组长所必需的身体素质条件。

（七）创新素质

所谓创新素质，主要指班组长应具有的开拓精神和创新意识。班组长一定要摒弃墨守成规的旧意识，积极学习并运用新知识、新方法、新工艺，大胆开拓、勇于创新，带领全班职工更好地适应不断改革发展的新形势，适应社会主义市场经济的新要求。

二、煤矿班组长的主要职责

班组长的职责应包含以下几个方面：

（1）负责本班组的安全生产管理工作，是本班组安全生产工作的终端责任人。

（2）贯彻执行国家安全生产法律、法规和煤矿“三大规程”等有关内容，掌握本班组生产工序和各工种安全生产技术标准，科学合理地组织施工；并坚决做到不违章指挥、不违章作业、不违反劳动纪律。

（3）不断完善本班组的安全生产管理制度，并严格组织落实。

（4）遵守安全工作的要求，抓好职工的安全教育培训和考核；按规定程序开好班前会，规范职工作业行为，严格现场施工流程和工作标准，坚持做到精细化管理。

（5）认真听取班组职工的合理化意见和建议，注意掌握职工的思想动态，为职工解决实际问题，抓好队伍稳定，促进安全生产。

（6）坚持班务公开，分配做到公平、公开、透明。

（7）按照自主管理要求，不断提高自身综合素质和自主管理能力，带强队伍，努力完成安全生产任务。

（8）对班组存在的安全问题及发生的事故，要立即如实地上报，绝不隐瞒。

（9）排查和消除安全隐患。

三、煤矿班组长的安全管理行为准则

（1）严守职责。班组长是本班安全工作的终端责任人，对本班组的安全工作负第一责任。

（2）畅通政令。开好班前会、班后会，严格落实程序，做好上传下达，保证政令畅通。

（3）带好队伍。制订好本班组职工的培训计划，有步骤地开展培训工作，提高职工综合素质，带强队伍。

（4）纠察行为。了解和掌握本班组职工的思想状态，观察职工的不安全行为，分析职工的不安全行为原因，并落实好帮教措施。

（5）精细工作。按精细化要求，搞好质量标准化工作，对工作面存在的问题及时处理整改，努力营造良好的安全生产环境。

（6）自主管理。按照班组自主管理的要求，规范操作，用职工的自我管理保证班组自主管理目标的实现。

（7）以身作则。认真遵守有关规章制度和纪律，坚决做到不违章指挥，不违章操作，在安全上起带头和表率作用。

（8）如实汇报。对本班组存在的安全问题及发生的事故，如实、及时上报，绝不隐瞒。

四、新时期煤矿安全管理对班组长的新要求

1. 新时期对煤矿班组管理的新要求

（1）变单纯作业型为创新管理型。

（2）变目标承包型为全局统一型。

（3）变单项创优型为核心能力型。

（4）变单纯技术观为全面素质观。

（5）变单纯生产型为本质安全型。

2. 煤矿班组长应处理好七种关系

（1）正确处理大集体与小集体的关系，坚持以小局利益服从大局利益。

（2）正确处理集体与个人的关系，坚持发挥团队整体功能。

（3）正确处理德与才的关系，坚持走德、才同时发展的道路。

（4）正确处理制度建设与思想教育的关系，坚持人性化管理的方向。

（5）正确处理管人与管事的关系，坚持以人为本的战略思想。

（6）正确处理出征与挂帅的关系，坚持既当指挥员又当战斗员。

（7）正确处理生产与安全的关系，坚持生产、安全两手抓，不安全不生产，实现“零事故”。

3. 新时期煤矿班组长“多能”标准与要求

新时期对煤矿班组长的素质、职能、能力提出了“多能”的要求。

（1）当好“安全员”。保证安全措施的落实，同时，对条件变化作出正确应急处理，防止发生各类安全事故。

（2）当好“质检员”。合理安排生产任务，抓好落实兑现；保证工程质量动态达标。

（3）当好“指挥员”。优化劳动组合、优化工时利用、优化作业流程，提高工作效率和生产效率。

（4）当好“核算员”。抓好材料消耗管理，正确评定职工绩效。

（5）当好“教练员”。指导职工培训，提高职工素质。

（6）当好“协调员”。加强上下协调，保证信息畅通。

（7）当好“管理员”。塑造出团结和谐、富有战斗力的团队。

第五节 煤矿班组安全生产建设的总体要求

班组是煤矿安全生产的最基层组织。坚持关口前移、重心下移，抓基层、打基础，强化煤矿班组安全生产建设，是强化煤矿安全基础管理工作的重中之重，是强基固本的基础工程。2009 年 3 月 3 日，全国总工会和国家煤矿安全监察局联合发布了《关于加强煤矿班组安全生产建设的指导意见》，明确了加强煤矿班组安全生产建设的指导原则和目标及主要内容，并提出包括提高班组防范事故和保证安全的五种能力在内的具体要求。

一、加强煤矿班组安全生产建设的重要性和紧迫性

（1）加强班组安全生产建设是强化煤矿安全基础管理的重要组成部分。班组是煤矿安全生产的最基层组织，煤矿安全生产法律法规、规程、标准和相关规章制度的贯彻落实，以及先进适用安全技术的推广应用都要落实到班组、体现在现场。关口前移，实现班组规范化管理、标准化建设，是夯实煤矿安全基础，创建本质安全型煤矿，推进煤矿企业安全发展和可持续发展的关键环节。

（2）加强煤矿班组安全生产建设是减少“三违”、防止事故的有效途径。

据统计，煤矿生产安全事故多数是由“三违”造成的。有效遏制重、特大事故，减少事故总量，必须落实班组长、职工岗位安全生产责任制，充分发挥班组安全生产第一道防线的作用，减少和杜绝“三违”，为实现煤矿安全生产形势的稳定好转提供重要保障。

二、加强煤矿班组安全生产建设的指导原则和目标

1. 加强煤矿班组安全生产建设的指导原则

加强煤矿班组安全生产建设的指导原则是：牢固树立“安全发展”理念，认真贯彻落实“安全第一、预防为主、综合治理”的安全生产方针，把班组安全生产建设作为加强煤矿安全生产基层和基础管理的重要工作，倡导先进的班组安全文化，健全完善班组安全生产责任制，建立激励约束机制，加强班组安全教育和规范化管理，深入开展安全质量标准化工作，加强现场安全管理和隐患排查治理，提高煤矿企业现场安全管理水平。

2. 加强煤矿班组安全生产建设的目标

加强煤矿班组安全生产建设的目标就是持续、有效地加强和改进班组建设，提高防范事故、保证安全的五种能力：

（1）抓好班组长选拔任用工作，提高班组安全生产的组织、管理能力；

（2）加强安全生产教育，提高班组职工自觉抵制“三违”行为的意识；

（3）强化班组安全生产应知应会的技能培训，提高业务安保能力；

（4）严格班组现场安全管理，提高隐患排查治理的能力；

（5）搞好班组应急救援预案演练，提高防灾、避灾和自救等应急处置的能力。

通过不断提高班组安全生产能力，使班组职工真正做到不伤害自己、不伤害别人、不被别人伤害，实现班组安全生产，为煤矿安全生产奠定基础。

三、煤矿班组安全生产建设的主要内容

（1）建立完善班组安全生产管理体系，包括：建立区队、班组建制，严禁层层转包、以包代管；严格班组安全生产定员管理；建立完善班组安全生产管理规章制度；健全落实安全生产责任制；推行班组安全生产风险预控管理；完善班组安全生产目标控制考核激励约束机制；加强班组安全信息管理。

（2）规范班组长管理，如完善班组长任用机制；规范班组长管理方式；健全班组长人才激励机制。

（3）加强班组现场安全管理，具体包括：严格落实班前会制度；严格执

行交接班制度；充分发挥特聘煤矿安全生产群众监督员的作用；搞好安全质量标准化动态达标；加强隐患排查治理；落实班组安全生产权益。

（4）加强班组安全文化建设和教育培训工作，即加强班组安全文化建设，强化安全教育培训，开展班组安全技术革新。

（5）深入组织开展安全生产优秀班组创建活动，定期组织开展煤矿班组建设先进经验交流活动，每年组织开展一次班组技能竞赛，对优秀班组要给予表彰奖励。

四、班组安全管理制度

班组是直接从事生产的基本单位，同时也是安全事故最可能发生的地方，企业要想抓好安全管理工作，必须从班组入手，建立管理制度，班组成员依照制度开展本职工作。

（1）安全生产责任制度。安全生产责任制是指生产经营单位的全员安全生产责任制，即将不同的安全生产责任分解落实到生产经营单位的主要负责人以及每个岗位的工人身上，是“安全第一、预防为主、综合治理”方针的具体体现，是生产经营单位最基本的安全管理制度。煤矿班组中，班组长和员工都有各自的安全生产职责，应深入认识，认真执行，及时检查执行程度，同时接受各方的监督和考核。

（2）安全培训制度。煤矿区队班组培训制度，是班组关于组织员工开展各种类型培训的规章制度，是提高班组培训规范化的重要保证。

煤矿班组培训制度的内容主要包括培训的目的、培训的对象、培训需求的确定方式、培训计划的制订、培训的方式、培训内容的选择、培训教师的选择、培训时间的安排、培训效果的评价和反馈等。

（3）会议制度。煤矿班组会议制度，是对班组会议组织和管理等事项的规范和要求，对于有效保障会议成效具有重要作用。班组的会议主要包括：年度总结和下年度工作安排会、月度安全和生产工作会议、集中学习会、班组长周末总结碰头会、班前班后会、专项工作会。

（4）交接班制度。煤矿班组交接班制度要求交接班人员必须面对面将生产、安全等情况交接清楚，切实把设备运转情况、工艺指标、异常现象及处理结果、存在问题、处理意见，以及生产的原始记录、领导的生产指示、岗位的维修工具等都一一交接清楚。做到不清楚不交班、不接班。防止因交接班不清楚而危及生产安全。

（5）安全技术岗位练兵制度。煤矿班组开展岗位技术练兵，是实现安全生产的重要手段。通过技术练兵，职工能熟练地掌握正常生产的操作技能，防止因误操作而引起事故；同时，事故或异常情况发生时，职工通过采取紧急处理措施，进行事故应急的模拟训练，能提高安全技术水平和事故应变处理能力。

（6）文明生产制度。煤矿班组文明生产制度，是关于现场生产中文明行为、文明管理、文明施工等事项的规章制度，主要内容包括员工行为文明管理规定、生产和办公环境文明管理规定、设备设施文明管理规定等。班组文明生产制度主要有区队文明生产管理制度、“6S”行为规范、井下文明用语和文明行为规范等。

（7）质量管理制度。煤矿班组质量管理制度，是对班组质量工作的管理规定。质量管理制度主要有生产过程质量管理制度、工作质量标准、质量验收制度、质量责任追究制度、质量奖惩制度等。

（8）事故报告制度。事故报告制度要求班组长首先要进行现场救护指挥，并立即报告有关部门，同时要组织人员保护好事故现场，以便根据现场情况对事故发生的原因作深入的调查分析。

（9）安全分析排查制度。煤矿班组安全分析排查制度，是对班组分析并评估安全生产状况、发现并排除安全隐患等事项的管理规定，是对煤矿区队安全生产状况、安全管理现状进行的分析、判断、评价，目的是发现区队安全工作还存在着哪些问题，安全措施是否得当，需要改进哪些安全措施等。安全分析排查制度通常通过安全分析制度、隐患排查制度、安全事故分析制度等形式出现，内容主要包括主持和参加的部门及人员、分析事项、处理措施、跟踪监督办法、责任追究办法等方面的规定。

（10）安全检查考核制度。煤矿班组安全检查考核制度，是指监督检查区队各岗位人员是否遵守安全规章制度，安全措施是否到位，安全隐患是否排查，安全值班人员是否尽职等方面的规章制度。它主要包括安全员的安全检查职责、安全检查内容、安全检查范围、安全检查频次、安全检查中发现问题的处理等规定。

（11）奖惩制度。煤矿班组绩效奖惩制度，是班组为激励员工积极主动地完成所承担的工作任务，约束其不良行为、做法而制定的奖罚办法、程序和标准。奖惩制度一般有单项奖惩制度和综合奖惩制度两种形式。单项奖惩制度是针对单一任务完成情况制定的奖罚规定，综合奖惩制度是针对区队班组和个人各项工作任务完成情况制定的综合奖罚规定。奖励形式一般包括物质激励、精神激励和政治激励三种。物质激励包括发放奖金、带薪休假疗养、提供福利待遇等。精神激励包括授予先进工作者、劳动模范、明星员工荣誉称号及以员工姓名命名等。政治激励包括入团、入党、晋级提拔等。

（12）员工安全权益维护制度。班组安全权益维护制度是保障员工的选举权、知情权、参与权和监督权的重要措施。班组安全权益维护制度的主要内容包括：员工参与管理和监督的形式、民主管理工作的组织方式、民主管理的方法和程序等。班组安全权益维护制度主要有班务公开制度、合理化建议制度、审议班组工作报告制度、民主选举制度等。

【经验交流】

白国周班组安全管理“九法”

1. 理念引领法。

理念引领法主要包括提炼理念、宣灌理念、践行理念。

提炼理念：倡导工友每人提炼自己的安全理念，粘贴在全家福下面。

宣灌理念：利用班前会、班后会时间，采取看电视、读书读报等形式，组织工友学习安全知识，灌输安全理念，加强安全教育；运用事故案例进行警示教育，组织工友讨论，使大家时刻绷紧安全弦。

践行理念：牢记并践行安全理念，使每个人的安全理念成为自己安全行为的准则和目标追求，内化于心，外化于行。

2. 班前礼仪法。

班前礼仪主要内容包括：

①值班领导点名，安排布置工作；

②班长讲评当班安全生产注意事项；

③职工对有关工作和注意事项进行点评；

④班长带领大家进行安全宣誓；

⑤更衣后，班长带队，集体下井。

3. 指令处理法。

指令处理法主要包括指令、处理和督查。

指令：班组人员集体到达工作面手指口述接班后，班长先进行隐患排查，发现问题用粉笔写在明显的地方，给在这里工作的工友发出指令。

处理：工友到岗后，先看班长的指令，并按要求进行处理，处理完毕后，擦掉指令，开始工作。

督查：坚持在工作中巡回检查，逐一检查指令执行情况，若发现新的隐患，指定专人及时处理。

4. “三不少”隐患排查法。

“三不少”即班前检查不能少、班中排查不能少、班后复查不能少。

班前检查不能少：坚持接班前，对工作环境及各个环节、设备依次认真检查，排查现场隐患，确认上一班遗留问题，并指定专人进行整改。

班中排查不能少：坚持每班对各个工作地点进行巡回检查，重点排查在岗职工精神状况、班前隐患整改情况和生产过程中的动态隐患。

班后复查不能少：当班工作结束后，对安排工作进行详细复查，重点复查工程质量和隐患整改情况，发现问题及时组织处理，处理不了的现场向下一班职工交代清楚，并及时汇报。

5. “三必谈”身心调适法。

“三必谈”即发现情绪不正常的人必谈、对受到批评的人必谈、每月必须召开一次谈心会。

发现情绪不正常的人必谈：注重观察工友在工作中的思想情绪，发现情绪不正常、急躁、精力不集中或神情恍惚等问题的，及时谈心交流，弄清原因。因势利导，帮助解决困难和思想问题，消除急躁和消极情绪，使其保持良好心态投入工作，提高安全生产的注意力。

对受到批评的人必谈：对受到批评或处罚的人，单独与其谈心，讲明批评或处罚的原因，消除其抵触情绪。

每月必须召开一次谈心会：坚持每月至少召开一次谈心会。工友聚在一起，畅所欲言，共享安全工作经验，反思存在的问题和不足，相互学习、相互促进、取长补短、共同提高。

6. “三快三勤”现场管理法。

“三快”即嘴快、腿快、手快。

嘴快：安排工作说到、说详、说细、说清、说明，发现工作不到位或哪里容易出现问题就及时提醒。

腿快：认真落实“三不少”制度，对班组所管的范围，不厌其烦地巡回检查，每个环节、每台设备都及时检查到位。

手快：无论到哪个地方，发现隐患和问题，现场能处理的当即处理，处理不了的及时汇报。

“三勤”即勤动脑、勤汇报、勤沟通。

勤动脑：结合生产现场实际，对遇到的困难和问题，勤动脑、勤思考，并灵活运用各种方法，迅速组织处理。

勤汇报：对发现的隐患和问题，尤其是有可能影响下一班安全生产和工程进度的，及时向上级汇报，使上级在第一时间能掌握生产一线的工作动态，合理分工，科学调度，统筹安排。

勤沟通：经常与队领导沟通，了解队里的措施要求；与上一班和下一班人员沟通，了解施工进度和施工过程中存在的问题；经常与工友沟通，掌握工友工作和生活情况。

7. 互助联保法。

互助联保法主要包括集体上下班、相互观察、师徒连带。

集体上下班：入井、升井时，由班长举旗带队，全班人员列队到达工作面或升井到达地面，避免个人单独入井、升井时发生违章行为。

相互观察：针对施工过程中会出现动态安全隐患的实际情况，要求全班每个人都能做到既是施工者，又是安检员，时刻注意观察工友身边的工作环境，并能做到相互提醒、相互帮忙、互助联保。

师徒连带：班里新工人拜老工人为师．签订师徒合同，结成一帮一对子。工作中，老工人带领新工人下井，传授相关安全技能，并对新工人进行帮助和约束。出现违章，师徒共同受到处罚；没有违章，且师傅所带新工人工作水平有明显提高的，对师傅进行奖励。

8. 手指口述交班法。

当班工作结束时，班长要向下一班班长进行手指口述交接班，将当班任务完成情况、未处理完的隐患和需要注意的问题，向下一班班长交代清楚。

特殊工种岗位上的职工也要向下一班接班的职工进行手指口述交接班，未处理完的问题要口传口、手交手，详细地交代给对方，待对方同意并接班后方可离岗，随当班人员一起集体升井。

9. 亲情和谐法。

亲情和谐法主要包括亲情、文明、民主、和谐。

亲情：准确掌握班里每个工友的家庭详细情况。工友过生日，组织大家一起去庆贺；谁家有困难，组织大家一起去看望；工友心里有解不开的疙瘩，组织大家一起去开导；逢年过节，工友都带着家人一起聚会、一起热闹。

文明：针对井下职工习惯性说脏话、开玩笑过火等不文明现象，要求班组成员做文明人、行文明事、上文明岗，避免因伤和气影响团结，避免因不良情绪影响安全生产。

民主：分配工资时，广泛征求工友的意见，根据生产任务、安全状况、工程质量、文明生产等日常考核情况进行分配，并找几名班组成员全程监督。

和谐：工友在工作中偶犯错误，不乱发脾气，生硬批评，而是循循善诱，因人施教，耐心指出问题的根源；遇到问题时，不自作主张，和工友一起协商解决。

第二章 煤矿班组安全质量标准化管理

第一节 煤矿安全质量标准化总体要求

安全质量标准化是企业生产经营活动中的一项基础建设，是加强安全生产“双基”工作、落实企业责任主体的基本途径。《国务院关于进一步加强安全生产工作的决定》明确要求在全国所有工矿等企业普遍开展安全质量标准化活动。企业生产流程的各环节、各岗位要建立严格的安全生产责任制。生产经营活动和行为，必须符合安全生产有关法律法规和安全生产技术规范的要求，做到规范化和标准化。

《关于加强国有重点煤矿安全基础管理的指导意见》中也要求各煤矿企业依照有关规定建立和完善安全质量标准化管理制度。《关于加强小煤矿安全基础管理的指导意见》第23条强调要推进安全质量标准化建设。建立矿井安全质量标准化管理制度，制定年度达标计划和考核标准，努力实现小煤矿采、掘、机、运、通等系统及地面设备设施的安全质量标准化。

全国总工会和国家煤矿安全监察局联合发布的《关于加强煤矿班组安全生产建设的指导意见》中也提出：要建立完善班组安全生产管理规章制度，搞好安全质量标准化动态达标。积极开展安全质量标准化工作，推行作业现场精细化管理，文明生产；每班要对作业现场工程质量、岗位工作质量进行验收和评估，实现动态达标，积极创建安全精品工程。

一、安全质量标准化含义

安全质量标准化就是对每道工序、每个环节、每个岗位直至每项操作都制定科学的标准，全体职工都按各自应遵循的标准进行生产活动，各道工序按规定的标准进行衔接。实行安全质量标准化的目的，就是要统一和优化生产作业的程序和标准，求得最佳的作业质量、作业环境、生产效益。采用安全质量标准化作业，是一项从根本上保证职工在生产工作中安全和健康的重要措施。

安全质量标准化是一项综合性的基础工作，是技术规范化的一种表现形式。生产作业实行标准化、规范化，有利于各项工作的管理；各项操作实行安全质量标准化，职工就会按照规定的程序和作业标准进行操作，准确无误地完成整个作业过程，从而保证整个企业的生产活动有条不紊地进行。

二、安全质量标准的制定原则

安全质量标准的制定，首先根据不同岗位、不同工种作业的职责要求，从生产准备、正常作业到作业结束的全过程，来确定正确的作业顺序，使作业人员明确先做什么后做什么，即确定每个环节的标准；其次是根据不同岗位、不同工种生产作业的每个步骤，从具体操作上规定作业人员应该怎样做，使作业人员作业规范化。同时根据不同生产作业所涉及的设备、器具等具有的不同特性，制定相应的技术要求及科学的工艺作业标准。制定的安全作业标准涉及操作标准化、设备管理标准化、生产环境标准化、人的行为标准化、物的管理标准化等。

三、班组是实行安全质量标准化作业的关键

安全质量标准化作业是班组安全管理的一项基础工作，也是现代科学管理的一项重要内容。在班组推行标准化作业，班组长是关键。因此，在工作中，班组长要以身作则，不但自己要坚持高标准、严要求，还应与有关部门积极配合，在班组中采取有效措施，切实推进安全质量标准化作业。

安全质量标准化作为一项规范制度，班组必须采取有力的措施来保证其实施。由于传统思想、习惯做法的影响，少数职工对新的标准化作业可能会产生抵触情绪；有的职工还存在着不理解、怕麻烦的思想。因此，班组长要强化班组现场管理，讲清实行安全质量标准化作业的重要意义及对职工自身安全的保证作用，使职工能自觉按照安全质量标准化作业标准进行操作。

四、煤矿安全质量标准化的指导思想和总体要求

（一）煤矿安全质量标准化的指导思想

指导思想：以科学发展观为统领，坚持安全发展、以人为本，坚持“安全第一、预防为主、综合治理”方针，进一步强化责任意识，加强全员、全过程、全方位的安全管理；通过深入持久开展安全质量标准化，强化过程控制，持续提高安全生产条件，切实加强基层、基础“双基”工作；逐步建立煤矿企业自我约束、持续改进的安全生产长效机制，有效防范和遏制重特大事故，为煤矿安全生产状况明显好转，进而实现根本好转奠定坚实基础。

（二）煤矿安全质量标准化的总体要求

为了认真贯彻执行“安全第一、预防为主、综合治理”的方针，促使各类煤矿建立起“自我约束、持续改进”的安全生产长效机制，实现煤矿安全状况的根本好转，全面提升煤炭工业的整体素质，全国各类煤矿都要持久、扎实地开展安全质量标准化活动。

1. 安全质量标准化煤矿的分级及考核标准

按照国家煤矿安全监察局和中国煤炭工业协会发布的最新《煤矿安全质量标准化考核评级办法（试行）》（2013年5月1日起实施）的要求，安全质量标准化煤矿分为三个等级，考核标准如下：

一级：煤矿安全质量标准化考核评分90分及以上，且年度内无死亡事故。井工煤矿通风、地测防治水、采煤、掘进、机电、运输的单项考核评分均不低于90分，其他专业均不低于80分；露天煤矿穿孔、爆破、采装、运输、排土、机电、边坡的考核评分均不低于90分，其他专业均不低于80分。

二级：煤矿安全质量标准化考核评分80分及以上，且百万吨死亡率低于全国及所在省（直辖市、自治区）上年度平均水平，露天煤矿年度内无死亡事故。井工煤矿通风、地测防治水、采煤、掘进、机电、运输的单项考核评分均不低于80分，其他专业均不低于70分；露天煤矿穿孔、爆破、采装、运输、排土、机电、边坡的考核评分均不低于80分，其他专业均不低于70分。

三级：煤矿安全质量标准化考核评分70分及以上，且百万吨死亡率低于所在省（直辖市、自治区）上年度平均水平。井工煤矿通风、地测防治水、采煤、掘进、机电、运输的单项考核评分均不低于70分，其他专业均不低于60分；露天煤矿穿孔、爆破、采装、运输、排土、机电、边坡的考核评分均不低于70分，其他专业均不低于60分。

2. 安全质量标准化煤矿的评级计分方法

按照2013年修订版《煤矿安全质量标准化基本要求及评分方法（试行）》，井工煤矿安全质量标准化体系包括通风、地测防治水、采煤、掘进、机电、运输、安全管理、职业卫生、应急救援、调度、地面设施11个部分。

井工煤矿安全质量标准化评分方法如下：

（1）井工煤矿安全质量标准化考核满分为100分，采用各部分得分乘以权重计算，各部分的权重见下表：

序号	名称	满分	权重（a）	考核得分（m）	加权得分
1	通风	100	0.18		
2	地测防治水	100	0.12		
3	采煤	100	0.10		
4	掘进	100	0.10		
5	机电	100	0.10		
6	运输	100	0.09		
7	安全管理	100	0.08		
8	职业卫生	100	0.08		
9	应急救援	100	0.06		
10	调度	100	0.05		
11	地面设施	100	0.04		
井工煤矿安全质量标准化考核得分（M）					

（2）按照井工煤矿安全质量标准化体系包含的各部分评分表进行打分。

（3）各部分考核得分乘以该部分权重之和即为井工煤矿安全质量标准化考核得分，计算公式如下：

$$M = \sum_{i=1}^{11} (a_i M_i)$$

式中M—井工煤矿安全质量标准化考核得分；*Mi*—通风、地测防治水、采煤、掘进、机电、运输、安全管理、职业卫生、应急救援、调度、地面设施等11个部分的安全质量标准化考核得分；*ai*—通风、地测防治水、采煤、掘进、机电、运输、安全管理、职业卫生、应急救援、调度、地面设施等11个部分的权重。

3. 安全质量标准化煤矿、矿业公司、县必须具备的条件

（1）被核准的安全质量标准化煤矿，必须具备以下条件：

①实现安全目标。

矿井百万吨死亡率：

一级：1.0以下；

二级：1.3以下；

三级：1.5以下。

凡年产量为100万吨以下的煤矿，要评定为一级矿井，年度死亡人数不得超过1人，其死亡率可往前连续3年累计计算。

凡年度内发生过一次3人及以上死亡事故的煤矿，取消当年评比资格。

②采掘关系正常。

③资源利用：回采率达到规定要求。

④矿井必须有核准的足够风量；必须按《煤矿安全规程》规定，建立安全监控、瓦斯抽放和灭火系统。

⑤制定并执行安全质量标准化检查评比及奖惩制度。

（2）安全质量标准化矿业公司（矿务局）［以下简称公司（局）］、县，必须具备以下条件：

①考核年度内，各矿均达标。

②考核年度内，各矿达标矿井中一级矿井占60%及以上。

③考核年度内，公司（局）百万吨死亡率在1.0以下，县在2.0以下。

④制定并执行安全质量标准化检查评比、培训、考核奖惩制度。

4. 安全质量标准化煤矿的检查考核办法

（1）安全质量标准化煤矿的检查考核采取动态检查。全国煤炭行业每年进行1次；省（直辖市、自治区）每半年抽查1次；矿每月进行1次全面自查。

（2）对被取消和未取得安全质量标准化等级的煤矿，须责令其停产整改；对逾期未整改或整改未达标的，提请地方政府依法予以关闭。

第二节 采煤班组安全质量标准化标准

一、采煤安全质量标准化矿井的要求

1. 质量管理工作

（1）坚持支护质量和顶板动态监测，并有健全的分析和处理责任制，记录资料齐全。

（2）坚持开展对工作面工程质量、顶板管理、规程兑现及安全隐患整改情况的评估工作。

（3）开展工作面地质预报工作。

（4）有符合要求的作业规程和管理制度。

（5）所有支护器材有基础台账，对规格型号、供货渠道、数量及合格证等均有记录。

2. 顶板管理

(1) 在工作面控顶范围内，顶底板移近量按采高不大于100mm/m。

(2) 工作面顶板不出现台阶下沉。综采工作面支架前梁接顶严实。

(3) 机道梁端至煤壁顶板冒落高度不大于200mm，综采不大于300mm。

(4) 不准随意留顶煤开采。必须留顶煤，托夹矸开采时，必须有专项批准的措施。

3. 工作面支护

(1) 单体液压支护：初撑力Φ80mm不小于60kN，Φ100mm不小于90kN；支柱全部编号管理；工作面支柱要打成直线，其偏差不超过±100mm；底板松软时，支柱要穿鞋，钻底小于100mm。

(2) 液压支架：初撑力不小于规定值的80%；支架排成一条直线，其偏差不得超过±50mm；支架顶梁与顶板平行支设，其最大仰、俯角小于7°；相邻支架间不能有明显错差，架间空隙小于200mm。

4. 安全出口与端头支架

(1) 工作面上、下机头处坚持使用4对8根长钢梁支护。

(2) 工作面上、下出口的两巷，超前支护必须使用金属支柱和铰接顶梁，距煤壁10m范围内打双排柱，10m~20m范围内打单排柱。

(3) 上、下顺槽自工作面煤壁超前20m范围内支架完好无损，高度不低于1.6m，综采不低于1.8m，有0.7m宽人行道。

(4) 超前支柱初撑力不低于50kN。

5. 回柱放顶

(1) 控顶距符合作业规程要求。

(2) 采用全部垮落法管理顶板的工作面，采空区冒落高度不小于1.5倍采高，局部悬顶和冒落高度不充分，用丛柱加强支护，超过的要进行强制放顶。

(3) 切顶线支柱数量齐全，无空载和失效支柱，挡矸有效。

(4) 无空载支柱。

6. 煤壁机道

(1) 煤壁平直，与顶底板垂直。

(2) 炮采工作面及时挂梁，破碎顶板要掏窝挂梁，悬臂梁到位，端面距不大于300mm；机采工作面挂梁不得滞后机组10m，梁端要接顶，不得在无柱悬臂梁上再挂悬臂梁。

（3）靠煤壁点柱按作业规程要求架设及时、齐全。

（4）机道内顶梁水平楔数量齐全，用小链与梁连挂。有冲击地压工作面选用防飞水平楔。

7. 两巷与文明生产

（1）巷道净高不低于1.8m。

（2）支柱完整，无断梁折柱，拱形支架、卡缆、螺栓、垫板齐全。无空帮空顶、刹杆摆放整齐、牢固。架间撑木齐全。锚、网支护完整有效。

（3）文明生产，巷道无积水、无浮碴、杂物，材料、设备码放整齐，并有标志牌。

（4）管线吊挂整齐，行人侧宽度不小于0.7m。

8. 假顶和煤炭回收

（1）上、中分层假顶工作面：人工假顶的铺设符合作业规程要求，及时灌浆洒水；必须把分层厚度和铺网情况及假顶上冒落大块岩石记载在（1:500）图上，分层采高按作业规程规定不得超过±100mm；不任意丢顶煤和留煤柱。

（2）一次采全高和底分层工作面：回收率达到要求；不丢顶煤、底煤、浮煤等，不任意留煤柱。

9. 机电设备

（1）乳化液泵站和液压系统完好、不漏液，压力不小于18MPa（综采不小于30MPa）；乳化液浓度不低于2%～3%（综采3%～5%）。

（2）工作面输送机头与顺槽输送机搭接合理，底链不拉回头煤。

（3）顺槽胶带输送机机架、托滚齐全完好，胶带不跑偏。

（4）采煤机完好，不漏油、不缺齿。

二、采煤安全质量标准化安全管理

（1）工作面和输送机机头、机尾有压柱，小绞车有牢固压柱或地锚；行人通过的顺槽输送机机尾处要加盖板；行人跨越输送机的地点有过桥。

（2）支柱（支架）高度与采高相符，不得超高使用。

（3）在用支架完好、不漏液、不自动卸载，无外观缺损。

（4）支柱迎山有力，不出现连续3根以上支柱迎山角或退山角过大；综采支架垂直顶底板，歪斜小于±5°；工作面倾角大于15°时，支柱、支架要设防倒、防滑装置。

（5）使用铰接顶梁工作面铰接率大于90%。

第三节　机电班组安全质量标准化要求

一、机电安全质量标准化矿井的要求及考核评分办法

1. 参加考核评级必须具备的条件及分级

（1）无重大机电直接责任事故。

（2）矿井双回路供电。

（3）检查考核期间未发生两台（处）电气设备失爆。

（4）机电安全质量标准化矿井分为三个等级，采用百分制评分：

一级：矿井考核评分在90分及以上，设备综合完好率90%及以上，待修率5%及以下，事故率1%及以下。

二级：矿井考核评分在80分及以上。

三级：矿井考核评分在70分及以上。

矿井发生机电直接责任每死亡1人，矿井机电安全质量标准化降一级并扣5分，得分不得超过下一级的最高分；死亡3人取消评级资格。

2. 机电安全质量标准化矿井的考核评级办法

（1）按照《煤矿安全规程》、《煤炭工业企业设备管理规程》及行业其他相关标准、规定等，现场逐项考核，查阅有关技术资料、图纸、记录，口试或者笔试应知应会。

（2）扣分原则：本项分数扣完为止，每一大项中有缺项时（影响安全的因素除外）按下列计算公式进行折算。

本大项折合分数 = 本大项标准分数/（本大项标准分数 - 缺项分数）×本大项检查实得分数

要注意的是，《机电安全质量标准化标准及考核评级办法》中所提到的机电设备是指生产设备；大型固定设备是指主、副井提升机，井上、下2m及以上的运搬绞车，主压风机、主通风机，主排水泵（服务水平的泵房），2t/h及以上锅炉，主提升胶带输送机，35kV及以上的主变压器。

二、机电安全质量标准化标准

（1）设备与指标

①机电设备必须有产品合格证、煤矿矿用产品安全标志、防爆设备还必

须有防爆标志。

②大型在用固定设备台台完好。

③全矿机电设备综合完好率大于90%，小型电器合格率大于95%，防爆电气设备及小型电器防爆率100%，矿灯完好率大于95%，电缆吊挂合格率大于95%，设备待修率小于5%，机电事故率小于1%。

④设备更新改造要有计划并按计划执行。

(2) 机电安全：矿井主提升系统、主通风系统、压风系统、主排水系统、供热系统、地面供电系统、井下供电系统、采掘运输设备的安全保护装置齐全、可靠，合格率为100%。

(3) 机电管理与文明生产

①有机电主管部门并发挥主管业务的领导作用，有电气、电缆、小型电器、防爆检查、设备、配件、油脂等专业化管理小组，有适合综合管理的业务流程图。

②开展设备的综合管理。机电主管部门应参与主要机电设备的全面规划，对所需设备进行合理选型，及时安装，正确使用，精心维护，科学检修，对高能耗、低效率的大型固定设备要及时更新改造，按规定对机电设备报废。

③机电管理的基础工作：坚持对职工进行安全技术培训，保证特种作业人员持证上岗作业；建立健全机电设备管理的各项规章制度；健全机电设备技术档案及系统图；开展微机管理工作；按照规定对主提升机、主排水泵、主通风机、压风机、锅炉、主要机电设备的关键零部件进行技术测定。

④文明生产。必须有机电设备库，机电设备按性能摆放整齐，标志清楚；井下移动电气设备全部上架，电铃、按钮、打点器、三通、四通五小件和防爆电气设备有标志牌，并贴上入井合格证；机电硐室、机道清洁卫生，无杂物、无积水、无油垢，电缆排列整齐无锈蚀；防火器材、电工操作绝缘用品齐全、合格；无违章指挥、违章作业和违反劳动纪律的现象。

第四节　掘进安全质量标准化标准

一、掘井作业规程编制

作业规程编制：内容符合《煤矿安全规程》及上级有关规定；施工及地质条件变化时有补充措施；内容齐全，外观整洁，图文清晰，保存完好；审批、贯彻手续完备，有贯彻、考核和签名记录。

二、掘井安全质量标准化矿井的要求

（1）作业地点综合防尘措施：采取湿式打眼、冲洗巷帮、装煤岩洒水降尘措施，喷浆使用潮料和除尘机；爆破使用水炮泥、喷雾降尘，巷道内有风流净化装置；作业人员佩戴个体防护用品。

（2）临时轨道及运输设备：临时轨道轨距误差不大于10mm、不小于5mm，轨道接头间隙不超过10mm，内错差、高低差不大于5mm，水平误差不大于10mm；轨枕间距不大于1m，连接件齐全紧固有效；无杂拌道，轨枕无浮离、空吊板现象；刮板输送机、带式输送机机头机尾牢固；铺设平、稳、直，运行可靠。

（3）局部通风：通风系统符合《煤矿安全规程》规定；风筒吊挂整齐，逢环必挂，不漏风；工作面风筒不落地，风筒口距工作面距离符合作业规程规定。

（4）巷道卫生：巷道内无杂物、无淤泥、无积水；浮煤不超过轨枕上平面，水沟通畅；材料、工具码放整齐，挂牌管理；管线吊挂整齐，符合作业规程规定。

（5）施工图板：作业场所有规范的、符合现场实际的施锚断面图、炮眼布置三视图、爆破说明书和避灾路线图；图板图文清晰、正确，保护完好；图板悬挂位置合理，便于作业人员观看；现场人员熟知三图一表。

（6）掘进安全设施：上、下山掘进安全设施齐全有效，安全间距和躲避硐设置等符合《煤矿安全规程》规定；有突出危险的煤（岩）巷掘进工作面设置压风自救装置；高瓦斯矿井及有煤尘爆炸危险的煤巷掘进工作面，应按《煤矿安全规程》规定设置隔爆设施；采用锚杆支护的煤巷必须对顶板离层进行监测，测点布置符合作业规程规定，并有记录牌板显示。

（7）机电设备管理：巷道内无失爆电器设备；机电设备定期检查维护，达到完好标准，各种保护齐全；胶带输送机、刮板输送机、绞车司机等持证上岗。

（8）顶板管理：掘进工作面控顶距符合作业规程规定；严禁空顶作业，临时支护形式必须在作业规程中明确规定；架棚支护巷道必须使用拉杆或撑木，炮掘工作面距迎头10m内必须采取加固措施；掘进巷道内无空帮、空顶现象，失修巷道能及时处理。

（9）爆破管理：爆破工持证上岗，爆破作业符合《煤矿安全规程》规定；引药制作、火工品存放符合《煤矿安全规程》规定；爆破撤人距离和警戒设置符合《煤矿安全规程》要求；坚持“一炮三检”和“三人连锁放炮”制度。

第五节　运输安全质量标准化标准

一、工程和设备质量

①运输巷道断面必须符合《煤矿安全规程》及有关设计规定的要求。

②运输线路和道岔的质量符合要求。

③架线电机车牵引网路合格率100%，并按规定设置分区开关。

④轨道运输设备完好率达到要求，运输设备综合完好率、机车完好率、小绞车完好率都应在90%以上；矿车完好率在80%以上；斜井人车、平巷人车和架空乘人装置台完好；在用的防爆电气设备和防爆小型电器不失爆。

二、运输装备及行车保护

①机械运送人员：井下主要行人平巷超过1.5km，主要斜巷垂深超过50m时，必须采用机械运送人员；所有平巷上、下人的车场应装设架线自动停送电开关，并悬挂明显的停车位置指示牌，标明列车时刻表。

②机车行车保护：司控道岔、红尾灯、逆变电源、蓄电池机车的容量指示器和漏电监测以及防爆特殊型电机车的瓦斯超限、报警、断电等保护装置齐全、灵敏、可靠。

③信号系统：同一水平同时行驶3台以上机车时，使用带有电气闭锁的信号装置；行驶机车大于5台时，使用“信、集、闭”信号系统；弯道、井底车场和其他人员密集地点使用预报警信号装置同时发出声、光报警，关键部位的道岔使用道岔位置指示器。

④机车使用的通信系统完好，并保持畅通。

⑤斜井提升安全保护：斜井挡车装置符合《煤矿安全规程》规定，操作灵敏、可靠；斜井上、下车场及中间通道口必须使用声光行车报警装置，并有“正在行车，不准进入”的醒目标志；1.2m及以上绞车的变坡点以下略大于1列车长度处的挡车装置就与绞车实现联动；双钩提升应有错码信号；斜井人车使用专用信号装置。

三、运输管理

①机车、人车等运输设备、设施实行包机制。

②斜井跑车防护装置、斜井人车、窄轨机车制动距离、窄轨车辆连接器

静拉力、齿轮车制动力按规定进行试验，并有完整的测试记录和试验报告。

③各项管理制度、岗位责任制、运输技术资料、特殊工种的技术操作规程齐全、完整、符合规范。

④建立健全“小绞车、小电车和上、下山”管理制度。

⑤有计划组织机车年审工作，并符合有关规定。

⑥有年度培训计划，并按计划组织有关人员参加安全技术培训。

四、文明生产

①井底车场、运输大巷和石门、主要斜巷、采区上下山、采区主要运输巷及车场经常保持清洁，无淤泥、积水、杂物；运输调度室、井下运输机电硐室、地面办公室、机车库、车间等要整齐、清洁。

②水沟畅通，盖板齐全、稳固、平整。

③电缆、管道、照明符合《煤矿安全规程》及有关规定的要求。

第六节　通风安全质量标准化标准

一、通风系统

1. 总体要求

①矿井必须有完整的独立通风系统。改变通风系统时必须履行报批手续；掘进巷道贯通时，必须按《煤矿安全规程》规定，制定安全措施。

②矿井、采区通风能力满足生产需求，采掘工作面和硐室的供风量要符合《煤矿安全规程》规定。

③高瓦斯、煤与瓦斯突出或易燃煤层的采区至少设有一条专用回风巷。

④矿井内各地点风速符合《煤矿安全规程》规定。

⑤矿井有效风量率不低于85%。

⑥回风巷失修率不高于7%，严重失修率不高于3%。主要进回风巷道实际断面不能小于设计断面的2/3。

⑦矿井主要通风机的反风设施按《煤矿安全规程》规定定期检查，每年进行一次反风演习。

⑧矿井主要通风机装置外部漏风每年至少要测定一次，外部漏风率在无提升设备时不得超过5%，有提升设备时不得超过15%。

2. 局部通风

①局部通风机的安装、位置、最低风速符合《煤矿安全规程》规定。

②低瓦斯矿井掘进工作面局部通风机供电采用选择性漏电保护或采掘供电分开，瓦斯喷出区域和高、突矿井掘进面局部通风机供电采用“三专两闭锁”或选择性漏电保护，并每天有专人检查。

③局部通风机安排专人进行管理，并实行挂牌管理，不得出现无计划停风。

④局部通风机的设备齐全，吸风口有风罩和整流器，高压部位有衬垫，通风机必须吊挂或垫高，离地面高度大于0.3m，5.5kw以上的局部通风机装有消音器。

⑤风筒末端到工作面的距离和出风口的风量符合作业规程规定。

⑥风筒接头严密，无破口，无反接头，软质风筒接头要反压边，硬质风筒接头要加垫，上紧螺钉。

⑦风筒吊挂平直，逢环必挂，铁风筒每节至少吊挂两点。

⑧风筒拐弯处设弯头或缓慢拐弯，不准拐死弯，异径风筒接头用过渡节，先大后小，不准花接。

3. 通风设施

（1）永久设施：

①墙体用不燃性材料建筑、厚度不小于0.5m，严密不漏风。

②墙体平整无裂缝。

③墙体周边掏槽，要见硬顶、硬帮，要与煤岩接实，四周要有不少于0.1m的裙边。

④设施周围5m内巷道支护良好，无杂物、积水、淤泥。

⑤密闭内有水的设反水池或反水管；自燃煤层的采空区密闭要设观测孔、措施孔，孔口封堵严密。密闭前无瓦斯积聚，要设栅栏、警标、说明牌板和检查箱。

（2）临时设施：

①设在顶、帮良好处，见硬底、硬帮与煤岩体接实。

②设施周围5m内支护良好，无片帮、冒顶，无杂物、积水、淤泥。

③设施四周接触严密，木板设施要鱼鳞搭接，表面要用灰、泥满抹或勾缝。

④临时密闭不漏风，密闭前要设栅栏、警标和检查牌。

⑤临时风门能自动关闭，通车风门及斜巷运输的风门有报警讯号，否则

要装有闭锁装置。门框包边沿口，有衬垫，四周接触严密，门扇平整不漏风，与门框接触严密。

4. 通风安全监控

①矿井应按《煤矿安全规程》规定装备安全监控设备，包括矿井安全监控系统、瓦斯断电仪、风电瓦斯闭锁装置，备用量不少于20%。

②监控设备传感器的种类、数量、安设位置、信号电缆和电源电缆的敷设等都应符合规定。

③监控设备的报警点、断电点、断电范围、复电点、信号遥传等都应符合规定。

④安全监测监控设备每月至少调校1次。每7天必须使用校准气样和空气样调校瓦斯传感器、便携式瓦斯检测仪器1次。每7天必须对甲烷超限断电功能进行测试。

⑤监控中心站应24h连续正常工作，设备性能符合规定，有断电状态和馈电状态监测、报警、显示、存储和打印报表功能。中心站主机应不少于2台，1台备用。按时打印报表。

⑥监测监控设备性能完好，能正常工作。

⑦矿井应建立通风安全监控机构，配齐管理人员、工程技术人员和监测工。安全监测工经培训合格方能上岗。

⑧矿井应有监控中心室、设备维修室、库房、携带式仪器发放室等工作场所，并应做到整洁有序。

⑨有设备仪表台账、故障登记表、检修记录、巡检记录、中心站运行日志、监控布置图及监控日（月、季）报表，瓦斯数据应保留一年以上。

二、瓦斯

1. 瓦斯管理

①采掘工作面和其他工作地点做到无瓦斯超限作业，无瓦斯积聚。

②每班检查次数符合《煤矿安全规程》和有关规定；瓦斯检查员在井下指定地点交接班，并有记录可查，无空班漏检，无虚报瓦斯。

③临时停风地点，要立即断电撤人，设置栅栏，标示警标。长期停风区必须在24h内封闭完毕。

④排放瓦斯有经批准的专门措施，并严格执行。

⑤瓦斯检查做到井下牌板、检查记录手册、瓦斯台账三对口，通风、瓦斯日报每日必须上报矿长、矿技术负责人审阅。

⑥矿井通风瓦斯管理机构和人员的配备符合《煤矿安全规程》规定。

2. 防治煤（岩）与瓦斯（二氧化碳）突出

①开采保护层，瓦斯抽放。

②在突出煤层进行采掘作业的工作面，按《煤矿安全规程》进行预测预报。

③根据预测预报结果和《煤矿安全规程》要求，采掘工作面按批准的防治突出措施进行作业。

④对采取防治突出措施后的采掘工作面必须进行效果检验。

⑤在突出煤层作业的采掘工作面，必须按《煤矿安全规程》要求有经批准的防护措施。

⑥开采突出煤层的矿井，应由工程技术人员和有实践经验的人员组成专门的防突机构，人员配备和管理符合规定。

⑦井巷揭穿突出煤层，必须采取经报企业技术负责人审批的安全技术措施，并探测突出煤层的有关参数。

3. 瓦斯抽放

①按《煤矿安全规程》规定建立地面永久抽放瓦斯系统或井下临时抽放瓦斯系统。

②抽放系统定期测定瓦斯流量、负压、浓度等参数，泵站每小时测定一次，干支管与抽放钻场至少每周检查一次，并对抽放钻孔有关参数进行及时调节。

③凡进行瓦斯抽放的矿井，有专门的队伍；人员配备必须满足抽放瓦斯的需求。

④定期检查抽放系统，抽放管路无破损、无泄漏、无积水，抽放管路要吊高或垫高，离地高度不小于0.3m。抽放检测仪表齐全，定期校正。

⑤抽放钻场（钻孔）有观测记录牌板，各种记录、台账齐全。

⑥瓦斯抽放工程按设计和计划施工。

⑦抽放瓦斯及抽放瓦斯设施，符合《煤矿安全规程》规定。

⑧设置井下临时抽放瓦斯泵站遵守《煤矿安全规程》规定。

三、防治自然发火

①容易自燃、自燃煤层的矿井，按《煤矿安全规程》要求建立防灭火系统。

②凡开采自燃煤层的矿井，必须有矿井防治自燃措施，采掘工作面作业

规程必须有防治自燃发火的专门措施，并严格执行。

③凡开采自燃煤层，均要开展火灾的预测预报工作，每周至少观测预报一次。

④消除采空区密闭内及其他地点超过35℃的高温点及CO超限。

⑤采煤工作面回采结束后，必须在45天内撤出一切设备、材料，并进行永久性封闭。

⑥每一处火区都必须建立符合《煤矿安全规程》的火区管理卡片，绘制火区位置关系图。火区的管理遵守《煤矿安全规程》的有关规定。启封火区要有计划和经批准的措施。

⑦无CO超限作业和自燃事故。

⑧井下每个生产水平必须设立消防材料库，并备有足够的消防器材。

四、综合防尘

①矿井主要运输道，采区回风道，胶带斜井，胶带运输平巷，上、下山，采煤工作面上、下平巷，掘进巷道，溜煤眼翻车机，输送机转载点等处均要设置防尘管路，胶带斜井和胶带运输平巷管路每隔50m设一个三通阀门，其他管路每隔100m设一个三通阀门。

②井下所有运煤转载点必须有完善的喷雾装置；采煤工作面进回风巷、主要进风大巷及进风斜井和掘进工作面都必须安装净化水幕，采煤工作面距上下出口不超过30m，掘进工作面距迎头不超过50m，水幕应封闭全断面，灵敏可靠，雾化好，使用正常。

③采掘工作面的采掘机必须有内外喷雾装置，雾化程度好，综采工作面设移架自动同步喷雾，放顶煤工作面设放煤自动同步喷雾。

④厚煤层及中厚煤层必须逢采必注，不注不采。

⑤定期冲刷巷道积尘，主要大巷每年至少刷白一次，主要进、回风巷至少每月冲刷一次积尘，采区内巷道冲刷积尘周期由各矿总工程师决定。井下巷道不得有厚度超过2mm连续长度超过5m的煤尘堆积。

⑥隔爆设施安装的地点、数量、水量、安装的质量符合有关规定。

⑦防尘制度健全。

⑧按规定进行矿井粉尘的分析、化验、测定工作，测尘合格率达70%以上。

五、管理制度

①矿井有专门的“一通三防”管理队伍，其机构设置符合规定。

②要建立和健全各级领导及各业务部门的“一通三防”管理工作责任制，并严格落实。

③矿井每月至少进行一次通风隐患排查，召开一次通风例会，并有通风工作计划和总结。

④有“五图、五板、五记录、四台账”并与现场实际相符。

⑤矿井各种图纸报表准确，数据齐全，上报及时。

⑥通风区、队要有一套符合规定的完整管理制度。

⑦通风安全仪器仪表要有保管、维修、保养制度，定期校正、定期进行计量检定，保证完好。

⑧瓦检员、爆破工、监测工、调度员、测风工、抽放泵司机等都要制订计划定期培训，每次培训都要考核，有记录可查。并做到持证上岗。

第三章　煤矿班组现场安全管理

第一节　班组现场管理总体要求

一、现场管理的概念

现场管理就是指用科学的管理制度、标准和方法对生产现场各生产要素，包括人（工人和管理人员）、机（设备、工具、工位器具）、料（原材料）、法（加工、检测方法）、环（环境）、信（信息）等进行合理有效的计划、组织、协调、控制和检测，使其处于良好的结合状态，达到优质、高效、低耗、均衡、安全、文明生产的目的。现场管理是生产第一线的综合管理，是生产管理的重要内容，也是生产系统合理布置的补充和深入。

二、加强现场管理的总体要求

国家七部门《关于加强国有重点煤矿安全基础管理的指导意见》、《关于加强小煤矿安全基础管理的指导意见》和《关于加强煤矿班组安全生产建设的指导意见》对煤矿班组安全管理提出了指导意见，综合上述文件的意见，现将加强班组现场管理的总体要求叙述如下：

1. 严格落实班前会制度

把开好班前会作为现场管理的第一道程序，结合上一班作业现场存在的问题，针对每个环节、每个岗位，布置好当班安全生产及各岗位应协调处理的事项。明确工作中注意的问题，识别不安全因素，落实相应的防范措施，做到安全注意事项不讲明不下井、责任不明确不下井。

2. 严格执行交接班制度

特殊岗位严格执行相关规定，除带班人员、要害岗位人员必须在现场交接班以外，严禁其他人员现场交接班；要填写好交接班日志，必须把相关安全生产原始记录一一交接清楚，防止问题不明、措施不当而危及安全生产。

3. 充分发挥特聘煤矿安全生产群众监督员的作用

明确职责，坚持把查找隐患、制止“三违”作为煤矿安全生产群众监督员工作的重中之重，做到班组长不违章指挥、班组成员不违章作业、所有人员不违反劳动纪律。对“三违”现象要当作事故进行分析处理，做到治之于未现、防患于未然。加强现场监督检查，严格监督落实现场安全技术操作规程，严格监督按批准的技术措施进行施工或生产，严禁违规作业。

4. 搞好安全质量标准化动态达标

积极开展安全质量标准化工作，推行作业现场精细化管理，文明生产；每班要对作业现场工程质量、岗位工作质量进行验收和评估，实现动态达标，积极创建安全精品工程。

5. 加强隐患排查治理

抓好隐患排查，实行班组隐患分级管理，落实治理责任。对生产作业场所、安全生产设备及各系统进行定时、定点、定路线、定项目巡回检查，及时排查治理现场事故隐患，若隐患没有排除，班组长不得组织生产；对限期治理的事故隐患，要严格落实现场防范措施；遇到重大险情要及时报告，并有序组织人员及时撤离现场，避免事态扩大。

6. 落实班组安全生产权益

班组长对现场作业条件的变化情况，有安全生产决策权和组织指挥权；有检查职工安全作业情况、抵制上级违章指挥权；有对作业现场工程质量、岗位工作质量进行安全评估验收权；在安全隐患没有排除或不具备安全生产条件时，有拒绝开工或停止生产权。切实落实煤矿工人安全生产权利。

7. 落实职业危害的防治

配备作业场所职业危害检测、防护设备与装置，认真落实现场防治呼吸性粉尘、噪声、有毒有害气体的措施，切实改善井下作业环境；如实申报作业场所职业危害情况。按标准为职工免费配备必要的劳动保护用品，定期对从业人员进行职业健康检查。

第二节 班组作业现场“6S”管理

一、作业现场“6S”管理法的含义

作业现场“6S”管理即整理、整顿、清扫、清洁、素养、安全，它以全体职工的行为养成为目标，通过对每个人、每件事、每一天、每一处行为的规范，实行全员控制、生产全过程控制和重点人员控制。

1. 整理

区分用与不用的物品，要用的物品留下来，不用的清理掉。通过对作业场所的整理，可以改善和增加作业面积，减少磕碰的机会，保障作业安全；同时由于现场无杂物，通道畅通，可提高工作效率，也可提高操作人员的工作积极性。

2. 整顿

把工作场所内需用的物品依规定定位、定量摆放整齐，并进行明确标识。可使作业人员在操作中忙而不乱，要用的物品随手可得。

3. 清扫

清除工作场所内的脏污，并防止脏污的发生，保持工作场所干净明丽。

4. 清洁

清洁是整理、整顿、清扫之后，使现场保持整洁和最佳状态，从而清除产生不安全因素的根源。同时，一个良好的工作环境，可使作业人员能愉快地工作。

5. 素养

人人养成好习惯，依规定行事，培养积极进取的精神。提高素养的目的在于培养具有良好习惯、遵守规则的员工，营造团队精神。可以通过制定服装、肩章、工作帽等识别标准，制定共同遵守的有关规则、规定，教育训练和推动各种精神提升活动等途径来实行。

6. 安全

清除一切不安全因素，采取系统的措施保证员工的人身安全和生产正常进行。

6个“S”并不是各自独立、互不相关的，它们之间是一种相辅相成、缺一不可的关系。整理是整顿的基础，整顿又是整理的巩固，清扫是显现整理、整顿的效果，而通过清洁和素养，则使煤矿企业规范化，形成一个所谓的改善气氛。安全则是实施以上5个“S”的根本保证。

二、作业现场“6S”管理法的实施技巧

1. 现场物品清理

在生产现场，对机器、工具、物料等各种生产资料实施清理过程中，对“要”与“不要”的物品必须制定相应的判别基准，便于在清理活动中进行操作。哪些物品“需要”，哪些物品“不需要”，对现场上的一切无用之物坚

决清理掉，这样达到解决现场物品乱堆乱放，占据空间，影响生产安全的问题。而且，对于物品的使用以及放置也可以做专门规定，使生产现场运转有条不紊。

2. 全员大扫除

全员大扫除是实施“6S”清理阶段的重要一环，也是清理内涵的展开。各个组员依据“6S”活动平面图，在各自的责任区内进行扫除，并填写不要物品清理清单，汇总后报班组长审核。通过全员大扫除，使全体组员体会到活动带来的成就感。

3. 组织监督检查

“6S”的评比和考核是“6S”活动中必不可少的一项工作，这项工作进行得好，将会对活动起到推波助澜的作用，使“6S”活动由形式化向行事化、习惯化方面转化。检查评比的目的是通过监督帮助员工认清还有哪些工作没有做好，督促人人做好“6S”，并最终形成个人的做事习惯。

4. 制定现场指导书

根据以上大致要求，可制订以下生产现场作业指导，主要是对存放于生产现场的各项物品进行条理安排：

①清洁用具的摆放方法；

②通道画线方法；

③物品放置位置画线方法；

④消防器材、配电箱柜画线方法；

⑤标志规格和颜色使用规定；

⑥工具保管方法；

⑦电动、机械工具摆放方法；

⑧设备安全操作规程；

⑨员工着装规定；

⑩废弃物处理管理规定等。

通过对这些生产现场工具及人员的具体管理，可以使现场人员更安全，使生产更有效率。

5. 开展提升活动

班组长可以召开班组会议，鼓励组员提出改善的建议，通过活动，实现员工的自主管理，促进员工能关注身边的问题并提出改善方案，从而提升全体员工的整体素质。

第三节　班组作业现场事故隐患排查治理

在煤矿班组作业现场，潜在的事故隐患如未能得到及时消除，往往会导致灾难性的事故，有关人员必须予以高度重视。

一、煤矿重大隐患的认定及管理

1. 煤矿重大隐患的认定原则

煤矿重大隐患的认定原则如下：

（1）必须是煤矿生产建设过程中存在的重大隐患。

（2）必须是可能导致重大人身伤亡或重大经济损失的隐患。

（3）必须是尚未发生的可以预见的重大隐患。

2. 煤矿重大隐患的认定

为了准确认定，及时消除重大安全生产隐患和违法行为，根据《安全生产法》和《国务院关于预防煤矿生产安全事故的特别规定》等法律法规，国家安全生产监督管理总局和国家煤矿安全监察局制定了《煤矿重大安全生产隐患认定办法（试行）》。在《煤矿重大安全生产隐患认定办法（试行）》中提出了对各类煤矿重大安全生产隐患的认定标准。

（1）“超能力、超强度或者超定员组织生产”，是指有下列情形之一的：

①矿井全年产量超过矿井核定生产能力的；

②矿井月产量超过当月产量计划10%的；

③一个采区内同一煤层布置3个（含3个）以上回采工作面或5个（含5个）以上掘进工作面同时作业的；

④未按规定制订主要采掘设备、提升运输设备检修计划或者未按计划检修的；

⑤煤矿企业未制订井下劳动定员或者实际入井人数超过规定人数的。

（2）“瓦斯超限作业”，是指有下列情形之一的：

①瓦斯检查工员配备数量不足的；

②不按规定检查瓦斯，存在漏检、假检的；

③井下瓦斯超限后不采取措施继续作业的。

（3）“煤与瓦斯突出矿井，未依照规定实施防突出措施”，是指有下列情形之一的：

①未建立防治突出机构并配备相应专业人员的；

②未装备矿井安全监控系统和抽放瓦斯系统，未设置采区专用回风巷的；

③未进行区域突出危险性预测的；

④未采取防治突出措施的；

⑤未进行防治突出措施效果检验的；

⑥未采取安全防护措施的；

⑦未按规定配备防治突出装备和仪器的。

（4）“高瓦斯矿井未建立瓦斯抽放系统和监控系统，或者瓦斯监控系统不能正常运行”，是指有下列情形之一的：

①1 个采煤工作面的瓦斯涌出量大于 $5m^3/min$ 或 1 个掘进工作面瓦斯涌出量大于 $3m^3/min$，用通风方法解决瓦斯问题不合理而未建立抽放瓦斯系统的；

②矿井绝对瓦斯涌出量达到《煤矿安全规程》规定而未建立抽放瓦斯系统的；

③未配备专职人员对矿井安全监控系统进行管理、使用和维护的；

④传感器设置数量不足、安设位置不当、调校不及时，瓦斯超限后不能断电并发出声光报警的。

（5）“通风系统不完善、不可靠”，是指有下列情形之一的：

①矿井总风量不足的；

②主井、回风井同时出煤的；

③没有备用主要通风机或者两台主要通风机能力不匹配的；

④违反规定串联通风的；

⑤没有按正规设计形成通风系统的；

⑥采掘工作面等主要用风地点风量不足的；

⑦采区进（回）风巷未贯穿整个采区，或者虽贯穿整个采区但一段进风、一段回风的；

⑧风门、风桥、密闭等通风设施构筑质量不符合标准、设置不能满足通风安全需要的；

⑨煤巷、半煤岩巷和有瓦斯涌出的岩巷的掘进工作面未装备甲烷风电闭锁装置或者甲烷断电仪和风电闭锁装置的。

（6）“有严重水患，未采取有效措施”，是指有下列情形之一的：

①未查明矿井水文地质条件和采空区、相邻矿井及废弃老窑积水等情况而组织生产的；

②矿井水文地质条件复杂，没有配备防治水机构或人员，未按规定设置防治水设施和配备有关技术装备、仪器的；

③在有突水威胁区域进行采掘作业未按规定进行探放水的；

④擅自开采各种防隔水煤柱的；

⑤有明显透水征兆未撤出井下作业人员的。

（7）“超层越界开采”，是指有下列情形之一的：

①国土资源部门认定为超层越界的；

②超出采矿许可证规定开采煤层层位进行开采的；

③超出采矿许可证载明的坐标控制范围开采的；

④擅自开采保安煤柱的。

（8）“有冲击地压危险，未采取有效措施”，是指有下列情形之一的：

①有冲击地压危险的矿井未配备专业人员并编制专门设计的；

②未进行冲击地压预测预报、未采取有效防治措施的。

（9）“自然发火严重，未采取有效措施”，是指有下列情形之一的：

①开采容易自燃和自燃的煤层时，未编制防止自然发火设计或者未按设计组织生产的；

②高瓦斯矿井采用放顶煤采煤法采取措施后，仍不能有效防治煤层自然发火的；

③开采容易自燃和自燃煤层的矿井，未选定自然发火观测站或者观测点位置并建立监测系统、未建立自然发火预测预报制度，未按规定采取预防性灌浆或者全部充填、注惰性气体等措施的；

④有自然发火征兆没有采取相应的安全防范措施并继续生产的；

⑤开采容易自燃煤层未设置采区专用回风巷的。

（10）“使用明令禁止使用或者淘汰的设备、工艺”，是指有下列情形之一的：

①被列入国家应予淘汰的煤矿机电设备和工艺目录的产品或工艺，超过规定期限仍在使用的；

②突出矿井未采取安全措施使用架线式电机车或者在此之后仍继续使用架线式电机车的；

③矿井提升人员的绞车、钢丝绳、提升容器、斜井人车等未取得煤矿矿用产品安全标志，未按规定进行定期检验的；

④使用非阻燃皮带、非阻燃电缆，采区内电气设备未取得煤矿矿用产品安全标志的；

⑤未按矿井瓦斯等级选用相应的煤矿许用炸药和雷管、未使用专用发爆器的；

⑥采用不能保证 2 个畅通安全出口采煤工艺开采（三角煤、残留煤柱按

规定开采者除外）的；

⑦高瓦斯矿井、煤与瓦斯突出矿井、开采容易自燃和自燃煤层（薄煤层除外）矿井采用前进式采煤方法的。

（11）“年产6万吨以上煤矿没有双回路供电系统”，是指有下列情形之一的：

①单回路供电的；

②有两个回路但取自一个区域变电所现同一母线端的。

（12）“新建煤矿边建设边生产，煤矿改扩建期间，在改扩建的区域生产，或者在其他区域的生产超出安全设计规定的范围和规模”，是指有下列情形之一的：

①建设项目安全设施设计未经审查批准擅自组织施工的；

②对批准的安全设施设计做出重大变更后未经再次审批并组织施工的；

③改扩建矿井在改扩建区域生产的；

④改扩建矿井在非改扩建区域超出安全设计规定范围和规模生产的；

⑤建设项目安全设施未经竣工验收并批准而擅自组织生产的。

（13）“煤矿实行整体承包生产经营后，未重新取得煤炭生产许可证和安全生产许可证，从事生产的，或者承包方再次转包的，以及煤矿将井下采掘工作面和井巷维修作业进行劳务承包”，是指有下列情形之一的：

①生产经营单位将煤矿（矿井）承包或者出租给不具备安全生产条件或者相应资质的单位或者个人的；

②煤矿（矿井）实行承包（托管）但未签订安全生产管理协议或者载有双方安全责任与权力内容的承包合同进行生产的；

③承包方（承托方）未重新取得煤炭生产许可证和安全生产许可证进行生产的；

④承包方（承托方）再次转包的；

⑤煤矿将井下采掘工作面或者井巷维修作业对外承包的。

（14）“煤矿改制期间，未明确安全生产责任人和安全管理机构，或者在完成改制后，未重新取得或者变更采矿许可证、安全生产许可证、煤炭生产许可证和营业执照”，是指有下列情形之一的：

①煤矿改制期间，未明确安全生产责任人进行生产的；

②煤矿改制期间，未明确安全生产管理机构及其管理人员进行生产的；

③完成改制后，未重新取得或者变更采矿许可证、安全生产许可证、煤炭生产许可证、营业执照以及矿长资格证、矿长安全资格证进行生产的。

（15）“有其他重大安全生产隐患”，是指省、自治区、直辖市人民政府负责煤矿安全生产监督管理的部门、煤矿安全监察机构，根据实际情况认定的可能造成重大事故的其他重大安全生产隐患。

3. 煤矿重大事故隐患的管理

煤矿企业应当建立和完善以下各项重大事故隐患管理制度：

（1）重大事故隐患定期排查治理制度。制定并落实具体的排查时间、方法、人员、措施，重大事故隐患的种类、等级等。

（2）重大事故隐患排查治理责任制度。明确重大事故隐患排查治理工作的组织领导，整改资金的落实，治理效果的检查；明确具体的重大事故隐患排查治理工作要求；明确具体的重大事故隐患排查治理的管理程序；明确具体的重大事故隐患排查治理人员。

（3）重大事故隐患分级管理制度。制定并明确重大事故隐患的分级范围，治理措施、要求及责任。

（4）重大事故隐患的报告制度。煤矿企业应当将难以排除的重大事故隐患按照隶属关系和管理权限向煤炭管理部门报告，并报煤矿安全监察机构备案，不得不报、谎报或者拖延不报。

二、采煤作业常见的事故隐患

采煤作业现场是由人、物和环境所构成的一个生产场所，这里环境复杂多变，工作空间狭小，人员、设备相对集中，是事故的多发地点。因此，为了减少事故的发生和降低事故所造成的危害程度，就要清楚采煤作业现场有哪些常见隐患。

1. 采区设计和采煤工作面作业规程方面的安全隐患

①采区设计方案未按规定批准，或无采区设计就施工。

②新采区、新工作面没有按有关规定进行验收就生产，或验收不合格，未经认真整改，不经批准而擅自生产。

③编制采掘计划没有通风部门参加或没有考虑通风部门配合的可能性。

④采煤工作面没有两个以上畅通无阻的安全出口，或人为因素造成安全出口不畅通；特殊情况下不能保证两个以上安全出口时，未按规定批准。

⑤采煤工作面分上、下层同时采煤时，上、下层的错距及支护措施未在作业规程中明确规定，或在实际操作中违反规定。

⑥支柱与回柱、支柱与割煤、回柱与放炮、回柱与采煤机落煤等工序平行作业时的安全距离未在作业规程中明确规定，或在现场操作中违反规定。

⑦采煤作业规程不认真组织学习和贯彻执行。

2. 采煤工作面支护方面的安全隐患

①综采工作面液压泵站压力不足30MPa，机采工作面液压泵站压力不足18MPa。

②单体液压支柱初撑力连续两根小于50kN，或全部支柱初撑力合格率小于80%；金属摩擦支柱不使用5t液压升柱器，支柱初撑力低于30kN，或支柱连续两根松动。

③采煤工作面配备柱梁数量不足，缺柱、梁各20根以上。

④使用失效柱、梁或使用超过使用期的支柱，不同类型或不同性能的支柱混用。

⑤底板松软而支柱不穿铁鞋，造成支柱钻底大于100mm。

⑥切顶排特殊支护数量、质量不符合作业规程规定；顶板来压或悬顶超过作业规程规定未加强支护或采取人工强制放顶措施；输送机头、尾不按规定使用特殊支护。

⑦工作面支护不适应工作面地质条件；支护强度低，整体性差，顶底板移近量大，出现台阶下沉。

⑧煤壁留有伞檐、悬矸危岩，不及时敲帮问顶处理；人员进入机道空顶空帮，不作临时支护。

⑨采煤工作面无支护质量监测人员，无初撑力监测仪表，无记录、无监测标志。

⑩有冲击地压危险矿井未对危险区进行预测预报，或无防治措施。

3. 工作面放顶作业的安全隐患

①采煤工作面不执行最大或最小控顶距规定，提前或拖后回柱放顶。

②回柱工作违反规定措施或回撤程序；近身回柱无防护措施；一人回柱无人监护。

③采煤工作面改支柱时不先支后回。

4. 采煤机械操作的安全隐患

①工作面不直，采煤机组牵引链摆向人行侧，有崩链伤人可能而未采取措施。

②采煤机未装置能停开工作面输送机的闭锁装置或装置失效，而在输送机停开时采煤机运转。

③采煤机更换截齿或距滚筒上、下3m以内有人工作时，未切断电源并打开离合器。

④用刮板输送机、带式输送机运送物料而无安全措施。

⑤拉移转载机时绳道内有人通过，或不设专人站岗。

5. 特殊条件下开采作业的安全隐患

①有冲击地压危险工作面未使用防飞水平销；放炮时警戒距离及躲炮时间不符合规定；工作面及上、下顺槽柱梁未采取防倒防崩措施。

②采煤工作面过断层、过破碎带、过老空区或老巷及复合顶板开采，或现场条件发生变化时，未及时制定安全措施。

③采煤工作面初次放顶和最后收尾时，无规程、无措施施工，或违反规程、措施施工。

④运送、安装、拆除液压支架，处理倒架、咬架、压架以及拆除立柱、坐箱等大型部件时无安全措施，或不按措施操作。

三、机电系统常见的事故隐患

煤矿机电系统常见的事故隐患有如下几类：

①非持证人员擅自操作、维护、修理和移挪机械和电气设备。

②井下机械设备不完好，电缆吊挂敷设不符合规范；电气设备失爆。

③没有接地、过流、漏电保护和各种保护不符合规定或失灵以及不投入使用，电气设备脱保运行。

④井下供电存在“鸡爪子”、“羊尾巴”、明接头现象。

⑤违反停送电规定，机电设备检修时不停电、不挂牌、不加锁，已停用的电气开关不挑保险丝。

⑥对计划大范围停电检修或高压电气设备停电检修，无停电措施施工。

⑦对故障未排除的供电线路强制送电。

⑧检修电气设备时不关开关盖就送电试验。

⑨井下电工验电、放电不按规定检查瓦斯。

⑩停电作业不放电、不验电、不挂接地线。

⑪电气设备带病运行或摩擦产生火花。

⑫井下用灯泡取暖。

四、掘进作业现场常见的事故隐患

掘进作业现场是由人、物和环境所构成的一个生产场所，这里环境复杂多变，工作空间狭小，人员、设备相对集中，是事故的多发地点。因此，为了减少事故的发生和降低事故所造成的危害程度，就要清楚掘进作业现场有哪些常见隐患，其具体体现有：

①掘进工作面无作业规程或套用通用作业规程，工作面现场条件发生变

化，不及时制定措施或措施不落实，不修订作业规程。

③锚杆巷道不使用专用工具操作，锚杆松动，锚固力达不到规定值，使用失效锚杆，锚杆不按规定做拉伸试验，对喷体不作厚度及强度检查或无记录。

③掘进工作面无临时支护或临时支护不合格；工作面空顶作业；前探支架移设不及时，接顶不牢固；工作面连续4m支护不合格仍继续掘进。

④架棚巷道前10m无防倒棚措施施工。

⑤下山掘进时下山口无防跑车装置，中间无超速捕车器，掘进面上方无挡车门，提升不使用车尾绳。

⑥掘进巷道贯通或透老采空区、老巷时不预先通知；不采取防冒顶、防水害、防有害气体、防放炮伤人、防风流紊乱等措施；或现场措施不落实，无专人指挥。

⑦掘进巷道质量低劣仍继续掘进。

⑧三岔门、四岔门抬棚的加固未做到全部棚腿连锁牢固，金属抬棚下腿未用混凝土固定，插梁未使用卡子；锚喷巷道未使用加长的全锚式锚杆支护。

⑨巷道失修严重影响通风、运输、供电、排水和行人安全；擅自撤出支架柱、梁、背板或拉杆，挪作他用。

⑩修复巷道或整棚不执行由外向里逐架施工；修复巷道不设临时支护，退路不畅通。

⑪修复巷道须挖地槽、砌碹时，原有支护不加固，临时支护固定不牢；回撤支架时无人监护，未做到由里向外回撤。

五、通风作业现场常见的事故隐患

1. 矿井通风系统隐患的具体体现

①通风系统不合理，通风设施不齐全，出现无风、微风、采空区风、循环风，以及不合理的串联风、扩散风。

②通风风流稳定性差，抗干扰能力低，时常出现风门同时打开造成风流短路现象。

③井下存在敞口盲巷；采煤工作面结束45天内或采区结束1个半月内，未进行永久密闭。

④局部通风机未装置“三专两闭锁”；一台局部通风机同时向多个掘进工作面供风；时常出现局部通风机无计划停电、停风；局部通风机产生循环风；局部通风机停止运转后，不及时撤出人员、切断电源、停止工作。

⑤掘进风筒漏风大，末节风筒距离工作面过远，造成工作面风量不足，

仍继续工作。

⑥巷道贯通后，不及时调整通风系统，造成瓦斯积聚。

2. 瓦斯隐患的具体体现

①在瓦斯超限情况下照常作业，不采取措施。

②采煤工作面上隅角、回风巷瓦斯经常超限，未采取有效措施；掘进巷道高顶高冒未及时处理；巷道出现层状瓦斯积聚。

③对瓦斯涌出异常区域未编制和执行专门的安全措施；对瓦斯涌出严重的采掘工作面，不按规定进行装备、检查、检验、维修，瓦斯检测设备没有得到正常使用。

④瓦斯检查空班、漏检、伪造数字检查数据；不按规定检查盲巷。

⑤工作区域瓦斯超限时不及时切断电源，撤出人员，停止工作；不及时汇报和采取措施进行处理。

⑥作业地点瓦斯或二氧化碳浓度达到3%又不能立即处理时，未能在24h内封闭。

⑦处理巷道积聚瓦斯时，不制定和执行排放瓦斯措施；未通知矿山救护队而自行探察或排放瓦斯；瓦斯排放时，回风区域不断电、撤人和警戒、不控制向盲巷供风。

⑧有煤与瓦斯突出危险的采掘工作面未采取切实可行的防突措施，存在较大发生突出的可能。

⑨随意改变瓦斯监测探头吊挂位置；擅自调整瓦斯监测仪指示或堵塞防护罩，造成检测失真。

3. 矿尘隐患的具体体现

①防尘系统不完善；采掘工作面无防尘管路；防尘设施不健全，使用不正常。

②未建立健全除尘制度；不按规定冲刷、清扫煤尘，造成厚度超过2mm、长度超过5m的煤尘积聚。

③采煤机、掘进机无水开动；内、外喷雾装置不合格或使用不正常；各运煤转载点喷雾洒水装置不全、不灵敏，造成煤尘浓度严重超限。

④工作面采用干打眼。

⑤在有瓦斯煤尘爆炸危险的采掘工作面，不使用乳化炸药，不采用毫秒爆破。

⑥采掘工作面打浅眼、放小炮；放崩炮、糊炮、明炮；爆破处理溜煤眼、煤仓堵塞时，违反有关规定。

4. 防灭火隐患的具体体现

①未建立健全矿井消防系统；井上、井下未建立消防库，或库内消防器材不齐全，不定期检查、更换。

②在有自然发火危险的煤层，不执行防火措施。

③井下电焊、气焊、拍摄、录像时，无安全措施或不按措施执行；无通防、安监人员在场检查和监督。

④采空区密闭、采区回风巷、巷道高顶高冒处及其他无人工作和一般人员不行走的巷道，不按规定检查有害气体。

⑤火区管理不善；永久防火墙无观测孔和放水孔，不按规定进行管理；启封火区不执行《煤矿安全规程》规定。

⑥井下使用的电缆、风筒、带式输送机的胶带等不阻燃；带式输送机无低速保护，无烟雾报警和超温自动洒水断电装置；带式输送机巷无消防管路，机头硐室无砂箱和合格的灭火器材。

六、运输系统常见的事故隐患

运输系统常见事故系统的隐患主要表现在以下方面：

①操作人员忽视安全操作规范和警告，违规操作或是操作失误。

②忽视安全指示标志，冒险进入危险场所。

③攀、坐不安全位置，如违规乘坐矿车、吊车等。

④未正确使用个人防护用品。

⑤把钩人员作业时，不使用拉链器、拔镔器或行车不停稳拔链，挤道岔、拉道岔、铁镔不合格或用其他物件代替。

⑥由于铁道道岔状态不好，造成矿车掉道。

⑦绞车工作闸间隙超限或机车闸瓦磨损超限。

⑧连接装置损坏的矿车不甩出。

⑨机车擅自拆掉车棚运行或车棚刮坏不及时修复。

⑩机车灯、闸、铃、撒砂装置不符合规定。

⑪车头电源装置短接，连接线老化。

⑫蓄电池车头不使用钢玉帽、无极柱胶套，不盖严，电瓶无固定销、固定板。

⑬电瓶中不设安全压板或是用铁丝代替。

⑭人车遥控器不及时充电或不完好。

⑮电机车换向无闭锁或控制系统失灵。

⑯违反斜巷运输规定，超负荷拉车和不用专用铁镔拉矿车。

⑰架线短路器损坏不及时更换。

⑱绞车位置安装不合理。

⑲用其他材料代替连车环、插销。

⑳运输设备无联轴器护罩或小链护罩、机尾护罩。

㉑绞车把钩工接班后，不认真清扫大道岔、二道岔。

㉒在平、斜巷的运输巷道中，顶板架设的管、梁低于1.8m，两侧架设的管线梁突出的部分离矿车距离小于400m。

㉓斜巷人车行驶不挂红色警示灯。

㉔维持人车秩序的管理人员在人车未到站时将人放入站台。

㉕在铁道干线施工作业时不设警戒，两侧铁道不打死掩。

㉖架线机车不设前照明、后红灯。

㉗斜巷运输不按规定安设、使用声光信号及“一坡三挡”安全保护装置或装置不全、不灵敏可靠，不设警戒。

七、作业现场常见事故隐患的治理措施

作业现场的隐患排查治理是围绕消除人的不安全行为、物的不安全状态和环境的不安全因素展开的，主要采取以下措施：

（1）规范操作人员的安全行为，结合班组的具体情况和操作实际，以及国家的法律法规、相关规定和标准，制定规章制度和操作规程。

（2）加强对作业场所的安全检查，及早发现问题，及时妥善地整改。

（3）加强生产设备管理，尤其是设备的防爆管理，按规定做好设备和安全设施、防护装置的维护保养，使之始终保持良好的完好状态。

（4）各种采掘、通风、提升、运输、机电和施工设备的选型、安装符合《煤矿安全规程》的要求。

（5）保证各种保护和监测系统灵敏、可靠，井下设备、电缆无失爆。

（6）不断完善工程设计，改善作业条件，尽可能地采用机械化、自动化作业，并不断改进操作方法。

（7）设备布置、物料堆放要尽可能的科学合理，保持通道畅通。

（8）及时清扫垃圾、废料，整理现场的原材料、产品和工具。

（9）彻底清除有害气体、爆炸、火种等危险源。

（10）正确穿戴和使用劳动防护用具、用品。

（11）改善作业场所的通风条件，维持适宜的温度、湿度和照明度。

第四节 作业现场安全检查

一、煤矿安全检查的方式和内容

1. 煤矿安全检查的方式

（1）日常检查。这种检查方式是由各级安全检查人员在各自的业务范围内，经常深入现场，进行检查，发现问题，及时督促有关部门加以整改。

（2）定期检查。是指每隔一段时间进行一次安全检查。一般包括周检查、旬检查、季度检查、年度检查和节假日前的检查。

（3）不定期检查。是指不定时间、不定地点、不预先通知的临时性抽查，一般由上级部门组织进行，带有突击性，从中可以看到安全生产的真实面貌。

（4）专业性检查。是指按专业系统，针对一个时期安全生产的实际情况或上级指示精神，开展专业性检查。

（5）连续性检查。是指新设备、新工艺、新材料的使用，新工作面的投产，火区启封，新建或改建工程等，可能引发新的不安全因素进行不间断检查，也包括对事故多发区域或工程进行蹲点检查。

2. 煤矿安全检查的内容

（1）查安全意识。检查各级领导干部和职工是否认真贯彻执行党和国家的安全生产方针、政策和法律、法规；是否真正做到了不安全不生产，把安全放在一切工作的首位。

（2）查管理制度。对煤矿是否按照国家的有关规定建立健全各项安全生产管理制度以及贯彻落实的情况进行监督检查。

（3）查劳动纪律。检查生产过程中有无迟到、早退、脱岗、串岗、睡觉；有无在工作时间干私活，做与生产无关的事情；有无不按规定穿戴劳动保护用品；有无违反操作规程进行作业等。

（4）查事故隐患。检查人员深入生产现场，检查作业环境、生产设备和相应的安全设施是否符合有关规定，及时发现并消除生产过程中存在的各种事故隐患。

二、采煤作业现场安全检查

1. 采煤作业现场安全检查的重点

煤矿开采安全的检查应根据采区的条件（包括主观条件和客观条件）及

不同的生产工艺，在全面检查的基础上，对重点设备、重要程序和工艺、重点区域进行重点检查。煤矿开采安全的检查重点除了对采区系统与采区设计、采煤工作面作业规程、采掘接续以及相关生产技术资料是否符合有关要求外，还包括现场的检查。煤矿生产现场检查的重点包括：

（1）检查采区实际系统与采区设计是否符合。

（2）采区采煤、运输、通风、供电、通信等系统是否健全。

（3）采区、采煤工作面是否具备两个以上畅通无阻的安全出口，采煤工作面两个以上安全出口无法保证时，是否经过了技术负责人批准。

（4）巷道断面尺寸是否符合作业规程的规定。

2. 综采工作面的现场安全检查

综采工作面在安全方面最容易出现问题的是采煤机和液压支架的安全使用，以及上下安全出口的安全、工作面冒顶片帮等，当然，防止瓦斯、煤尘事故也是安全检查的重点。

（1）工作面支护的检查。

①检查支架是否排成直线，支架排列偏差不应超过±50m；中心距是否符合作业规程规定，中心距偏差不应超过±100mm；相邻支架间是否存在明显错差，错差不应超过顶梁侧护板高的2/3，歪倒应小于+5°。

②支架架设要与顶底板和输送机垂直，不得超高；与顶板接触要严密，迎山有力，不许空顶。

③支架是否完好，无漏液、不窜液、不失效，架内无浮煤、浮矸堆积。

④支架是否采用编号管理。

⑤支架初撑力是否不低于规定值。

（2）安全出口的检查。

①是否按作业规程规定进行了超前支护；安全出口20m范围内支架是否完整、无缺，并有超前支护；巷道高度是否不低于1.8m。

②是否加强端头支护，并与工作面支架成一条直线。

③是否按作业规程规定采取支架防滑、防倒措施，倾角超过15°时，排头支架是否安装防倒千斤顶，并经常保持拉紧状态；倾角大的工作面下部端头需架设木垛，以支撑第一架支架，防止下滑。

（3）采煤机的检查。

①检查采煤机状态能否满足安全生产的要求，如备件是否齐全，截齿是否齐全、锋利，喷雾是否畅通、正常。

②采煤机运行时，牵引速度是否符合规定。

③采煤机割煤时，顶底板是否割得平整，油泵工作压力是否保持在规定

范围内。

④采煤机停机后，速度控制、机头离合器、电气隔离开关是否已打在断开位置，供水管路是否完全关闭。

⑤采煤机是否被用作了牵引或推顶设备。

（4）工作面管理的检查。

①检查有无经技术负责人批准的工作面统计和作业规程，并有效地贯彻执行。

②工作面有无施工图板。

③有无坚持支护质量和顶板动态检测。

④有无区（队）长跟班上岗，有无质量验收员。

⑤是否执行开工牌制度和特殊工种持证上岗制度。

综采工作面现场安全检查的程序为：熟悉工作面生产技术条件→查阅设计和作业规程→下顺槽检查→下顺槽设备检查→安全出口检查→工作面支护检查→采煤工作检查→移架推溜检查→设备检查→上安全出口检查→上顺槽检查→现场管理检查→总体评价，提出处理意见。

3. 普采工作面的现场安全检查

与综采工作面相比，普采工作面装备水平较低，支护强度较小，容易发生顶板事故。因此，工作面支护、上下安全出口、回柱放顶等是普采工作面安全检查的重点。

（1）工作面支护的检查。

①检查柱距、排距是否符合作业规程规定，呈一条直线，支架架设偏差不应超过±100mm。

②顶梁铰接率是否大于90%，是否出现连接不铰接，机道与放顶线是否配足水平楔。

③支柱初撑力、迎山、棚梁、背板、柱鞋、柱窝是否符合作业规程规定。

④是否存在失效柱、梁和空载支柱，不同型号支柱是否混用。

⑤是否按作业规程及时架设密集支柱或木棚、木垛，其数量、位置是否符合规定。

⑥支柱是否全部编号管理，并做到牌号清晰。

（2）安全出口的检查。

①检查顺槽至煤壁线20m范围内支架是否整齐，并有符合规定的超前支护。

②有无符合规定的端头支护，端头梁距工作面第一架支架的距离不应超过0.7m。

③巷道高度是否不低于1.6m，人行道宽度不低于0.7m。

④采空区侧或煤壁侧是否有宽度大于0.6m、高度不低于工作面采高90%的人行通道。

⑤安全出口处煤壁是否至少超前一刀，斜长不小于2.0m。

（3）回柱放顶的安全检查。

①检查是否按作业规程规定及时放顶，控顶距是否符合规程要求，上下顺槽是否与工作面放齐。

②回柱是否采用先支后回、由下而上、由里往外的三角回柱法。

③回柱与支柱距离是否不小于15m。

④分段回柱距离是否大于15m，掐头处是否打上隔离柱。

⑤回柱地点以上5m、以下8m处是否有与回柱无关的人员滞留。

普采工作面现场安全检查程序为：熟悉工作面条件→查阅工作面作业规程→检查工作面下顺槽→下安全出口→工作面支护→顶板管理→采煤机采煤→移溜→工作面煤壁及支护→回柱放顶→上安全出口→工作面上顺槽→工作面管理→总体评价与处理决定。

4. 炮采工作面的现场安全检查

炮采工作面生产时容易出现的问题是冒顶、片帮和爆破事故。因此，炮采工作面安全检查的重点是工作面支护与顶板管理、安全出口、放顶安全作业和爆破安全作业等。

（1）工作面支护的检查。

①检查工作面支柱布置是否符合作业规程规定，支柱要呈一条直线，柱距、排距偏差不超过±100mm。

②支柱初撑力、迎山、棚梁、背板、柱鞋、柱窝是否符合作业规程规定。

③是否存在失效柱、梁和空载支柱。

④顶梁铰接率是否大于90%，是否有顶梁连续不铰接现象。

⑤机道与放顶线是否配足水平楔。

⑥是否按作业规程要求及时架设密集支柱或木棚、木垛。

⑦是否存在不同型号支柱的混用问题。

⑧支柱是否全部编号管理，并做到牌号清晰。

（2）安全出口的检查。

①检查区段平巷至煤壁线20m范围内支架是否完整。

②是否按作业规程规定进行超前支护。

③巷道高度是否不低于1.6m。

④有无符合作业规程规定的端头对梁。

⑤工作面有无超过0.6m宽，且高度不低于工作面采高90%的人行通道。

⑥超前工作面煤层开采的距离是否符合规程规定。

（3）顶板管理的检查。

①是否执行敲帮问顶制度。

②顶底板移近量是否小于每米采高100mm。

③是否出现台阶下沉。

④机道梁端至煤壁顶板是否出现高度大于200mm的冒落，出现时是否采取接实顶板的措施。

（4）工作面爆破的检查。

①是否按作业规程规定布孔、钻孔。

②是否按规定装药量和装药方法装药，装药前是否清除炮眼内的煤粉。

③是否按规定使用炮泥封孔，不装空心炮，并使用水炮泥。

④是否坚持一组装药一次起爆、"一炮三检"制和"三人连锁放炮"制。

⑤雷管、炸药是否分开存放，并且上锁。

⑥哑炮处理是否按规程规定处理。

⑦雷管、炸药是否账物相符，领退有记录，并有签字。

（5）回柱放顶的检查。

①是否按作业规程规定及时回柱放顶，控顶距符合要求。

②回柱与支柱距离是否不小于15m；分段回柱时距离是否大于15m。

③是否按照先支后回，由下而上，由里往外的三角回柱法回柱。

④回柱作业场所是否有无关人员停留。

5. 特殊条件下采煤作业的现场安全检查

（1）工作面过断层的安全检查。

①过断层之前，是否弄清了断层的形式、性质、落差、围岩情况，以及导水性等。断层情况不清，不许工作面强行过断层。

②凡是决定强行过断层时，必须有经过技术负责人批准的安全技术措施。

③工作面过断层时，应做到：接近断层时，尽量缩小断层的暴露面积，并制定防止破碎带冒落及支架防倒措施；过断层时要根据具体情况，改变支护形式，严格控制采高，严格工程质量，断层带处应以整个工作面同时平行推进，不得滞后，断层带附近煤壁严重片帮，顶板暴露面大时，应采取超前支护措施。

（2）工作面过老巷的安全检查。

①过老巷前是否已准确掌握了老巷位置、断面形状及围岩情况。

②过老巷时准备工作是否做到：检查瓦斯情况，排放积聚瓦斯；提前修

复老巷，在巷道内架设一梁二柱或一梁三柱的抬棚；不论通过平行于工作面，还是垂直于工作面的老巷，均要提前30～50m进行维护，避免工作面通过时压死支架。

③通过老巷时是否做到：老巷位置与工作面平行时，应提前将工作面调整成伪斜，使工作面与老巷间形成一个三角带；老巷位置与工作面垂直时，通过前应在老巷中打好木垛，工作面通过时再将木垛撤出；老巷上空有冒顶时，应用木料填实。

④通过穿层石门时，应加强维护，在顶板中的一段石门应用木垛填实、稳固。

（3）开采有冲击地压煤层的安全检查。

①检查防治冲击地压的管理是否做到：有冲击地压的煤矿有专人负责防治冲击地压工作；在有冲击地压的煤层中工作的人员应具有防治冲击地压的基础知识；发生冲击地压后，能及时组织调查，做好记录，制定防治措施，经技术负责人批准，按规定备案。

②有冲击地压的矿井是否装备微震、地音监测装置，预测煤层冲击地压的危险程度。

③煤层开采过程中是否做到：尽量采用长壁开采和全部冒落法管理顶板，基本巷道布置在岩层中；避免在集中应力区布置井巷和邻近采掘工作面相向推进；存在断层和采空区时，尽量采用由断层或采空区开始的采煤程序；采煤线尽量呈直线，按正常采煤速度推进；多煤层开采时，上、下煤层工作面有合理的错距；工作面支架有足够强度。

④保护层的有效范围确定是否有实际考察资料，在未受保护区域是否采取了预防措施。

三、机电班组作业现场的安全检查

1. 井下、电缆的安全检查

（1）电缆实际敷设地点的水平差是否与电缆规定的允许敷设水平差相适应。

（2）采区工作面电源电缆油浸纸绝缘是否达到要求。

（3）电缆是否带有供保护接地用的足够截面的导体。

（4）移动变电站是否采用监视型屏蔽橡胶电缆。

（5）电缆是否悬挂，电缆挂钩、夹子、卡箍（立井和30°以上斜井）是否齐全，悬挂的安全高度和距离是否符合要求，悬挂高度是否影响运输，在矿车掉道时是否受撞击，坠落时是否会落在轨道或输送机上。

（6）电缆是否遭受淋水、浸蚀，是否悬挂在风管或水管上；回风管、水管同一侧敷设时，电缆是否在其上方。

（7）电话和信号的电缆是否同电力电缆分挂在井巷两侧；在井筒内受条件限制，是否敷设在距电力电缆0.3m以外；在巷道内，是否敷设在电力电缆上。

（8）电缆同电气设备的连接是否使用与电气设备性能相符的接线盒。

（9）不同型号电缆（如纸绝缘电缆与橡胶电缆或塑料电缆）之间是否直接连接，是否用符合要求的接线盒、连接器或母线盒进行连接。

（10）电缆与电缆的连接以及电缆与电气设备的连接，是否通过电缆接线盒、插销连接器、母线盒等连接装置，不得有明接头、冷包头和“鸡爪子”、“羊尾巴”。

（11）根据现场负荷情况，检查选择的熔体额定电流是否正确，然后再按短路电流进行校验。

（12）千伏级电网国产设备都装有过载及过流保护装置，应在现场对其过载及过流保护的整定是否正确进行检查。

2. 防爆电气设备的安全检查

（1）矿井电气设备选用及使用环境的检查。煤矿井下不同工作地点的瓦斯浓度差别较大，因此，用于煤矿井下的各种电气设备的防爆类型必须根据使用环境和《煤矿安全规程》进行选择。设备的选型不符合《煤矿安全规程》要求时，必须制定安全措施。

（2）隔爆型电气设备的检查。

①隔爆型电气设备是否经过考试合格的防爆电气设备检查员检查其安全

性能，并签发合格证。

②外壳完整无损，无裂痕和变形。

③外壳的紧固件、密封件、接地件是否齐全完好。

④隔爆接合面的间隙和有效宽度是否符合规定，隔爆接合面的粗糙度、螺纹隔爆结构的拧入深度和啮合扣数是否符合规定。

⑤是否使用失爆设备及失爆的小型电器。

3. 风电闭锁的安全检查

检查时注意，井下下列地点必须装设甲烷风电闭锁装置：

(1) 高瓦斯矿井所有有瓦斯的掘进工作面。

(2) 瓦斯突出矿井的所有掘进工作面。

(3) 低瓦斯矿井中的高瓦斯掘进工作面。

(4) 其他存在瓦斯积聚并安装有机电设备的场所。

在闭锁电路中，不允许采用时间继电器来延长自动接通掘进电源的时间，必须人工恢复送电。使用瓦斯自动检测报警断电装置的掘进工作面，也只准人工复电。甲烷风电闭锁必须正常投入运行，严禁甩掉不用。

4. 机电设备硐室的安全检查

(1) 永久性井下主变电所和井底车场内的其他机电设备硐室，是否砌碹或用其他可靠的构筑方式支护。

(2) 采区变电所、采掘工作面配电点是否用不燃性材料支护。

(3) 从硐室出口防火铁门起5m内的巷道，是否砌碹或用其他不燃性材料支护；引出的电缆套管是否严密封堵，并剥掉麻皮。

(4) 硐室是否装设向外开的防火铁门；铁门全部敞开时，是否妨碍巷道交通；铁门上是否装设便于关严的通风孔，以便必要时隔绝风流；装有铁门时，是否加设向外开的铁栅栏门，是否妨碍铁门的关闭。

(5) 井下主变电所和主要排水泵房的地面，是否比其出口与井底车场或大巷连接处的底板高出0.5m。

(6) 变电硐室长度超过6m时，是否在硐室的两端各设一个出口与巷道联通。

(7) 装有带油的电气设备硐室，是否设集油坑。

(8) 所有硐室内是否有滴水现象。

(9) 硐室内设备与墙壁之间、各设备之间的通道是否符合检修的需要。

(10) 硐室入口处是否悬挂“非工作人员禁止入内”牌；硐室内有高压电气设备时，入口处和硐室内是否在明显地点悬挂“高压危险”牌；无人值班的硐室是否关门加锁。

（11）硐室的过道是否存放无关的设备和物件，通道是否保持畅通，硐室高度和宽度是否满足搬运最大设备的要求。

（12）硐室内有无灭火砂、电气火灾灭火器等灭火工具器材。

（13）有无合格的高压绝缘手套、绝缘台、绝缘靴。

（14）设备与电缆标志牌是否齐全、标明清楚、有无停送电牌。

5. 井下电气设备检修、停送电作业的安全检查

（1）是否执行工作票制度和制定安全措施；工作票的签发人、工作负责人、操作人是否有不同的安全责任制。

（2）高压停、送电的操作是否采用书面申请或其他可靠的联系方式，由专责电工执行；是否执行谁停电、谁送电的停电制度；是否有约时停送电现象发生；断开的隔离开关的操作机构是否锁住，是否在操作手把上悬挂“有人作业，禁止合闸”的标志牌。

（3）检修和搬迁井下电气设备时是否停电；检修是否用经过试验合格的验电器验电，确认无电后再在三相上挂装接地线。

（4）部分停电作业，有无遮挡；检修完恢复送电时，是否由原操作人员取下标志牌，然后合闸送电。

（5）高压线路倒闸操作时，是否实行操作制度和监护制度；操作人员是否填写操作票；操作票中是否写明被操作设备的线路编号及操作顺序；是否有带负荷拉开隔离开关的现象发生。

（6）操作时，是否有两人执行，一人操作，一人监护；操作中是否执行监护复诵制度，操作人员是否使用试验合格的绝缘工具，戴绝缘手套，穿绝缘靴或站在绝缘台上。

（7）井下防爆电气设备的运行、维护和修理工作，是否符合防爆性能的各项技术要求；失爆设备是否继续使用。

四、掘进作业现场的安全检查

1. 机掘工作面现场的安全检查

机掘是当今我国煤矿掘进工程中采用的比较先进的一种方式，机掘工作面安全检查重点如下：

（1）局部通风机应有消音装置，风筒（袋）吊挂平直规范，无死弯，无漏风跑风，工作面风筒出风风量充足，出风口与掘进面距离不超过规程规定。

（2）瓦斯监测探头安装的位置符合规程要求。工作面空气净化水幕符合

要求，能够正常喷雾降尘。

（3）运输轨道铺设质量符合规程要求，牵引绞车稳固完好，电气设备防爆性能好，信号装置齐全好用。

（4）带式输送机应具备推煤仓保护、跑偏保护、断带保护、慢速保护及高温保护装置。输送带完好无损伤，上下托辊齐全转动灵活。刮板输送机做到刮板无歪斜和无缺螺丝现象。

（5）吸出式除尘风机及掘进机的除尘设备齐全，运转良好，除尘、降尘效果好。

（6）掘进机往外巷道内管线吊挂整齐规范，巷道内无积水、无杂物、无浮煤；材料场内材料码放整齐并且不影响行人、行车和通风；工作面图牌板齐全、规范。

（7）巷道断面、中线符合规程要求。中线偏差不大于 ±0.05m；巷壁或棚子保持直线，偏差不大于 ±0.01m。

（8）乳化液配比、泵站压方符合规程规定。

（9）掘进和支护之间的关系合理，最大空顶距符合规程规定。

（10）棚子质量合格，棚梁平齐，刹顶、刹帮严紧，无空帮空顶现象。棚子梁腿结构严实，无吊口（唇）抚肩、后空、后硬现象，棚腿插角合格，迎山有力，无歪斜射箭现象。

（11）锚杆眼布置和深度符合要求，托板齐全，螺帽紧固并用力矩扳手拧紧螺帽。锚杆外露部分不大于 0.05m，螺帽必须满扣拧紧。锚杆拉拔试验初锚力和锚固力符合规程要求。

（12）掘进机照明良好，各操作手柄和按钮灵活可靠，司机和副司机必须持证上岗。

（13）掘进机切割程序和轨迹必须符合规程要求，做到成型规范不割顶板。

（14）掘进机开机前必须先发出信号，机器前不准有人，喷雾正常后才可开机。机器后退或调整位置必须先发信号，活动范围内撤出所有人员才可移动机器并且要操作平稳，速度适中。

（15）停机前先后退切割头，切割头落地后关机，关机后要断开电源和磁力启动器的隔离开关。

（16）切割头和切割臂不得用作托举棚梁等。

（17）检查修理掘进机时，必须先断开电源和磁力启动器的隔离开关，防止误操作伤人。

2. 炮掘工作面现场的安全检查

炮掘是我国大多数煤矿的掘进方式，炮掘工作面安全检查重点如下：

（1）检查局部通风机供风情况。要求运行平稳，风筒（袋）吊挂平直规范，无跑风、漏风现象，工作面风筒出风量充足，风筒出口距掘进面距离符合规程的规定。

（2）巷道内管线吊挂整齐规范、干净卫生，无积水、无浮煤、无杂物，材料场内材料码放整齐且不影响通风、行人和行车。

（3）工作面牌板齐全规范，内容符合标准要求。

（4）甲烷报警器安装位置符合规定，空气净化喷雾装置运行良好。

（5）必须坚持打眼前、爆破前、装药前和爆破后检查瓦斯，只有瓦斯浓度不超过规定时才可操作。

（6）火药、雷管按规定严格管理，按规定要求装配引药，当班用不完的火药、雷管必须退库。

（7）按规程规定布置炮眼，尤其是巷道周边炮眼必须按爆破说明书的设计布置，眼距、孔深、角度必须合格，以保证成型效果良好。

（8）严格按操作规程由持证的工人装药爆破，不准放明炮、糊炮和明火爆破。坚持使用水炮泥，封泥长度要符合规程的规定。

（9）爆破母线必须认真悬挂，其长度符合规程要求。爆破前先把所有人员撤到安全地点，由爆破工连接母线和雷管脚线。爆破前按规定设置警戒岗哨，然后清点人数，确认爆破区无人后必须先发出爆破警号，5s后才可发爆。

（10）发爆不响应静候5min后由爆破工进去查找原因。

（11）出现瞎炮要按规程要求进行认真处理。

（12）爆破前要加固支架并在距工作面迎头10m以内采取防倒措施。

（13）爆破时，装炮、联炮和启爆必须由爆破工本人进行。发爆器钥匙（或手把）必须由爆破工随身携带，不准交给别人。

（14）爆破吹散炮烟后，必须先由爆破工、班组长和瓦斯检查工进入爆破区，检查通风、瓦斯、支架和顶板情况，并洒水灭尘，修理被爆破崩松或崩倒的棚子，然后在棚子支护下进行敲帮问顶，确认安全后才可解除爆破警戒，恢复工作。

（15）巷道支架必须齐全坚固，顶板刹严、刹紧，不准缺棚或有断梁折柱和空帮空顶现象，棚子必须达到质量标准化要求。

（16）爆破后最大空顶距不得超过规程的规定，要及时架设前探支架临时支护，并在其掩护下尽快支护新棚子，形成永久支护。

（17）坚持采用湿式打眼，不准干打眼。

(18) 机电设备要做到完好防爆，尤其是接线盒、电铃、信号、电话等小型电气设备更要严格要求，杜绝失爆。

(19) 在把刮板输送机铺到工作面迎头时，刮板输送机机尾要采取打压柱或地锚等措施防止翻机伤人。

3. 锚杆、锚喷巷道支护现场的安全检查

锚杆和锚喷巷道支护的安全检查重点如下：

(1) 锚杆支护和锚喷对巷道断面成型要求严格，在综合掘进机开挖时要严格掌握，在爆破成型时更要认真搞好光面爆破，尤其是巷道断面周边眼的布置、眼距、孔深、角度及装药量，必须严格执行设计规定，这是保证成型质量的关键。

(2) 锚杆眼的布置、眼距、孔深、角度必须符合规程要求，锚杆角度应垂直于帮壁平面。

(3) 锚杆无论是楔缝式，还是树脂药卷式，在装设锚杆时必须按规定要求程序装设，尤其是药卷浸水入孔搅拌，更要在浸水时间上和搅拌力度上按规定操作，以保证锚杆锚固质量。

(4) 锚杆入孔固定（凝固）好后，把托板或托梁钢带等戴好上平，与顶帮岩石贴紧，如无法贴紧时要用木板垫好，然后上螺帽，螺帽要上满丝扣，用力矩扳手拧紧。锚杆外露长度应不小于0.05m。

(5) 锚杆支护要定期做拉拔（拉力）试验，发现锚固力小于规定的要采取补打锚杆或架棚子等措施。

(6) 采用锚喷支护时，要按规定布置锚杆眼并及时保质地支设锚杆，要求同上。

(7) 无论是锚杆支护还是锚喷支护，最大空顶距、最小空顶距、初喷与复喷的间距都要在规程中明确规定并严格执行。

(8) 喷浆的配比必须符合要求，水泥标号符合要求，喷体强度要定期取样检验。

(9) 要保证初喷和复喷质量，尤其是巷道顶部和腰部喷层厚度必须达到要求。喷浆前要用清水冲洗巷道帮壁，喷后巷道帮壁平整，断面规格和中线符合要求，不准出现吊脚穿裙现象。帮壁凹进部分要逐次补喷，必要时要挂网喷浆，每次补喷厚度不大于0.1m。

(10) 做好喷浆时防尘工作，操作者要戴好个体防尘口罩。喷浆时要撤出设备，不能撤出的要遮盖保护。喷浆作业时要停止其他作业。

(11) 用风钻、电钻钻孔时必须湿式凿岩钻孔，不准干打眼。

(12) 水泥、石子、速凝剂等材料要加强管理，堆放整齐，巷道内做到干净卫生、文明生产。

（13）喷浆机保持完好，操作控制设备要灵活，电气设备要防爆。喷浆机司机和喷浆手应经培训合格、持证上岗。

4. 巷道和硐室掘进现场的安全检查表

表 3－1　巷道和硐室掘进现场安全检查表

	检查项目	存在问题	评价
作业规程	1. 有无经技术负责人批准的掘进作业规程 2. 作业规程是否符合矿井设计 3. 作业规程是否内容完整，图文清晰，符合有关规定 4. 规程是否贯彻执行，有无学习和考试记录		
施工作业	5. 掘进毛断面是否符合设计和有关规定 6. 巷道施工中标定的中线和腰线是否符合规定 7. 长距离巷道掘进施工中是否按有关规定设立躲避硐室 8. 掘进工作面接近煤层时是否打探眼探测煤层情况 9. 相向掘进巷道贯通前是否按规定施工 10. 掘进巷道贯通旧巷时是否执行有关规定 11. 在倾斜巷道中施工是否采取防止跑车和坠物的安全措施		
巷道支护	12. 是否按规定正确使用临时支架 13. 临时支架距工作面是否符合规定要求 14. 永久支护的架设是否符合作业规程的要求 15. 架棚巷道永久支护是否符合其支护质量标准 16. 砌碹巷道永久支护是否符合其支护质量标准 17. 锚喷巷道永久支护是否符合其支护质量标准 18. 临时支架翻棚时是否按有关规定操作 19. 轨道铺设是否平直稳固，枕木间距是否符合规定，夹板、螺丝、垫圈是否齐全牢固		
爆破作业	20. 是否有符合实际需要的爆破说明书，并按说明书要求布孔 21. 打眼与装药是否平行作业，装药是否有专人负责，是否使用水炮泥和黄泥封满孔 22. 爆破母线与爆破距离是否符合作业规程规定 23. 是否执行“一炮三检”和“三人连锁放炮”制度		

续表

	检查项目	存在问题	评价
装岩运输	24. 400 mm 以上大块矸石是否经破碎处理后装车 25. 经过斜巷的矸石车，其装车高度是否超过车沿 26. 是否按有关要求使用、维修装岩机 27. 推动矿车时是否采取必要的安全措施		
现场管理	28. 有无区队长跟班上岗，是否坚持现场交接班和特殊工种持证上岗 29. 有无施工图板，是否与现场实际相符 30. 瓦斯和矿尘浓度是否超限，通风是否连续稳定可靠 31. 是否具备班组质量检验等级评定记录和材料试验记录 32. 巷道有无积水、淤泥、杂物，材料工具是否码放整齐		

五、煤矿“一通三防”系统现场安全检查

（一）矿井通风系统的安全检查

1. 矿井通风系统完善性的安全检查

检查是否存在以下情况，发现以下情况之一时，要停止矿井生产：

（1）无主要通风机，采用自然通风。

（2）用局部通风机或局部通风机群作为主要通风机使用。

（3）无独立进回风系统。

（4）主要通风机无独立双回路供电，经常停电。

（5）主要通风机无管理制度，经常停开。

2. 矿井通风可靠性的安全检查

（1）主要通风机供风量小于井下需风量。

（2）两台以上通风机并联运转不匹配，造成一台抽、一台吸；主要通风机在不稳定区域或其附近工作。

（3）风流不稳定、无风、微风或风流反向。

（4）不符合规定的串联通风。

3. 主要通风机的安全检查

（1）风机状况及其变化。

（2）电压、电流的稳定情况。

（3）风机故障情况。

（4）有无同能力的备用风机。

（5）有无反风能力。

（6）是否双回路供电，电气保护装置是否齐全、可靠。

4. 矿井通风设施的安全检查

（1）生产矿井不准有自然通风、独眼井和以局代主的通风现象。矿井必须有符合设计和《煤矿安全规程》要求的机械通风设施和全风压通风系统。

（2）各条巷道和作业点必须按《煤矿安全规程》要求合理配风，有足够的风量，风速符合要求。安全检查员要检查是否有风速过小或风速超限，风量过小、微风或无风现象。

（3）有无串联通风现象，串联通风是否经过批准，有无专门措施和措施执行情况。

（4）当掘进巷道贯通前是否按《煤矿安全规程》规定，综掘在贯通前50m、普通掘进在贯通前20m，停止一方掘进并有专门调风和控制风流防止风流紊乱的措施。

（5）需要构筑风墙、风门的地点是否及时构筑并保证质量良好，有无跑风漏风现象，特别是收尾停采后的采煤工作面是否在规定期限内撤出设备，及时构筑风墙给予封密。

（6）采掘面尤其是掘进头在打透采空区、老空区、老巷等情况时，有无防止有害气体和风流紊乱的专门措施并认真执行。

（7）临时停工的掘进巷道是否按规定供风或设置栅栏并挂设禁止入内警戒牌或予以封密。盲巷管理是否符合《煤矿安全规程》规定。

（8）所有通风设施管理措施和规定是否严格执行，是否有专门牌板和按规定进行巡回检查和测定。

（9）所有通风设施是否有损坏、失修情况，能否发挥作用，有无跑风漏风现象。各进回风巷尤其是回风巷有无断面缩小堵塞和积水杂物而影响通风的现象，有无冒顶、片帮、支护损坏等现象。

5. 矿井通风管理的安全检查

（1）检查矿井是否有通风系统图、通风系统示意图、通风网络图、避灾路线图。

（2）检查矿井通风图件是否准确反映实际情况，重点检查风流方向、用风点风量、通风设施位置等，主要图件要求每季绘制，按月补充修改。

（3）检查矿井是否具备局部通风管理牌板、通风设施管理牌板、通风仪表管理牌板；牌板是否与实际情况相符；采用井上、井下对照的方法进行检查。

（4）查阅通风管理制度及其执行记录。

（5）检查通风记录、报表，采用井上、井下对照的方法进行。

（6）检查通风测定报告，主要检查报告中的测定时间和数据的可靠性；矿井至少10天进行一次全面测风，采掘工作面根据实际的需要随时测风。

（7）按有关规定检查通风管理机构与管理人员。

6. 矿井漏风的检查

检查矿井内部漏风和外部漏风，漏风率超过规定时要查明原因。矿井主要通风机装置外部漏风每年至少测定一次，外部漏风率在无提升设备时不得超过5%；有提升设备时不得超过15%，矿井有效风量率不低于85%。

7. 采区通风的安全检查

采区瓦斯涌出集中，矿尘产生量大，工作面又经常移动，容易发生“一通三防”事故。现场检查的重点：

（1）采区通风的完备性及其抗灾、防灾能力。

（2）采煤工作面上隅角。这是采煤工作面瓦斯最高的区域，当回风流瓦斯浓度达0.7%～0.8%时，上隅角瓦斯就可能超限。

（3）采煤机组附近。这是瓦斯涌出集中、产尘量大的地点。

（4）采煤工作面回风巷。重点检查采区通风系统是否健全，是否采用分区通风；串联通风是否符合规定；采煤工作面通风形式和风速是否符合有关要求，风量能否满足排放瓦斯、有害气体和煤尘的要求；采区尤其是采空区漏风情况；采区通风是否稳定可靠。

具体内容主要包括以下几个方面：

（1）风速是否超过《煤矿安全规程》规定。

（2）采区巷道断面是否满足通风的要求。

（3）工作面、硐室的温度是否符合《煤矿安全规程》规定。

（4）串联通风的使用是否符合《煤矿安全规程》规定。

（5）工作面的配风量是否符合《煤矿安全规程》规定。

（6）采煤工作面是否用局部通风机通风。

（7）采区内是否有专用回风道，采区进、回风巷是否贯穿整个采区，有一段为进风，一段为回风。

（8）突出工作面是否采用下行通风。

（9）采区内的漏风是否进入采空区。

（10）采区内是否有控制风门，风量是否能够调节。

(11) 采区内的角联网络是否稳定。

(12) 采区巷道是否有无风的地点。

8. 掘进通风的检查

掘进巷道常采用局部通风设备通风，其可靠性差、容易受到干扰而发生事故。掘进通风安全检查的重点是：

(1) 通风系统的完备性。必须具备完备的通风系统，采用局部通风机通风或全风压通风，禁止采用扩散通风。

(2) 通风的可靠性。重点是局部通风机的安全可靠运转和风筒管理。

主要检查以下内容：

(1) 局部通风机的检查。

①局部通风机是否为低噪声，或安设消音器。

②局部通风机有无整流器、高压垫圈及吸风罩，入风处有无净化风流装置。

③局部通风机是否安设在进风流中，距巷道回风口是否大于10m。

④局部通风机吸风量是否小于全风压供给该处的风量，是否产生循环风。

⑤局部通风机吊挂是否结实；安装在底板的通风机是否加垫，垫高是否大于30cm，是否牢靠。

⑥局部通风机是否有“三专两闭锁”装置，是否有效并使用。

⑦局部通风机及与风筒连接处是否存在漏风。

(2) 风筒的检查。

①是否使用抗静电阻燃风筒。

②是否做到“逢环必挂，两靠一直（靠帮、靠顶、平直）”。

③最后一节风筒距工作面的距离是否符合相关规定。

④风筒分叉有无三通，拐弯是否平缓，是否使用弯头。

⑤风筒间接头是否漏风，风筒有无破损。

(3) 掘进通风管理的检查。

①是否有完整的局部通风设计。

②局部通风机是否指定专人负责，保证正常运转。

③局部通风机停风时，是否立即撤出人员。

④局部通风机串联运转时是否风量风压匹配。

(二) 井下瓦斯安全检查的重点

1. 主要进风井筒与大巷的检查

矿井主要进风井筒、大巷，在一般情况下不会出现瓦斯问题，但是，有的进风井筒、大巷穿过煤层或打在煤层中，有的穿过与煤层相通的地质破坏带，有的距煤层较近，已采区密闭不好等，风流中可能出现瓦斯浓度超过0.5%的现象。

检查时发现风流瓦斯浓度超过0.5%时，要立即通知通风部门和技术负责人检查原因并进行处理。当发现有局部瓦斯积聚时，要通知通风部门采取措施进行处理，在20m半径范围内停止一切机电设备运转。在架线电机车的巷道中出现瓦斯积聚时，要切断电源，进行处理。

2. 主要回风井筒与回风大巷的检查

《煤矿安全规程》规定，矿井总回风流或一翼回风中瓦斯或二氧化碳浓度超过0.75%时，技术负责人必须立即查明原因，进行处理。

3. 采区瓦斯的检查

重点检查采区瓦斯治理是否有效，是否存在瓦斯积聚；瓦斯管理制度是否健全和有效执行；应急措施和避灾路线是否完善。

具体内容主要包括：

（1）采区入风巷道风流中的瓦斯浓度超过0.5%时是否采取措施，是否切断工作面的所有电源。

（2）工作面风流中瓦斯及回风道的瓦斯浓度达到1%时是否停止电钻打眼。

（3）工作面风流瓦斯浓度超过1.5%时是否停止工作，撤出人员，切断电源，进行处理。

（4）爆破地点附近20m以内风流中瓦斯浓度达到1%时是否装药爆破。

（5）电动机或开关附近20m以内风流中瓦斯浓度达到1.5%时，是否停止运转，撤出人员，切断电源进行处理。

（6）采区内有无体积大于0.5m^3，浓度达到2%的瓦斯积聚。

（7）瓦斯积聚地点附近20m内是否停止工作，撤出人员，切断电源进行处理。

（8）采掘工作面风流中二氧化碳浓度达到1.5%时是否停止工作，撤出人员，查明原因，并采取有效措施，报技术负责人批准后进行处理。

（9）瓦斯排放有无安全措施。瓦斯检查员、安检员、班（组）长是否在现场。

（10）瓦斯浓度达到3%，其他有害气体超过规定不能及时处理时，是否在24h内封闭。

4. 瓦斯管理的检查

（1）瓦斯检查员是否配备齐全，高瓦斯工作面和煤与瓦斯突出工作面是否配有专职瓦斯检查员。

(2) 井下各个检查地点是否按《煤矿安全规程》规定进行检查。

(3) 瓦斯检查是否有记录，是否做到检查牌板、记录、报表三对口。

(4) 瓦斯检查员检查记录是否随身携带，记录是否齐全。

(5) 瓦斯检查员是否在现场交接班，有无空检、漏检、假检行为。

(6) 检查仪器是否有效、准确。

(7) 爆破是否执行“一炮三检”制度。

(8) 在停风区是否有人作业。

(9) 停风区是否有栅栏、警标并禁止人员进入。

5. 矿井瓦斯抽放系统的安全检查

瓦斯抽放系统检查的重点：一是抽放系统的安全性，抽放系统必须有专门设计和安全措施；二是采抽关系，如果这种关系失调，不仅生产不能正常进行，还可能酿成重大事故。

(1) 抽放的合理性检查。采煤工作面瓦斯涌出量大于 $5m^3/min$，掘进工作面瓦斯涌出量大于 $3m^3/min$，采用通风的方法解决瓦斯问题不合理时，就应考虑瓦斯抽放。

(2) 抽放系统完备性的检查。是否具备瓦斯抽放所必需的设备和相关的安全设施、检测设施、放水设施等。

(3) 采抽关系的检查。瓦斯抽放是高瓦斯矿井采掘过程中的一个重要环节，在检查时，要检查预抽区抽放瓦斯与采煤、掘进的关系，即采抽比（一般为1：3）关系。在检查中要遵循已抽放后的保护煤量大于年产量的原则。在开采时，要采取边采边抽或其他安全措施。

(4) 瓦斯抽放泵站的检查。

①检查泵房是否用不燃性材料建造。

②地面泵房有无雷电保护装置。

③泵站距井口和主要建筑物的距离是否大于50m，有无栅栏和围墙保护，泵房周围20m内是否有明火。

④是否备有一套瓦斯泵和附属设备。

⑤泵房内的电气设备和仪表是否采用防爆型，有无安全措施。

⑥泵房内有无电话直通矿调度室。

⑦检测瓦斯浓度、流量、压力的仪表是否齐全。

⑧是否有专人值班，经常检查设备情况和瓦斯浓度。

⑨瓦斯利用的泵房是否在停泵时通知用户。

⑩干式抽放瓦斯是否有防回火、防回气和防爆炸装置。

⑪利用时，抽放的瓦斯浓度是否小于30%；不利用的是否小于25%。

（5）瓦斯抽放主要管路的检查。

①检查瓦斯抽放管路是否按计划和设计施工。

②管路的质量、吊挂、连接是否符合相关规定。

③管路中有无防止同带电体接触和防止砸坏管路的措施。

④管路是否有一定数量的观测孔，低洼处是否有放水装置。

瓦斯主要管路常出现的问题有：水堵管路，造成大量瓦斯涌出；瓦斯管路被砸坏，进入空气，造成抽放瓦斯浓度降低。

（6）瓦斯抽放区的检查。一个矿井瓦斯抽放区可分为预抽区、边采边抽区及采空区抽放区，在检查时可分开检查。

①预抽区的检查。检查钻场、钻孔之间的距离，钻孔的布置，抽放的负压，钻场及钻孔的施工管理。钻场、钻孔之间的距离可根据抽放的影响半径来确定，一般钻场距离在影响半径之内为好，可根据矿井的具体情况而定，检查时可根据矿井规定的距离进行检查。钻孔布置应按设计施工，钻孔应打到煤层的顶板，封孔要严密不漏气。钻场中要有栅栏、警标、检查牌板、钻孔布置牌板，有负压表和测孔及放水器。钻场、钻孔的施工要制定安全措施，尤其是打突出煤层的钻孔，要有打钻防突的措施。当抽放系统发生故障，遇有顶钻、瓦斯大量涌出、钻孔内有响声时，要立即停止进钻并撤出人员。

②边采（掘）边抽的检查。检查边抽率是否达到设计指标；钻场密度是否满足设计抽放量的要求；钻孔抽放负压是否大于通风作用在该处钻孔的负压；钻孔开孔位置是否布置在围岩稳定的煤层中，终孔是否打到瓦斯密集的破裂区；封孔是否严密不漏气，封孔深度在煤层中是否大于5m、在岩石中是否大于3m；钻场是否是专用的；钻孔布置方式、深度和角度大小是否在设计中明确规定。检查时发现的问题要及时整改，尤其是在出现钻孔正压、瓦斯大量涌出及抽放瓦斯管路堵塞现象时。

③采空区抽放瓦斯的现场检查。抽放点必须用不燃材料建筑永久性密闭，其厚度不得小于600mm，每个密闭前都要设反水池，设灌浆管；每个抽放钻场的抽放瓦斯管上都要设有阀门、观测孔、流量计（流量孔）、水柱计和放水装置。在检查时主要检查漏气情况和孔内温度，当温度高时，要及时通知有关人员灌浆注水，以防采空区着火。

6. 煤与瓦斯突出的安全检查

（1）区域性防突措施的检查。

①预抽瓦斯。当突出煤层的透气性系数大于或等于0.001mD时，应采取预抽瓦斯措施，如果没有采取就不合格。计算煤层瓦斯预抽率是否大于25%，

大于25%为合格，小于25%为不合格。

②开采保护层。检查保护层与被保护层的距离是否满足要求；保护层的保护范围是否满足规定；开采保护层是否按规定批准；开采保护层时，采空区是否留有煤柱，如果非留煤柱不可时，是否按规定批准。

③效果检验。预抽煤层瓦斯或开采保护层以后，必须进行效果检验。主要检查4个指标：煤的破坏类型、瓦斯放散初速度、煤的坚固性系数、煤层瓦斯压力。其中有一项指标不合格，就说明突出的危险依然存在，还需要重新采取措施。

（2）突出煤层中施工的检查。

①突出煤层中施工的通风系统的现场检查。突出煤层施工中应具备独立回风系统，在检查中，发现突出煤层施工的回风进入其他采掘区域时，要立即停止工作，并追究责任。

②突出矿井巷道布置的现场检查，如果不合乎要求，要通知有关部门立即整改。

（3）局部防突措施的检查。

①石门揭穿突出危险煤层的检查项目。在石门工作面距突出煤层10m以内是否有防突出的专门设计和措施，如果没有设计和措施应立即停止石门掘进；石门是否布置在地质构造复杂的破坏地带，检查时可以根据巷道布置地地质资料对照检查。石门与突出煤层中已掘巷道贯通时，该巷道应超过石门贯通位置5m以上，并保持正常通风；石门揭穿突出危险煤层专门设计的内容的检查；石门揭穿突出危险煤层时，震动性爆破的规定和专门设计的检查。不管采取哪种防突措施，都必须进行效果的检查，如果检验结果中4项指标有1项达不到要求，就不能揭穿突出煤层。

②煤巷掘进的防突措施检查。检查内容包括：是否有煤巷掘进的专门防突措施；是否报技术负责人批准；是否布置两个相向的工作面同时掘进；是否有安全防护措施。

③管理措施的检查。管理措施包括组织领导、人事安排、经费、管理制度、图纸资料台账以及培训等内容。

④综合防突措施的检查。包括突出危险性预测、防止突出措施、效果检验、安全防护措施、对现场作业人员的培训及发证等。

7. 安全监测系统的检查

随着煤炭科学技术的发展和煤矿装备水平的提高，煤矿安全监测监控系统所起的作用越来越大，保证其安全可靠运转十分重要，对其安全检查的内容是：

（1）甲烷等传感器数量是否满足生产要求，甲烷传感器是否垂直悬挂，距顶板不大于300mm，距巷道侧壁不小于200mm；风速、压差、温度、一氧化碳传感器是否悬挂在能正确反映该测点测值的地点。

（2）井下主机或分站是否安设在便于人员观察、调试、检验，支护良好，无漏水、无杂物的进风巷或硐室之中；是否加垫支架，距巷道底板不小于300mm或悬挂在巷道之中。

（3）井下监测设备之间是否使用不延燃电缆连接，每隔100m是否有长度为100mm的黄色标志。

（4）声、光报警器是否悬挂在有人工作、便于观察的地点。

（5）中心站是否配备备用计算机、打印机和显示器，使用不间断电源。

（6）设备备用量是否小于20%，并配有零配件和维修校正用仪表。

（7）是否每隔7天使用校正气样和空气样，按产品说明书的要求对甲烷传感器、甲烷监测仪、甲烷报警矿灯等进行一次调校；其他传感器按使用说明书要求定期调校。

（8）设施发生故障，井下无法处理时是否在24h内更换。

（9）设施在井下连续运行6～12个月后是否将井下部分全部运到地面进行全面调校。

（10）是否建立健全安全监测系统管理制度、安全检测员岗位责任制，并有效实施。

（11）是否建立设备仪表台账、装置故障登记表、检修记录、巡检记录、中心站运行日志，装置使用情况月报、季报，检测信息是否及时呈报有关部门和人员。

（三）矿井火灾安全检查的重点

1. 地面消防水池和井下消防管路系统

（1）消防水池是否经常保持200m^{3}以上的水量。

（2）井下消防管路是否每隔100m设置支管和阀门；带式输送机巷道中的消防管路是否每隔50m设置支管和阀门。检查时，应按照要求对照现场进行逐段检查。

2. 防火措施

（1）木料场、矸石山距进风井的距离是否小于80m，小于80m时是否经上级主管部门批准。

（2）进风井口是否装设防火铁门，或有防止烟火进入矿井的措施。

（3）《煤矿安全规程》中禁止使用可燃性材料支护的地点是否仍然使用

可燃性材料进行支护。

(4) 井下进行电焊、气焊和喷灯焊接时是否制定安全措施并严格遵守《煤矿安全规程》的有关规定。

(5) 井上、井下是否按照《煤矿安全规程》要求设置消防材料库，并遵守其相应的规定。

(6) 井下爆破材料库、机电设备硐室、检修硐室、材料库、井底车场、使用带式输送机或液力耦合器的巷道以及采掘工作面附近的巷道中是否备有灭火器材，其数量、规格和存放地点是否在灾害预防与处理计划中有明确规定。

(7) 井上、井下的消防管路系统，防火门，消防材料库和消防器材是否按照《煤矿安全规程》要求进行定期检查。

3. 灌浆系统

(1) 灌浆站的容积、蓄水池的水量、取土场的大小是否满足矿井防灭火的要求。检查时应根据井下实际需浆量进行分析。

(2) 灌浆管路管径是否与灌浆量相适应，管路架设是否平直、靠帮、靠腰线以上，管路每隔200m~500m是否有安全阀，管路压力倍线是否大于3.5倍。检查时应一段一段地检查，发现问题应及时通知有关部门进行整改。

(3) 采区设计中是否明确灌浆系统、疏水系统，是否有疏水和灌浆后防止溃浆、突水的措施。

4. 注氮系统

(1) 氮气是否充足，其浓度是否达到97%以上。

(2) 是否有氮气专用输送管路及其附属安全设施。

(3) 注氮管路是否平直，严密不漏气，低洼处是否有放水设施。

(4) 是否有能连续监测采空区气体变化的监测系统；是否有专人定期进行检查、分析和整理有关记录。

5. 火区管理

(1) 是否绘制火区位置关系图，建立火区管理卡片。

(2) 火区所有永久性防火墙是否都有编号，并在火区位置关系图中注明。

(3) 是否按《煤矿安全规程》要求进行防火墙的管理。

(4) 启封已熄灭火区前是否制定安全措施。

(四) 矿井粉尘安全检查的重点

矿井防尘系统检查的重点，一是检查防尘洒水系统的有效性，水量、水压、供水管路是否满足矿井降尘的需要；二是检查矿井喷雾降尘、洒水降尘等工作是否正常进行，以及降尘效果等。具体内容包括：

（1）蓄水池容积及水量是否满足矿井防尘洒水的需要；水压是否达到洒水、注水的要求。检查时，根据注水钻场注水量与洒水量之和确定全矿需水量。一般情况下有水源补充时，蓄水池水量应为矿井日需水量的 2 倍以上；如果水源补充不及时应为日需水量的 10 倍。

（2）供水管径能否满足需要；大巷供水管路每 50m 是否设置调节阀门；供水管路是否靠帮靠顶，不漏水；供水管路通过巷道交叉处时是否妨碍行人和通车。检查时应根据用水量和压力进行检查，发现供水不足，管径小，漏水或堵塞时，要及时通知整改。

（3）工作地点喷洒头是否足够；喷雾时是否呈雾状；水质是否清洁，不清洁时有无过滤装置。检查时主要检查井下煤仓、溜煤眼、翻罐笼、装煤转载点的喷雾装置及其使用情况。

（4）井巷清扫、冲洗是否正常进行。检查时检查巷道有无积尘。

（5）矿井是否有完备的防尘资料，包括煤尘爆炸鉴定报告、矿井综合降尘措施、清扫煤尘记录、钻孔台账、防尘洒水月报与季报等。

六、运输班组作业现场安全检查

1. 矿井提升系统安全检查重点

矿井提升系统现场安全检查的重点如下：

（1）对制动装置的安全检查。

（2）对保险装置的安全检查。重点检查：防止过卷装置；深度指示器；闸间隙保护；其他保险装置。

（3）立井提升的安全检查：升降人员容器的检查；防止井筒坠物的检查；防止罐笼运行中摇摆的检查；罐顶作业防止坠人的检查；提升信号的检查；管理及各项规章制度的检查。

2. 平巷和倾斜井巷车辆运送人员的检查

（1）平巷车辆运送人员的检查。

①车辆运行的沿途巷道断面、巷道两侧敷设的管、线、电缆与车体最突出部分之间的安全距离，是否符合《煤矿安全规程》的规定。

②轨道质量是否达到优良。

③车辆是否有顶盖。新建和改扩建矿井，是否用空矿车运送人员，现有生产矿井中，使用空矿车运送人员时，是否制定了安全措施；是否使用翻斗车、底卸式矿车、物料车和平板车运送人员。

④斜井人车是否有可靠的防坠器，当发生断绳、跑车时防坠器能否自动动作，并能手动操作停车；斜巷是否用矿车运送人员。为了保证人车安全可靠地运行，是否按有关规定，对防坠器进行检查和试验。

⑤运送人员的列车有无跟车人，跟车人是否受过培训，经考试合格发证后持证上岗。跟车人在运送人员前，是否检查人车的连接装置、保险链和防坠器；防坠器是否每天至少进行一次静止手动落闸检查，保证防坠器的操作和传动机构灵活动作。

⑥运送人员时列车行驶速度是否超过3m/s，斜井升降人员最大速度是否超过5m/s。

⑦用架线式电机车牵引运送人员时，架空线质量综合评定是否优良；是否设分段开关；人员上下车时是否切断该区段架空线电源。

⑧乘车人员是否携带易爆、易燃或腐蚀性物品上车；携带工具和零件是否露出车外；有无扒、登、跳车现象；是否超负荷载人。

⑨斜巷人车是否使用人车专用信号。

⑩使用人车的斜巷，各车场的躲避硐有无足够的空间做候车硐室。

（2）倾斜井巷车辆运送人员的检查。

①倾斜井巷环境、斜巷断面、管线敷设是否符合《煤矿安全规程》规定；巷道两侧堆放物品与行车的安全距离是否符合规定。

②轨道铺设是否平直、稳固、不悬空，轨型是否符合规定。水沟是否畅通，水能否冲道床，地轮是否齐全有效。

③是否有足够的照明和完备的声、光信号。

④斜巷各车辆有无信号硐室和躲避硐室，是否设挡车器或挡车栏。

⑤斜巷运输时，是否严禁蹬钩；行车时是否严禁行人；绞车道上有无悬挂“行车不许行人”的标志和信号。

⑥倾斜井巷运输矿车的钢丝绳、连接装置是否设专人负责检查，安全系数及有关要求是否符合《煤矿安全规程》的规定。

⑦挂钩工是否严格按操作规程作业，如开车前挂钩工是否检查牵引车数，有无多拉车；连接有无不良现象，防脱是否失效；装载物料超重、超高、超宽时，是否发出开车信号；运送大件或有关人员乘矿车运行时，有无安全措施，是否经领导批准。

⑧保护装置不完备的小型电绞车，安装基础是否固定；绞车是否有常用闸和保险闸；深度指示器及安设的防过卷装置制动力矩倍数是否符合《煤矿安全规程》规定。

⑨斜井兼作人行道时是否设有专用人行道、躲避硐室、行车信号。

⑩钢丝绳严重锈蚀、过度磨损或断丝超限时，是否及时更换。

⑪矿车的插销、环链及连接件是否认真检查，有无漏检或挂钩工没挂好防脱插销或防脱失灵的现象。

3. 斜井钢丝绳带式输送机运送人员的检查

（1）对巷道断面与空间的检查。

①上、下人员20m区段内胶带至巷道顶部的净高、行驶区段内的净高和下胶带乘人时，上下胶带的净高是否符合《煤矿安全规程》规定。

②运送人员的胶带宽度、运送速度和胶带槽至胶带边的宽度是否符合《煤矿安全规程》规定。

（2）乘坐人员及地点的检查。

①乘坐人员之间的间距是否小于4m；乘坐人员是否站立或仰卧，是否面向前方，是否携带笨重物品和手摸胶带侧帮。

②上下人员的地点是否设平台和照明；在平台处有无带式输送机的悬挂装置；下人地点是否有明显的下人标志和信号；在人员下机前方2m处，是否设有防止人员坠入煤仓的措施。

③上下班运送人员前，是否卸下胶带上的物料；是否有人、物混运的现象。

【经验交流】

西露天矿创新安全管理模式

西露天矿紧紧围绕年初制定的安全目标，把企业安全作为最大的效益、最大的和谐和员工最大的福利来抓，构建出“月月有主题，周周有活动，班班有内容”的安全管理模式，安全管理呈现出横向延伸、纵向提高、立体交叉的管理新模式。

该矿针对煤炭资源日渐萎缩、枯竭、地质构造复杂这一不利安全因素，加大安全教育培训力度，拓展“手指口述”操作法实施范围，启动了本质安全课题研究工作，丰富了岗前培训手册化内容，组织了多种形式的安全法律法规、消防知识、操作规程学习和考试，提高了职工安全意识、安全技术水平和自主保安能力；修订了《西露天煤矿安全质量管理考核办法》，同全矿员工及家属签订了安全联保协议，严格执行“周安全生产例会”、“周安全检查通报”制度，落实矿领导带班入坑和管理人员跟班作业制度，坚持“五勤一线”工作法，加强现场管理，加大安全监督检查密度。为20

部载重汽车安装了大箱举升报警器，为采场关键区段安装了视频监控装置，增设矿山照明线路3千米、地面岩移监测点32个、锚索应力监测点2个，提升了安全保障能力。

该矿从“6S”管理入手，完善优化班组的各项安全管理制度，明确每名员工的工作职责、工作任务、作业及管理流程、程序等，做到工作内容指标化、工作要求标准化、工作步骤程序化、工作考核数据化、工作管理系统化；立足于人、机、环、管各个因素的超前预控和管理流程再造，大力推进班组风险预控管理，形成系统化、结构化、程序化、文档化的过程管理和动态循环的管理模式；加强采场标准化整治，加强特种设备和压力容器的检验检测、维护保养，注重火工品的使用管理，完善了危险区域、高危环境安全措施和应急预案，注重用先进典型和事故案例来引领员工“学安全、会安全、要安全”，定期分专业、分工种搜集同类型事故案例，每周组织员工用事故案例进行安全教育，帮助员工剖析事故根源，增强警示防范能力。

第四章　安全生产风险预控管理

第一节　安全生产风险预控管理概述

一、风险预控管理的含义和基本原理

在一定的条件下，对生产系统中的危险源进行预先辨识、风险评估，继而采取有效措施，消除、减少、控制风险，使风险降到人们接受程度的一系列活动，称为风险预控管理。

风险预控管理的基本原理是运用风险管理的技术，通过探求风险发生、变化的规律，认识、估计和分析风险对安全生产所造成的危害，运用计划、组织、指导、管制等一系列过程，从而实现"一切意外均可避免"、"一切风险皆可控制"的风险管理目标。

二、煤矿风险预控管理体系

1. 煤矿风险预控管理体系的含义

煤矿风险预控管理体系是一套以危险源辨识为基础，以风险预控为核心，以管理员工不安全行为为重点，以切断事故发生的因果链为手段的全面、系统、可持续改进的现代化安全管理体系。

2. 风险预控管理体系的主要内容

（1）采用工作任务法。该法是针对每项工作任务和工序，将危险源辨识、评价分析、管理标准和措施的制定等各项内容综合在统一的表中，形成的一种应用简单而有效的风险评估方法。

方法要求：首先，从人、机械、环境、管理四个方面，辨识出每项任务、每道工序可能存在的危险源；其次，采用半定量方法，进行风险分析（风险分为：特别重大、重大、中等、一般、低风险 5 个等级），评估危害的严重程度和发生事故的可能性；最后，为预防风险转化为事故，要针对辨识出的危险源和评估的风险等级，从技术和管理上制定有针对性的管理措施和标准，

有效消除或控制危险源。

通过危险源辨识，达到明确安全管理的目标；通过风险评估，可以明确安全管理的重点；通过风险预控的标准和措施，可以明确生产管理的要求和实现安全生产的途径。

（2）借助信息系统。监测是现场风险管理的重要内容，生产是动态的，生产条件和状况在不断地变化，因此，在生产过程中必须借助信息管理系统，对现场危险源和有关人、机械、环境、管理的不安全因素进行监测，采集动态信息，并及时传递到相应的管理部门。通过监测，一方面监督标准和措施是否得到正确落实并有效发挥作用；另一方面准确掌握生产条件和状况的变化，以便及时进行调整和改进；再一方面是当出现异常时，能及时发出预警信号。

预警是风险管理的另一项重要内容，按照系统预先设定的风险等级，风险管理部门要按照流程进行动态评价，当出现异常或险情时，应及时发出危害预警。相关部门按照相应的管理标准和措施，对危险源进行处理，根据反馈信息再进行评价，判断是否需要解除警情或降低、升级风险等级。

（3）风险预控管理体系的审核评价。现场风险预控管理要借助信息管理系统定期审核，包括企业内部审核和上级管理部门外部审核。一方面，通过审核，发现存在的隐患、漏洞，明确当前安全管理的重点；另一方面，根据生产条件的变化，查找体系本身存在的不足，进一步完善，持续改进。

三、班组安全生产风险预控管理的总体要求

《关于加强煤矿班组安全生产建设的指导意见》明确要求推行班组安全生产风险预控管理：在危险源辨识、风险评估的基础上，制定各岗位、各工种的安全工作程序和工作标准，实行风险超前预控，提高员工对生产作业中出现的各种不安全因素的认知和防范能力。

第二节　矿井重大危险源辨识与评估

一、危险源辨识

识别危险源的存在并确定其性质的过程称危险源辨识，即找出可能引发事故导致不良后果的材料、系统、生产过程或工序的特征。危险源辨识是控制事故发生的第一步，只有识别出危险源的存在，找出导致事故的根源，才

能有效地控制事故的发生，并采取控制措施使其危险性降到最小，从而使系统在规定的性能、时间和成本范围内达到最佳的安全程度。

危险源辨识的方法很多，每一种方法都有其目的性和应用的范围。下面介绍几种常用的危险源辨识方法：

（1）询问、交谈。对于生产系统的某项工作具有经验的人，往往能指出其工作中的危害。从指出的危害中，可初步分析出工作所存在的一、二类危险源。

（2）现场观察。通过对作业环境的现场观察，可发现存在的危险源。从事现场观察的人员，要求具有安全技术知识和掌握了完善的安全技术法规和标准。

（3）查阅有关记录。查阅生产单位的事故、职业病的记录，可从中发现存在的危险源。

（4）工作任务分析。通过分析作业人员工作任务中所涉及的危害，可识别出有关的危险源。

（5）材料性质和生产条件分析。了解生产或使用的材料性质是危害辨识的基础，危险源辨识中常用的材料性质有：毒性、生物退化性、气味阈值、物理性质、化学性质、稳定性、燃烧及爆炸特性等。生产条件也会产生危险或使生产过程中材料的危险性增加。

（6）安全检查表。运用已编制好的安全检查表，对生产系统实施安全检查，可辨识出存在的危险源。

（7）危险与可操作性研究。危险与可操作性研究，是一种对工艺过程中的危险源实行严格审查和控制的技术。它是通过指导性语句和标准格式寻找工艺偏差，以辨识系统存在的危险源，并确定控制危险源风险的对策。

（8）事件树分析。事件树分析是一种从初始原因事件起，分析各环节事件“成功（正常）”或“失败（失效）”的发展变化过程，并预测各种可能结果的方法，即时序逻辑分析判断方法。应用这种方法，通过对系统各环节事件的分析，可辨识出系统的危险源。

（9）事故树分析。事故树分析是一种根据系统可能发生的或已经发生的事故结果，去寻找与事故发生有关的原因、条件和规律。通过这样一个过程分析，可辨识出系统中导致事故的有关危险源。

上述几种危险源辨识方法从着入点和分析过程上，都有其各自特点，也有各自的适用范围或局限性。在辨识危险源的过程中，往往使用一种方法还不足以全面地识别其所存在的危险源，必须综合地运用两种或两种以上的方法。

二、矿井重大危险源评估

（一）矿井顶板灾害评估

顶板灾害是煤矿重大危险源之一，其危险因素有：

1. 采煤工作面及采空区大范围垮落、陷落和冒落

（1）造成采场内人员伤亡；

（2）破坏采场内设备和设施；

（3）破坏采场和周围巷道。

2. 巷道或采掘工作面的片帮、冒顶

（1）造成巷道内人员伤亡；

（2）破坏巷道内设备、设施；

（3）破坏正常的生产系统；

（4）破坏巷道。

（二）矿井水害评估

矿井水害是煤矿的五大灾害之一，透水事故不但威胁着作业人员的生命安全，也给煤矿带来了很大的损失。为确保矿井安全生产，将矿井水害作为重大危险源之一。

（三）矿井火灾评估

煤矿火灾分为内因火灾和外因火灾，无论哪种火灾，一旦发生，都将可能引起瓦斯、煤尘爆炸等事故，造成物毁人亡。因此，矿井火灾为煤矿重大危险源之一。

（四）爆破伤害评估

在开采过程中煤矿使用大量的雷管炸药，在运输炸药和放炮的过程中，在处理未爆炸或未爆炸完全的炸药过程中都有可能发生爆破伤人事故及直接造成人、财、物损害，故爆破伤害是煤矿重大危险源之一。

（五）瓦斯灾害评估

瓦斯是煤矿重大危险源之一，其危险主要表现为爆炸性和燃烧性。矿井瓦斯爆炸或瓦斯与粉尘爆炸、燃烧事故的破坏性极为严重。

（六）粉尘灾害评估

煤矿的粉尘主要是岩尘和煤尘，其危害性很大，是煤矿重大危险源之一，主要表现为：煤尘在一定条件下可以发生爆炸，酿成严重灾害；粉尘能污染

工作场所，危害人体健康，甚至引起尘肺病和皮肤病；能加速机械的磨损，降低工作场所的可见度，使工伤事故增多等。

（七）运输、提升伤害评估

运输、提升伤害是煤矿重大危险源之一。

提升危险性主要表现为：断绳、跑车、过卷、过速、松绳、减速功能失效、蹲罐、设备机械故障、液压系统故障等，轻者造成设施、设备损坏，重者引起伤亡事故或重大伤亡事故，造成矿井停产。

平巷电机车运输危险性主要表现为：

（1）运行事故：电机车相撞、机车掉道、电机车挤压人、摘挂钩时伤人等事故。

（2）机械事故：车架变形、接口脱焊、制动失灵、保护装置失效、轮轴松动、轴承烧坏、齿轮传动装置损坏、弹簧托架断裂或松动等易造成机械伤人事故。

（3）电气事故：电动机过热甚至烧毁、控制电路烧毁等易造成机械伤人事故。

（4）刮板机运输危险性主要表现为：启动绞人伤害、正常运转绞人伤害、机械事故、电气事故和检修、移动设备伤人事故等。

（5）小绞车运输、人力推车运输危险性主要表现为：断绳、脱钩、断链、跳链、碰车、飞车等伤人事故，也是不可忽视的危险、有害因素之一。

（6）皮带机运输危险性主要表现为：断带伤人、正常运转绞人伤害、摩擦引起火灾等。

第三节　重大危险源预防控制措施

一、顶板事故预防控制措施

（1）强化工程质量管理，搞好采掘质量标准化工作。要严格按规程、措施和质量标准化要求施工，加强工程质量的现场交接、验收，不合格的工程必须及时整改，不准将隐患留给下班。采煤工作面上、下出口、掘进工作面必须加强维护，保持良好的安全生产环境。

（2）采掘工作面实行分段承包管理，责任明确到人。加强采掘工作面特殊地段的顶板管理工作。强化采煤工作面初放和掘进工作面新开工、贯通等期间的管理，施工前必须有经批准的安全技术措施，并组织专人现场跟班指挥，直至确认安全为止。

（3）采掘工作面安全管理必须坚持“两个第一”的原则，即采煤工作面必须坚持支柱“初撑力第一”的原则；锚杆支护掘进工作面必须坚持锚杆“初锚力、锚固力第一”的原则。强化矿压观测工作，配齐、用好测压表、锚杆拉力计、顶板离层指示仪、液压枕等安全监测仪器，落实观测人员，及时整理、分析观测成果，为顶板管理、安全生产及改进支护设计提供可靠的依据。

（4）采掘工作面严禁空顶作业，所有工作面支柱都必须穿柱鞋，并保证有足够的初撑力和工作阻力，凡采高大于1.8m的支柱都必须采用防倒柱措施。掘进工作面要认真使用好前探支护，杜绝“三空”现象。

（5）认真开展阻力监控工作。采煤工作面要设专人负责矿压监测工作，及时分析整理成果，为顶板管理及安全生产提供可靠数据。要切实做到工作面在初放期间强化监控、正常生产期间抽测监控、异常地段重点监控，严禁缺梁少柱，严禁偷梁换柱。

（6）巷道改、扩棚及回棚时，必须制定专门的施工安全技术措施。

（7）要高度重视使用新工艺的采掘工作面顶板管理工作，切实搞好各环节、各工序及重点区域的质量和安全管理。其作业规程中必须有详细的支护参数、现场质量监控，支护效果监测方面有严格要求，以保证采场和巷道的支护安全。

（8）保证支护材料、支架的质量，支护材料的规格、性能，支架的材质、加工质量、砼的配比、标号等，必须符合规定，不合格的一律不准下井使用。保证综采支架和单体柱质量，不合格一律不准使用，损坏后及时更换。

（9）单巷长距离掘进，要经常检查工作面后方巷道支架的变形、损坏情况，发现有断梁折柱或变形严重的支架时，必须立即加固修复，在修复巷道时，掘进工作面应停止作业，防止冒顶堵人。

（10）采掘作业规程中要有合理的支护设计。工程技术人员要全面掌握工作面初放和周期来压规律，在来压前增设特殊支护。初次放顶期间悬顶面积大于作业规程规定，必须进行人工强制放顶；正常回采期间悬顶面积超过规定，要有强制有效的监控手段。

（11）加强井巷修护过程中的顶板管理，修护前必须制定切实可行的安全措施（包括零星修复工程，特别是挑顶、刷帮作业必须有掉顶、片帮伤人的措施）。加强锚注质量管理，规范锚注施工程序。组织人必须定期检查在用巷道破坏情况，发现问题及时处理，以免掉矸伤人。

（12）加强采掘工作面地质预测预报工作，施工中遇到断层、破碎带或其他地质构造时，应及时采取有效支护措施，加强管理，防止冒顶。

（13）矿井残采、残掘工作面，其安全技术管理要纳入矿井正规管理，无规程、措施不准施工。

（14）每一采掘工作面必须备有一定数量的备用支护材料，严禁使用折损、腐朽的坑木和损坏、失效、缺件等不完好的金属支柱（单体液压支柱）、顶梁进行支护和维修。

（15）认真执行敲帮问顶制度。

二、矿井水害预防控制措施

（1）老空水的防治。坚持“有疑必探，先探后掘”的原则，对于积水边界清楚的积水区，调查积水量及水压，按照规定，做到先排放，再施工。对于积水边界不清楚的积水区，调查水量、水压及积水边界，并外推60m作为警戒线，先探后掘。

（2）煤层顶底板砂岩裂隙水的防治。调查受采掘影响的砂岩裂隙含水层的岩性特征、富水性、水文情况，预测含水层正常涌水量及最大涌水量，并预测采区（或工作面）可能的集中涌水点和范围，提前做好排水工作。

三、矿井火灾预防控制措施

防治矿井井下外因火灾的安全措施：

（1）矿井井上、井下必须按《煤矿安全规程》的要求设计和建立消防供水系统，并在矿井、水平和采区投产的同时投入使用。

（2）消防管路必须铺设到主要运输道、采区回风道、平巷、上下山、采区运输巷与回风巷、采煤工作面运输巷与回风巷、掘进巷道、煤仓放煤眼上下口、翻罐笼、卸载点、转载点等。

（3）主要运输巷、主要回风巷、上下山、正在掘进的巷道中所安装的消防管路、工作面机巷、风巷每隔50m安设一个三通阀门，并在进回风巷口40m以内及掘进工作面进口处安设三通阀门；其他管路每隔100m安设一个三通阀门，皮带机头必须设三通阀门。

（4）三通阀门位置应便于使用和检修，必须有明显易辨的标志，其出口禁止射向电机车及其他电器设备。

（5）井下机电硐室、炸药库、风动工具清洗硐室的出口必须装设向外开的防火门。

（6）皮带运输机必须由保运区装设火灾报警装置，通风区安装自动洒水灭火装置。

（7）井底车场、机电硐室、炸药库、风动工具清洗硐室等火灾隐患严重的地点及采掘工作面必须由矿防火办公室配备足够数量的灭火器材。

（8）矿井必须建立矿井反风系统（包括主要通风机反风设施和井下反风设施），用于进风井口、井筒、井底车场及总进风巷发生火灾时进行反风。反风操作必须在10min内完成，反风风量不得低于正常通风量的40%。反风后进入火灾地点的沼气浓度不得超过2%。矿井反风装置必须每月检查一次，每年进行一次反风演习。

四、瓦斯事故预防控制措施

（1）采区回风巷，采掘工作面回风巷风流中瓦斯浓度超过1.0%或二氧化碳浓度超过1.5%时必须停止工作，撤出人员，采取措施，进行处理。

装有安全监控系统机械化采煤工作面，煤层厚度小于0.8m的保护层，经抽放瓦斯（瓦斯抽放率25%）和增加风量已达到最高允许风速后，其回风巷风流中瓦斯浓度仍不低于1.0%以下时，回风流中瓦斯最高允许浓度为1.5%，但工作面风流控制必须可靠，必须保持通风巷设计断面，必须配有专职瓦斯检查工。

（2）采掘工作面及其他作业地点风流中瓦斯浓度达到1.0%时，必须停止用电钻打眼；爆破地点附近20m以内风流中瓦斯浓度达到1.0%时，严禁爆破；采掘工作面其他地点风流中，电动机或其他开关安设地点附近20m以内风流中的瓦斯浓度达到1.5%时，必须停止工作，切断电源，撤出人员，进行处理。

采掘工作面及其他巷道内，体积大于0.5m^3的空间积聚的瓦斯浓度达到2.0%时，附近20m必须停止工作，撤出人员，切断电源，进行处理。

对因瓦斯浓度超过规定被切断电源的电气设备，必须在瓦斯浓度降到1.0%以下时，方可送电。

（3）采掘工作面风流中二氧化碳浓度达到1.5%时，必须停止工作，撤出人员，查明原因，制定措施进行处理。

（4）矿井必须有因停电和检修主要通风机停止运转或通风系统遭到破坏以后恢复通风排除瓦斯和送电的安全措施。恢复检查人员检查证实无危险后，方可恢复工作。

临时停工的地点，不得停风；否则必须切断电源，设置栅栏，揭示井标，禁止人员进入，并向矿调度汇报。停工区内瓦斯或二氧化碳浓度达到3%或其他有害气体浓度超过规定不能立即处理时，必须在24小时内封闭完毕。严禁在停风或瓦斯超限的区域内作业。

（5）安装和使用局部通风机和风筒必须遵守最新《煤矿安全规程》的规定。

炮掘工作面风筒末端风量确保 $75m^3/min$，因检修、停电等原因停风时，必须撤出人员切断电源。

恢复通风前必须检查瓦斯，只有停风区中最高瓦斯浓度不超过1.0%和最高二氧化碳浓度不超过1.5%，局部通风机及其开关附近10m以内风流中瓦斯浓度不超过0.5%时，方可人工恢复正常通风。

停风区中瓦斯浓度超过1.0%或二氧化碳浓度超过1.5%，最高瓦斯浓度和二氧化碳浓度不超过3.0%时，必须采取安全措施，控制风流排放瓦斯。停风区内瓦斯浓度或二氧化碳浓度超过3.0%时必须制定安全排放措施，报矿技术负责人批准。

（6）采煤工作面必须确保通风系统稳定，按作业规程要求，配够足够风量，确保两巷畅通，断面符合《煤矿安全规程》规定。

（7）工作面上隅角或煤机上必须每班悬挂便携式瓦斯报警仪，一旦出现报警，应立即停止作业，由瓦斯检查员采取风障措施处理或上隅角充填处理。

五、煤尘事故预防控制措施

1. 防尘措施

（1）完善专业队伍，配齐通风区灭尘专业人员和施工区队兼职灭尘人员，建立和完善洒水设施，建立冲刷巷道积尘制度，落实到人。

（2）积极推广灭尘新技术、新经验，各转载点喷雾、耙装机洒水自动化，积极组织落实回采工作面深孔注水，提高灭尘效果。

（3）逐步开展和加强粉尘的监测工作和防尘的监督工作，井下所有产尘点及工序，通风区每旬要测定一次，研究分析灭尘效果，并及时上报有关领导，通风和安监人员要经常深入井下定期和不定期监督检查防尘工作。

（4）建立完善的防尘供水系统和制度，没有防尘供水管路的采掘工作面不得生产。并确保水质、水量满足要求，防尘管路满足生产和防尘需要。

（5）各采掘工作面严格执行综合防尘的各项规定，必须采取湿式打眼，刷洗巷道，使用水炮泥，爆破喷雾，出货洒水，净化通风和个人防护等综合防尘措施。

（6）坚持使用放炮喷雾和回风净化喷雾，管路无水或有水不用或无防尘设施，安监人员要严格执法，立即停止作业，各施工区队要有兼职防尘人员进行防尘工作，无防尘人员或综合防尘设施，措施落实不明的单位，工程质量不得定为合格品。

(7) 主要运输巷、带式输送机斜井与平巷、上山与下山、采区运输巷与回风巷、采煤工作面运输巷与回风巷、掘进巷道、煤仓放煤口、溜煤眼放煤口、卸载点等地点都必须敷设防尘供水管路，并安装支管和阀门。各转载点必须有喷雾设施并正常使用，采煤机内、外喷雾齐全有效，支架装备，移架喷雾正常使用。

(8) 井下所有煤仓都应保持一定的存煤，不放空，溜煤眼不得兼作风眼使用。

(9) 合理分配矿井风量，控制风速，保证各作业地点风速不超过最高允许风速；增加风量、改变通风系统要相应地考虑防止粉尘飞扬。

(10) 掘进工作面爆破前后附近20m的巷道内，必须洒水降尘。

(11) 采煤工作面应采取煤层注水防尘措施，其回风巷应安设净化水幕。

(12) 积极利用大巷洒水车进行大巷刷白及冲刷粉尘工作，采取深孔添加渗透棒注水，确保注水量。

2. 防爆措施和隔爆措施

(1) 建立喷雾洒水和冲洗、清扫巷道沉积煤尘设施的制度，并认真落实，定期冲洗、清扫。

(2) 矿井两翼、相邻采区、煤层和采煤工作面间，煤层掘进巷道同与其相连的巷道间，煤仓同与其相连通的巷道间、采用独立通风并有煤尘爆炸危险的其他地点同与其相连通的巷道间，必须按照辅助隔爆棚200L/m^{2}和主要隔爆棚400L/m^{2}的要求，安设足够数量的隔爆水棚，定期加水和更换破损水袋。

(3) 矿井每年应制定综合防尘措施、预防和隔绝煤尘爆炸措施及管理制度并组织实施。矿井应每周至少检查1次煤尘隔爆设施的安装地点、数量、水量及安装质量是否符合要求。

3. 煤尘爆炸的预防控制措施

(1) 严禁使用非煤矿安全炸药，杜绝放炮违章操作。放炮使用水炮泥，炮眼封满填实，放炮前后认真实施放炮喷雾洒水工作。

(2) 严禁在煤层中使用段发雷管或使用最后一段延期超过130ms雷管。

(3) 严禁在煤尘中放连珠炮和用多根放炮导线连续放炮。

(4) 严禁在有煤尘沉积地方放明炮或在煤仓中放糊炮处理堵仓事故。

(5) 建立斜巷上山“一坡三挡”防跑车安全设施，防止发生跑车引燃被扬起的煤尘。

(6) 防止局部火灾或瓦斯爆炸点燃被扬起的沉积煤尘。

第五章　煤矿班组“三违”行为及其危害

第一节　“三违”的含义及其危害

一、“三违”的含义

“三违”是指煤矿职工在生产建设中所发生或出现的违章作业（操作）、违章指挥和违反劳动纪律的现象及行为。任何人如果违反了其中的一项，就被称为“三违”人员。

违章作业，即违反《煤矿安全规程》、《作业规程》和《操作规程》，不懂安全常识及技术或不听有关人员的劝告及阻止，冒险蛮干进行操作或作业的现象及行为。这是人为制造事故的行为，是造成矿井事故的主要原因之一。如带电检修电气设备、井下放炮时不检测瓦斯等。

违章指挥，即违反《煤矿安全规程》和安全生产的有关规定，盲目指挥生产的现象及行为。在基层，这类人员主要是煤矿管理干部，包括井下区（队）长、班组长等。如为了超产量赶进度，区（队）长让工人简化作业工序、违章操作等。

违反劳动纪律，即违反企业制定的有关规章制度的现象和行为。违反劳动纪律现象在任何单位都经常发生。煤矿虽然制定了严格的劳动纪律，并有严格的惩罚制度，但违反劳动纪律的现象还是时有发生。如井下吸烟、睡觉，晚下井而早上井，擅离职守、脱岗等。

二、“三违”的危害

“三违”现象及行为是导致事故发生的重要原因，严重地威胁着煤矿的正常生产和矿工的生命安全，危害极大。据调查，90%以上的事故均是由“三违”人员造成的。职工队伍中，有些人由于综合素质较差、安全意识不强、法制观念淡薄，“三违”现象屡禁不绝，严重威胁了矿井的正常生产和矿工的生命安全，甚至造成了矿井的惨重灾难。因此，煤矿职工对“三违”现象和行为，绝不能宽容和忽视，要从自身做起，坚决与“三违”作斗争，确保安全生产。

第二节 常见的严重“三违”行为及其分析

一、煤矿职工常见的严重“三违”行为

（1）入井前喝酒。

（2）携带烟草和点火物品入井。

（3）穿化纤衣服入井。

（4）入井不戴安全帽。

（5）入井不携带矿灯。

（6）无安全措施安排生产。

（7）安排未通过《煤矿安全规程》、措施学习考试以及考试不合格的职工上岗生产。

（8）安全设施不齐全，强令工人作业。

（9）对抵制或举报违章指挥、制止违章的人员进行打击报复。

（10）特殊工种未取得上岗资格证就安排上岗。

（11）不服从管理、殴打、谩骂正常行使职责的安全管理人员。

（12）有冲击地压或有煤与瓦斯突出的采掘工作面，放炮后在30min内进入工作面。

（13）跟班干部无故晚下井、早上井。

（14）临时停风区不检查瓦斯就送电。

（15）乘罐、乘车嬉戏打闹。

（16）乘罐笼时向井筒内乱扔东西。

（17）乘车、乘罐笼不听指挥，抢上抢下。

（18）在两节车厢之间搭乘。

（19）人车行进中扒上跳下。

（20）乘坐井下装物料的矿车。

（21）在兼作行人的斜巷内行走，不执行“行人不行车，行车不行人”的规定。

（22）在轨道中间行走。

（23）乘候车时不扶牢吊杆，用手触摸绳轮。

（24）建井期间乘吊桶上、下井不佩戴保险带。

（25）乘坐刮板输送机。

（26）在刮板输送机的机槽内行走。

（27）攀扶电缆行走。

（28）在井下随意拆开、敲打、撞击矿灯。

（29）在井下吸烟。

（30）在井下用灯泡取暖。

（31）闯放炮警戒线。

（32）上班时间打架斗殴。

（33）通过风门不随手关上。

（34）带电检修、搬迁电气设备、电缆和电线。

（35）用湿手或金属物品扳动带电的电气开关。

（36）随意停、开局部通风机。

（37）进入采掘工作面不执行“敲帮问顶”制度。

（38）空顶下作业。

（39）在有毒、有害气体浓度超标情况下作业。

（40）在粉尘浓度超标情况下作业。

二、容易导致“三违”的时间、地点和人员分析

（一）容易发生“三违”的时间

（1）节假日前后。

（2）双休日、星期一。

（3）探亲及休假前后。

（4）新婚前后。

（5）农忙季节。

（6）四点班、零点班“三违”现象多。

（7）后半班“三违”现象高于前半班。

（8）黎明前的一段时间容易导致“三违”。

（9）交接班前后。

（10）倒班前后。

（11）安全检查前后。

（12）刚到新的工作场所工作时。

（13）生产任务紧张时。

（14）出勤人数少时。一个人干几个人的活，容易导致“三违”。

（15）领导下井少、干部变换时，尤其是队长一级领导的变换，工作出现

空挡时，职工情绪不稳定时。

(16) 生产物料供应不及时或短缺时。

(17) 职工生理节律状态不佳时。

(18) 矿井各采煤工作面生产进度不均衡时。

(19) 跟班干部忽视安全时。

(20) 安全周期长时。

(21) 家中有突发事情来电话或电报时。

(22) 家庭不和闹矛盾时。

(23) 当安全检查人员时常接受贿赂时。

(二) 容易导致“三违”的地点、工序、生产环境与方式

(1) 采煤工作面回柱环节。

(2) 采煤工作面末节风筒吊挂不合格时。采煤工作面风流不畅通，容易造成瓦斯积聚，导致职工“三违”。

(3) 井下作业环境受到限制时。

(4) 在运输提升工作摘挂车环节中。

(5) 架线电机车行驶在曲线、拐弯及道岔处时。

(6) 在巷道的拐弯处及斜坡处作业时。

(7) 小绞车违章使用时。

(8) 采掘工作面爆破作业环节。

(9) 实行包工干活时。

(10) 零星岗位、分散工种。

(11) 个体防护做得不到位时。

(三) 容易“三违”的人

(1) 抱着撞大运侥幸心理的人。

(2) 不了解“三大规程”和缺乏安全知识的人。这种人很容易盲目操作而发生事故。

(3) 懒惰之人。有的职工懒惰，工作中减少工序，偷懒取巧，即使发现隐患也熟视无睹，听之任之，不管不问。

(4) 行动落后之人。有的职工工作或行动迟疑不决，疲疲沓沓，磨磨蹭蹭，拖泥带水，跟不上正常的工作节奏。

(5) 劳动纪律松懈的人。

(6) 劳累过度的人。

(7) 家务负担重的人。

（8）兴奋过度的人、悲伤过度的人。

（9）情绪低落、思想压抑消沉的人。

（10）心理失去平衡的人。

（11）紧张生产中急躁的人。

（12）生产骨干往往是危险人物。

（13）工作落到后面的人。

（14）调换工种的人。

（15）频繁“三违”而又幸运的人。

（16）关系好的人。

（17）对干部有抵触情绪的人。

（18）有自谅、补偿心理的人。

（19）反应迟钝、智力不健全的人。

（20）有“根子”的人。

【案例】

2010年12月25日四点班综一、二分队班长彤某安排副班长王某、梁某抓好割煤、放炮工作，然后开始打眼，第一次爆破在18：40分，第二次在19：30分，当装好药联好后，放炮员和班长往机头方向撤人，副班长梁某往机尾处撤人，当放炮员在往下撤人时，一边撤人，一边吹口哨，撤到放炮地点基本没停顿就放炮。在梁某没撤出炮区时炮就响了，造成梁某身体多处被崩伤，右上肢粉碎性骨折。

班组长和员工都要明白这样一个道理：只有做一个安全生产的“明白人”，自己的安全和工友的安全才有保障。

第三节　采煤班组常见“三违”行为及其矫正

一、采煤班组常见的“三违”行为

采煤班组常见“三违”行为有：

（1）空顶作业。

（2）采掘工作面发现有透水征兆，未采取措施的。

（3）一人回柱无人监护，或先回后支的。

（4）回采面漏顶而不进行接顶支护继续生产的。

（5）在旧眼、残眼、煤（岩）裂缝中或站在输送机上打眼的。

（6）在同一采煤工作面回柱与放炮平行作业的，回柱与机械落煤等工序平行作业时的安全距离不符合作业规程规定的。

（7）采煤工作面结束后，未在规定时间内及时封闭的。

（8）机采工作面伞檐长度大于 2m，深度大于 300mm，厚度大于 300mm 的。

（9）采煤工作面未按规程规定，提前或拖后回柱放顶的。

（10）采煤机更换截齿或距滚筒 3m 范围（溜子挡煤板除外）以内有人工作时，未切断电源并打开离合器的。

（11）采面顶板来压，或老塘悬顶超过作业规程规定未加强支护的。

（12）放炮打歪打倒支柱，没有进行处理而继续作业。

（13）工作面上下端头特殊支护没有按规程规定支设的。

（14）炮采工作面炮后不洒水造成煤尘飞扬严重的。

（15）采煤机司机不发信号开机的。

（16）液压支架端面距连续 5 架超过规程规定的。

（17）采煤机上未装能停止工作面运输机的闭锁装置或装置失灵的。

（18）两巷超前维护支柱初撑力连续 3 根低于规程要求的。

（19）采煤机运行期间，司机远离的（离操作点 5 米之外的）。

（20）工作面两巷超前维护长度达不到规程要求。

（21）高档工作面临时支柱不按规程支设。

（22）不在指定修理硐室检修电钻的。

（23）电钻、电缆横跨运输机时，不按规定悬挂的。

（24）小于煤岩体最小抵抗线打眼爆破的。

（25）采煤工作面爆破时，不对机电设备进行保护的。

（26）采煤机停止牵引时，不将调速手把打到“零”位的。

（27）推移工作面刮板输送机时，距煤机距离不足 10m 的（高档面）或综采面不足 15m 的。

（28）在回采工作面机头出现卡矸、卡大块煤块或其他物体时，不停机闭锁处理的。

（29）刮板运输机刮板链出槽、飘链时，不进行处理而强行开刮板机的。

（30）采煤工作面用溜子运送物件时，违反作业规程规定不停溜子取料的。

（31）移完支架后，不将供液手把打到“零”位的；推拉前后部运输机后，不将供液手把打到“零”位的。

（32）回采工作面回柱 20m 范围内平行作业的。

（33）延伸工作面溜子违反作业规程规定的。

（34）采煤工作面采用放炮回撤单体支柱的。

（35）喷浆混凝土前，不用高压水冲洗岩面的。

（36）锚杆安装时的预应力连续三根不符合作业规定的。

（37）巷道支护高度超过 2m 或倾角大于 30°的上山支护施工，没有脚手或没搭工作平台的。

（38）巷道维修一人单独作业的。

（39）用钻打眼时，钻杆前方或下方有人员工作的。

（40）多台电钻同时钻眼时，交叉作业的。

（41）综采工作面生产期间未及时开架间喷雾的。

（42）综采工作面运输机出现上窜下滑失控的责任者。

（43）采煤工作地点未采取个体防尘措施的。

（44）刮板运输机运行时，清理转动部位的煤粉或用脚、手调整刮板链的人员。

（45）综采工作面急停闭锁不起作用而继续组织生产的现场责任人。

（46）采煤工作面铰接顶梁，连续 3 棚均不铰接的。

（47）采煤工作面用泵站高压液防尘或冲刷浮煤的。

（48）煤巷出现高冒区而不按规程规定装顶的。

（49）炮采或高档工作面端头支护 3 处使用不全的双楔梁销子的维护工。

（50）手扶钻杆打眼的。

（51）采掘工作面高压管接头出现单腿销、铁丝销。

（52）放顶煤工作面、支架后方或机道有人工作时，支架范围内检修或移动支架的。

（53）用液压支架起吊溜子或其他重物件的。

（54）采煤工作面联网不符合规程规定的。

（55）支架架设在浮煤浮矸上。

（56）架设梯形支架时，岔脚、迎山角不符合规定。

（57）支架不打木楔和劲木。

（58）在同一工作面架设不同类型和不同性能支柱。

（59）不按作业规程规定，擅自改变支护形式。

（60）采煤机割煤时滚筒周围有人员通过或停留。

（61）液压泵站司机发现异声、异味、温度超过规定、压力表指示压力不正常、控制阀失效、管路破裂和脱开仍继续开泵。

（62）随意关闭液压泵站的回液截止阀。

（63）刮板输送机出现急弯，采煤机司机仍旧开机。

（64）采煤机带负荷启动、过载情况下强行截割。

（65）随意使用换向按钮停机。

（66）采煤机上没有装设能停止工作面刮板输送机运行的闭锁装置或虽有其装置，但动作不灵。

（67）工作面倾角在15°以上时，采煤机不设防滑装置。

（68）移架前不检查支架有无歪斜、倒架、咬架、架间距离是否符合规定，顶梁与掩护梁工作状态是否正常等。

（69）升柱时，当主顶梁与顶板接触后立即停止供液。

（70）操作支架升降后，各操作手把不恢复“零”位。

（71）工作面刮板输送机开机不事先发出开机信号。

（72）刮板输送机运煤前不进行试运转。

（73）刮板输送机重载下停机。

（74）综采设备安装、撤出不制定安全措施。

（75）切眼断面、支护方式和支护质量不具备条件，强行安装综采设备。

二、采煤班组“三违”的矫正

（一）采煤班组常见的违章指挥的表现及其矫正

1. 采煤班组长常见违章指挥的表现

违反党和国家的安全生产方针、政策、法令、条例、“三大规程”、制度和有关规定而指挥作业的行为，均属违章指挥，采煤班组长在工作中的违章指挥主要表现有：

（1）不认真按照安全生产责任制的有关本职工作规定履行职责和不按照“五同时”规定执行，对安全生产不负责任、官僚主义、玩忽职守、瞎指挥。

（2）不按照安全教育规定对新工人、复工工人、换岗工人进行教育；对从事特种作业的工人（如采煤机司机）未进行专业培训和考核发证，便上岗作业；在采用新工艺、新技术、新设备、新材料生产时，操作者未经培训教育；节假日加班加点不进行安全教育等。

（3）为了赶进度，在顶板存在安全隐患时，强令工人冒险作业。

（4）采煤工作面的通风量不足，超员安排人员作业。

（5）对已发出停止使用通知单的设备、设施和工艺，擅自安排使用。

（6）已发现隐患或有重大事故预兆，不及时采取有效措施，放任自流。

（7）设备安装不按照技术标准和规定程序进行施工、检查、验收、移交；对在检查验收中提出的问题尚未解决就擅自投入使用。

（8）在有事故隐患、安全防护装置缺少或失灵的设备上，强行安排生产任务；对特种设备不按照规定制造、购置、安装和使用，以及在使用中不采取有效的防护措施或安全防护装置，缺损时仍安排生产。

（9）其他违反有关法律法规明文规定的指挥行为。

2. 采煤班组长违章指挥的案例及其矫正

【案例】

2005 年 11 月，某煤矿采煤某队在 510 打切眼，中班班组长何某带领 6 人在迎头施工，在切割完窑后，何某带着刘某进入迎头进行找顶，找完顶看着顶板很好，在没有前移前探梁支护的情况下，就进行打锚杆眼，在打完第二个顶部锚杆眼退钎子时，突然冒落一块长 500mm、宽 300mm、厚 250mm 的大炭，将刘某的胳膊砸伤。

事故原因：

①班组长何某带头违章指挥，违章作业，不按规程施工。

②安全责任落实不力。跟班副职走动式管理不到位，迎头空顶不使用前探梁，没检查，没制止。

③没有及时前移前探梁，空顶违章作业是造成这次冒顶伤人事故的直接原因。

④工人安全技术素质低，自主保安能力差。

⑤工区现场安全管理不到位，对职工的安全宣传教育力度不够深。

矫正措施：

①加强对职工的安全教育，提高安全操作意识。

②转变班长的职能，切实发挥好带头按章作业的作用。

③加大副职走动式管理力度，对不良的行为要及时制止，坚决杜绝违章作业行为。

（二）采煤班组常见违章操作的表现及其矫正

1. 采煤班组常见违章操作的表现

在劳动生产过程中违反国家颁发的各种法规性文件和企业、事业单位及其上级管理机关制定的反映安全生产客观规律的各种规章制度，包括工艺技术、生产操作、劳动保护、安全管理等方面的规程、规则、章程以及有关安全生产的通知、决定等均属违章作业，采煤班组的违章操作主要表现有：

（1）采煤工作面人员多、设备集中、声音大、工作空间狭窄，且顶板问题突出，职工易出现思想不集中，施工前忽视敲帮问顶和周围的支护情况。

（2）不按照规定正确穿戴和使用各类劳动保护用品。

（3）工作不负责任。擅自离岗、串岗、饮酒、干私活及在工作时间内从事与本职工作无关的活动。

（4）发现设备及安全防护装置缺损，不及时反映，继续操作；或自作主张，擅自将安全防护装置拆除并弃之不用。

（5）忽视安全、忽视警告，冒险进入危险区域。

（6）不按照操作规程、工艺要求操作设备。

（7）不按照操作规定，擅自在机器运转时进行加油、修理、检查。

（8）不按照规定及时清理作业现场，清除的废料、垃圾不向规定地点倾倒，工件和附件任意摆放，堵塞通道。

（9）煤巷采煤工作面用永久支护的锚杆或锚索起吊设备或其他重物。

2. 采煤班组违章操作的案例及其矫正

【案例】

2007年5月24日中班，按照班前会的安排，采煤一队职工廖运财与邱宝荣在211300采煤工作面第十茬作业。25日0：30时左右时，廖运财与邱宝荣在窜第二根副梁时，邱宝荣在煤帮侧，廖运财在老塘侧。廖运财跨在正在运行的刮板机上进行窜副梁作业，右腿不慎被运行中的刮板机上所带的搪材棍打伤，造成右腓骨骨折、右内踝骨折。

事故原因：

①伤者廖运财违章作业，在刮板机运行时，跨越刮板机作业；

②工作中联保互保不到位，重生产轻安全，同组人员只想生产，没有认真排查周围安全隐患，没有在安全的前提下进行生产；

③现场跟班管理人员安全责任意识差，对现场安全隐患没有认真进行巡查；

④工作面多茬作业，刮板机无序运行，没有相互联系与沟通的有效手段，且刮板机上杂物时时存在，这是工作面生产中潜在的安全隐患；

⑤现场安全管理和安全巡视检查制度执行和落实不到位，跟班队长没有认真落实现场安全管理责任。

矫正措施：

①加强职工安全思想教育，提高职工安全自保能力；

②加强现场安全隐患的治理和排查，认真开好现场班前会，认真落实好

现场安全巡视制度，发挥好现场跟班人员的安全管理作用；

③加大现场隐患的排除力度，对窜梁与开刮板机平行作业的情况，要采取有效措施进行预防和处理。

（三）采煤班组常见违反劳动纪律的表现及其矫正

1. 采煤班组常见违反劳动纪律的表现

劳动纪律是在劳动过程中要求职工必须遵守的行为准则，是指劳动者在共同的劳动中必须遵守的规则和秩序，也是一种当事人的劳动法律关系，具有一定的强制性和约束力。这种规则和秩序要求每个劳动者必须按照规定的时间、质量、程序和方法，安全地去完成自己所承担的生产和工作任务。采煤班组常见违反劳动纪律的表现有：

（1）不遵守劳动时间和单位的作息制度，旷工或无故迟到、早退。

（2）不坚守工作岗位，不服从班组长的分配和管理，消极怠工和玩忽职守，擅自脱离工作岗位。

（3）不努力工作。完不成生产任务，保证不了巷道支护的质量。

（4）在工作时间内不遵守生产和工作秩序，东走西窜、嬉戏打闹及斗殴等。

（5）不爱护采煤设备与设施，导致浪费，成本加大。

2. 采煤班组常见违反劳动纪律的案例及其矫正

【案例】

2005年11月，某矿某队在510打切眼，中班班组长何某带领6人在迎头施工，在切割完窑后，何某带着刘某进入迎头进行找顶，找完顶看着顶板很好，在没有前移前探梁支护的情况下，就进行打锚杆眼，在打完第二个顶部锚杆眼退钎子时，突然冒落一块长500mm、宽300mm、厚250mm的大炭，将刘某的胳膊砸伤。

事故原因：

1. 没有及时前移前探梁，空顶违章作业是造成这次冒顶伤人事故的直接原因。

2. 安全责任落实不力。跟班副职走动式管理不到位，迎头空顶不使用前探梁，没检查，没制止。

3. 班组长何某带头违章指挥，违章作业，不按规程施工。

4. 工人安全技术素质低，自主保安能力差。

5. 工区现场安全管理不到位，对职工的安全宣传教育力度不够深。

矫正措施：

1. 加强对职工的安全教育，提高安全操作意识。

2. 转变班长的职能，切实发挥好带头按章作业的作用。

3. 加大副职走动式管理力度，对不良的行为要及时制止，坚决杜绝违章作业行为。

第四节　机电班组常见“三违”行为及其矫正

一、机电班组常见的“三违”行为

机电班组常见的“三违”行为有：

（1）中性点直接接地的变压器直接向井下采掘区供电。

（2）防爆电气设备及影响矿井电气安全的主要零配件材料（如矿用电缆、阻燃皮带、风筒、电缆冷补胶、防爆电气开关中的隔离换向器、接触器、保护器、液压元件等）未经专职防爆检查员查验“三证”，就入井使用。

（3）失爆的防爆电气设备在井下使用。

（4）电钳工不持证上岗。

（5）电工上岗操作无“三佩戴”（无操作证、合格的验电笔、停电牌）。

（6）无计划停电，尤其未经批准擅自停通风机、水泵等重要设备电源。

（7）带电作业。

（8）停电作业不拉隔离开关、加锁、挂停电牌、不按规定验电放电。

（9）“约时”停送电或“借光”作业，不设专人停送电。

（10）带电搬迁电气设备及电缆。

（11）有故障的供电线路强行送电。

（12）处理供电线路的短路、漏电等故障时，采用人为送电对电缆进行“手捋”查找，或人为送电让其“放炮”等方式进行查找处理。

（13）用摇表摇测线路后，不进行放电就开始作业。

（14）机电设备检修后，不按规定进行试运转就正常开启。

（15）电气设备接线或检修后，不认真清除室内线头、杂物等善后处理工作就送电运行。

（16）在防爆电气设备腔内进行操作，或隔爆外壳（盖）乱扔乱放，造成隔爆性能受损。

（17）隔爆外壳锈蚀严重不进行处理，或擅自在外壳表面钻眼影响其强度等，造成隔爆性能受损。

（18）非电工擅自操作电气设备。

（19）操作高压电气设备不按规定戴绝缘手套、穿绝缘靴、站在绝缘台上。

（20）电钻电缆有故障不处理，继续进行打眼。

（21）放炮时不及时撤出打眼线，不及时对设备矿用电缆进行有效掩护。

（22）在有瓦斯突出危险及严重冲击地压区域放炮时不停电。

（23）有瓦斯突出危险及严重冲击地压区域内的机电设备和重要配件不进行牢固合理捆绑。

（24）电气设备及矿用电缆被水淋，不设“雨搭”、“防水棚”等防淋设施。

（25）巷道翻棚等处施工时，不对机电设备、矿用电缆进行合理的防护。

（26）电缆落地被埋或泡在水中。

（27）采掘区的溜煤道内敷设电缆。

（28）电缆有“鸡爪子”、“羊尾巴”、明接头。

（29）电缆上悬挂其他物品，电缆与风、水、瓦斯管道交叉、挤碰，相互间无防护隔离设施。

（30）切除检漏继电器或漏电保护失灵仍然送电运行。

（31）不按规定对检漏装置进行定期试验，试验记录不认真填写。

（32）不按规定由专人定期对漏电保护的补偿进行合理调试，补偿不起作用。

（33）不按规定由专人定期进行工作面的漏电模拟接地试验。

（34）甩掉电气设备的短路、过负荷保护或整定不合格。

（35）未经专门技术人员批准，擅自修改保护整定值。

（36）供电网路过电流保护的灵敏度系数不合乎要求仍继续供电。

（37）用铜丝、铁丝或其他不易熔金属代替保险丝。

（38）值班电工不是每天对电气设备的保护接地系统进行一次外观检查。

（39）电气设备保护接地线缺失，接地线、接地螺栓等处锈蚀严重，不及时处理。

（40）非电气工作人员在高压电气设备附近逗留或坐在高压电缆及接线盒上。

（41）供电电缆、高压铠装电缆弯曲半径过小，超过规定要求，电缆受拉、压作用，引起绝缘受损。

（42）带式输送机头尾不设置灭火器、砂箱、消防水管、喷雾消尘等设施。

（43）带式输送机、刮板输送机等机械外露的传动转动部位不加装护栏及防护罩。

（44）机械设备检修（含换托滚等）时不停电。

（45）不停电进行清扫带式输送机、刮板输送机的头、尾积货孔，带式输送机和刮板输送机联轴节不实行弹性连接，而使用“死连接”。

（46）联轴节不使用易熔塞而用其他不易熔物代替堵死；用油代替难燃液水介质。

（47）带式输送机、刮板输送机减速箱内油质不合格，油量过少或过满，超过规定。

（48）斜巷运搬绞车道不设“一坡三挡”，或不合格、不起作用。

（49）运搬及慢速绞车不定期对钢丝绳进行检查，断丝或磨损超限、锈蚀严重，仍继续运行使用。

（50）运搬绞车压顶子、尾部固定等不合乎要求仍运行。

（51）起吊重物前对绳扣、钢丝绳、起重吊挂设施等不进行检查或超负荷起吊，用其他物品代替绳扣。

（52）使用无防护罩、跑链等不完好的起重机作业。

（53）局部通风机不实行“三专两闭锁”或闭锁失灵。

（54）局部通风机与控制开关（或按钮）距离超过20m，不设专人看管。

（55）采煤机运行时不避开牵引链。

（56）工作面放炮及运输时，架前、架后不开喷雾，不供水或水压、水量不足。

（57）安装、撤除工作面设备时，不设联系声光信号或每组间距大于30m。

（58）水冷电动机启动时不供冷却水，停机后5min不停冷却水。

（59）检修乳化泵、喷雾泵等压力容器及管路前不进行停气、泄压等就操作。

（60）在有架线地点卸大件、起吊重物或装卸金属网时，不切断架线电源。

（61）井下用电灯泡取暖，使用电炉子。

（62）井下未经批准用电火焊。

（63）井下巷道缺少足够的照明，综采工作面无照明或不采用专门支架灯。

（64）高压机电硐室无专人看管或挂牌加锁。

（65）各种油脂的存放无专用库房，油桶无标签。

（66）乱扔剩油、废油及棉纱、布头等。

（67）压风机冷却器超温、高低压超温、压风超温、超压不合格。

（68）擅自拆卸防爆电气设备外壳上紧固螺栓等造成失爆，对电气设备检修采用拆机修机。

二、机电班组“三违”的矫正

（一）机电班组常见的违章指挥的表现及其矫正

1. 机电班组长常见违章指挥的表现

违反党和国家的安全生产方针、政策、法令、条例、“三大规程”、制度和有关规定而指挥作业的行为，均属违章指挥。机电班组长在工作中的违章指挥主要表现有：

（1）不认真按照安全生产责任制的有关本职工作规定履行职责和不按照“五同时”规定执行，对安全生产不负责任、官僚主义、玩忽职守、瞎指挥。

（2）不按照安全教育规定对新工人、复工工人、换岗工人进行教育；对从事特种作业的工人未进行专业培训和考核发证便上岗作业；在采用新工艺、新技术、新设备、新材料生产时，操作者未经培训教育；节假日加班加点不进行安全教育等。

（3）在设备缺少安全保护装置下，强令工人冒险作业。

（4）工作地点的通风量不足，超员安排人员作业。

（5）对已发出停止使用通知单的设备、设施和工艺，擅自安排使用。

（6）已发现隐患或有重大事故预兆，不及时采取有效措施。

（7）违章派车，不按照载货、载人等行驶规定用车或带病（车辆）出车，指令驾驶员违章驾驶。

（8）设备安装不按照技术标准和规定程序进行施工、检查、验收、移交；对在检查验收中提出的问题尚未解决就擅自投入使用。

（9）在有事故隐患、安全防护装置缺少或失灵的设备上，强行安排生产任务；对特种设备不按照规定制造、购置、安装和使用，以及在使用中不采取有效的防护措施或安全防护装置，缺损时仍安排生产。

（10）其他违反有关法律法规明文规定的指挥行为。

2. 机电班组长违章指挥的案例及其矫正

【案例】

2003年11月20日，小青矿运输队副队长张××于9时左右，安排机电班副班长梁××在起完矸石山后往上窜曲轨架。11时10分，梁××带领王××、李×准备窜曲轨架，这时张××下山去看钢丝绳。梁××安排李×开泵，梁××在曲轨内的前面，王××在曲轨架内的后面，梁××先把矸石山曲轨架的螺栓解下，安排王××把最后一条螺栓取下，做完这些工作后，梁××指挥李×开泵，往前移曲轨架，到位后让王××用撬棍把曲轨架别住，又指挥李×点着给泵，把拉曲轨架的大缸穿销取下后，指挥李×给泵往出伸缸，到位后对正眼穿上横销，告诉王××取下撬棍后，再次指挥李×往前移曲轨架，到位后又指挥王××把曲轨架用撬棍别住，指挥李×点着给泵。但没有取下油缸的横穿销，于是告诉王××取下撬棍，又让李×点着给泵，取出横销后，曲轨架突然下滑，把梁××的右脚从脚腕处错断。

事故原因：

①负责窜曲轨架的机电班副班长梁××没按正常的操作程序去操作，违章指挥、违章作业是这起事故的主要原因。曲轨架窜到位后，应用两条标准螺栓把曲轨架固定后，再取下前移缸的横穿销，而梁××却安排王××用撬棍别住，王××没制止，而且按梁××的违章指挥去违章作业，李×发现他们违章作业也没有劝阻。

②窜曲轨架的措施不完善。

③运输队对窜曲轨架的工作不重视。

矫正措施：

①杜绝违章指挥、违章作业，坚持按标准作业。

②进一步完善窜曲轨架的安全技术措施，作业前贯彻好安全技术措施，并在作业过程中严格执行。

③加强对矸石山的管理，完善安全设施。

④矸石山走山、起山、窜曲轨架、调绳时应通知地面安监员前去监护，否则不准作业。

（二）机电班组常见违章操作的表现及其矫正

1. 机电班组常见违章操作的表现

在劳动生产过程中违反国家颁发的各种法规性文件和企业、事业单位及其上级管理机关制定的反映安全生产客观规律的各种规章制度，包括工艺技术、生产操作、劳动保护、安全管理等方面的规程、规则、章程以及有关安全生产的通知、决定等均属违章作业。机电班组的违章操作主要表现有：

（1）井下工作面人员多、电气设备集中、声音大、工作空间狭窄，职工易出现安全意识下降，不执行停、送电制度。

（2）不按照规定正确穿戴和使用各类劳动保护用品。

（3）工作不负责任。擅自离岗、串岗、饮酒、干私活及在工作时间内从事与本职工作无关的活动。

（4）发现设备及安全防护装置缺损，不及时反映，继续操作；或自作主张，擅自将安全防护装置拆除并弃之不用。

（5）忽视安全、忽视警告，冒险进入危险区域。

（6）不按照操作规程、工艺要求操作设备。

（7）不按照操作规定，擅自在机器运转时加油、修理、检查。

（8）不按照规定及时清理作业现场，清除的废料、垃圾不向规定地点倾倒，工件和附件任意摆放，堵塞通道。

（9）自以为技术熟练而带电作业。

2. 机电班组违章操作的案例及其矫正

【案例】

2007年4月11日上午，某矿煤电车间供应组职工按工作计划从供应总仓库拉回一车钢材，由叉车司机张剑与苏宝健配合将钢材卸至浓缩池旁。12：00时，在从大货车上往下卸其中钢板料的过程中，因车上钢板（6m×1.2m×0.6m）重量大，有6吨半重，5吨叉车只能分两次卸放。叉车司机将钢板挑起一角，苏宝健用200mm长的短木楔往钢板下铺垫和调整的过程中，钢板突然滑落，将苏的右手食指挤伤，造成右手食指开放性骨折，致轻伤。

事故原因：

①伤者苏宝健违章作业，使用短木楔垫钢板，违反材料堆放规定；

②叉车司机张剑违章操作，在进行叉放钢板时，用叉车将钢板边翘起后进行垫木块操作，钢板滑动，导致事故的发生；

③班组职工的构成、隶属关系和业务管理不统一，安全管理混乱；

④职工安全责任意识差，遵章守法意识差。

矫正措施：

①调整和确定职工的隶属关系，使各岗位人员各尽其职，各负其责。

②加强职工思想教育，提高职工按章作业意识和安全责任意识。

③完善单位安全互保联保工作，工作中要相互督促，相互提醒。

（三）机电班组常见违反劳动纪律的表现及其矫正

1. 机电班组常见违反劳动纪律的表现

劳动纪律是在劳动过程中要求职工必须遵守的行为准则，是指劳动者在共同的劳动中必须遵守的规则和秩序，也是一种当事人的劳动法律关系，具有一定的强制性和约束力。这种规则和秩序要求每个劳动者必须按照规定的时间、质量、程序和方法，安全地去完成自己所承担的生产和工作任务。机电班组常见违反劳动纪律的表现有：

（1）不遵守劳动时间和单位的作息制度，旷工或无故迟到、早退。

（2）不坚守工作岗位，不服从机电班组长的分配和管理，消极怠工和玩忽职守，擅自脱离工作岗位。

（3）不努力工作。完不成生产任务，不能及时对电气设备进行维修、故障处理。

（4）在工作时间内不遵守生产和工作秩序，东走西串、嬉戏打闹及斗殴等。

（5）不爱护设备与设施，导致浪费，成本加大。

2. 机电班组违反劳动纪律的案例及其矫正

【案例】

2006年9月30日早班，一矿机电公司设备组组长徐松坐乘人车经北中央主石门车场，副车场内30处存放喷浆料车过多，徐松个人安全防范意识不强，将腿放在人车门链上，在主道乘人车与副道矿车交锋时，将右大腿挤伤，造成右大腿骨干骨折。

事故原因：

①副车场内料车存放过多，副车场内车场限位器未使用，导致主副道车辆交锋距离过近；

②伤者徐松安全自保意识不强，在乘坐人车时，将腿放在人车门链上；

③运输区人车押车工押车过道场时，只发出警示，没有认真对乘车人员情况进行观察，安全监护不到位。

矫正措施：

①在车场内设置合格的车场限位装置，严格执行停放车规定；

②由运输区负责，对乘人车进行改造，加设防止人体部位伸出车门之外

的安全防护设施；

③进一步落实押车工的责任，在过风门、车场等特殊地段时，押车工必须下车进行有效的安全监护，车辆要进行减速，并发出有效的安全警示信号。

第五节　掘进班组常见“三违”行为及其矫正

一、掘进班组常见的“三违”行为

掘进班组常见的“三违”行为有：

（1）岩（煤）巷不用湿式凿岩（煤），干打眼。

（2）不按爆破作业说明书（炮眼布置图、说明表）打眼装药。

（3）掘进工作面不按规定打探眼。

（4）多台凿岩机打眼时交叉作业。

（5）打眼工骑在气腿上打眼。

（6）边打眼边装药。

（7）钻眼过程中发现来压、出水等异常现象，仍继续打眼。

（8）进入工作地点不认真敲帮问顶、检查支护状况就打眼。

（9）煤电钻使用前，不检查各部件是否完好，是否漏电。

（10）掘进工作面无施工图牌板。

（11）掘进煤层斜巷不按规定打半截门子，镶帮不合格。

（12）上山掘进或片帮危险的平巷掘进工作面不及时进行迎头支护或支护不合格。

（13）不按规定超前护顶。

（14）在掘进工作面严重危险区域内（冲击地压、煤与瓦斯突出），施工人员人数超过有关规定。

（15）冲击地压区域施工人员不戴防震帽，不穿防震背心。

（16）工作面放炮后，不等炮烟排净就进入工作面。

（17）在粉尘浓度超标情况下继续作业。

（18）在有冲击地压煤层巷道采用刚性支架。

（19）倾斜巷道施工未按规定设置躲避硐室。

（20）站在溜矸眼的矸石上作业。

（21）在巷道施工前或爆破前，没有对靠近掘进工作面 10m 内的支护进行有效的加固。

（22）爆破崩倒、崩坏的支架不及时修复。
（23）在斜巷施工中，支架无防倒装置。
（24）锚杆角度不垂直巷道轮廓线、打穿皮锚杆。
（25）锚杆的起锚点不符合作业规程规定。
（26）喷混凝土支护不按配合比拌料，无石子或少石子。
（27）喷浆或混凝土没有底槽。
（28）锚网不按规定进行联网。
（29）锚网支护不按规定厚度喷射。
（30）不按规定数量、规格、品种使用锚固剂。
（31）喷射人员不佩戴防护眼镜，喷头对着人。
（32）喷浆前，不检查喷浆机各部件是否坚固完好。
（33）锚索的预紧力和外露长度不符合规定。
（34）安装锚固剂前不吹净眼内的积水和岩（煤）粉。
（35）锚杆及锚索不按规定时间做拉拔实验。
（36）锚杆机使用前不检查风水管路接头连接是否牢固。
（37）不检查综掘机各部件是否完好，带病作业。
（38）综掘机开机时不及时开冷却喷雾。
（39）检修综掘机时，其他人员在截割臂和转载桥下方停留或作业。
（40）耙斗机司机无遮挡保护继续作业。
（41）装岩前不往矸石（煤）上洒水降尘、冲洗岩（煤）壁。
（42）铲斗装岩机检修或串爬道时不将铲斗固定。
（43）铲斗装岩机停止作业不停电。
（44）使用风镐前不检查风镐与压风管路连接是否牢固。
（45）耙斗机信号不好就用摆头灯、敲打铁管或喊话代替。
（46）掘进工作面风量不足照常作业。

二、掘进班组“三违”的矫正

（一）掘进班组常见的违章指挥的表现及其矫正

1. 掘进班组长常见违章指挥的表现

违反党和国家的安全生产方针、政策、法令、条例、“三大规程”、制度和有关规定而指挥作业的行为，均属违章指挥。掘进班组长在工作中的违章指挥主要表现有：

（1）不认真按照安全生产责任制的有关本职工作规定履行职责和不按照

“五同时”规定执行，对安全生产不负责任、官僚主义、玩忽职守、瞎指挥。

（2）不按照安全教育规定对新工人、复工工人、换岗工人进行教育；对从事特种作业的工人（如掘进机司机）未进行专业培训和考核发证，便上岗作业；在采用新工艺、新技术、新设备、新材料生产时，操作者未经培训教育；节假日加班加点不进行安全教育等。

（3）为了赶进度，在顶板存在安全隐患时，强令工人冒险作业。

（4）掘进工作面的通风量不足，超员安排人员作业。

（5）对已发出停止使用通知单的设备、设施和工艺，擅自安排使用。

（6）已发现隐患或有重大事故预兆，不及时采取有效措施，放任自流。

（7）违章派车，不按照载货、载人等行驶规定用车或带病（车辆）出车，指令驾驶员违章驾驶。

（8）设备安装不按照技术标准和规定程序进行施工、检查、验收、移交；对在检查验收中提出的问题尚未解决就擅自投入使用。

（9）在有事故隐患、安全防护装置缺少或失灵的设备上，强行安排生产任务；对特种设备不按照规定制造、购置、安装和使用，以及在使用中不采取有效的防护措施或安全防护装置，缺损时仍安排生产。

（10）其他违反有关法律法规明文规定的指挥行为。

2. 掘进班组长违章指挥的案例及其矫正

【案例 1】

某月 28 日新一班，掘进队作业人员一部分在平巷掘进，一部分人在上风眼运料。由于绞车信号失灵尚未修好，工作面又急于施工，就用人喊话联系提料，但局部通风机距离绞车较近，噪声较大（局部通风机没安消音器），喊话听不清，便关闭局部通风机进行喊话联系运料。在 6 时 15 分时，新一班人员全部升井。二班工人 8 时 30 分到达工作面，发现局部通风机停风时，没人处理，当班副队长即派人修理打点信号铃，该同志接到任务后，怕麻烦、图省事，在无风地点带电作业，产生火花，引起瓦斯爆炸，当场伤亡多人。

事故原因：

1. 忽视安全，追求进度，在绞车信号没处理好时停止局部通风机运转，运料局部通风机没安消音器，局部通风机无计划停风，造成瓦斯积聚。

2. 干部违章指挥，在没有对工作面积存的瓦斯进行排放的情况下，指挥工人带电作业，是造成事故的重要原因。

矫正措施：

1. 坚决杜绝无计划停风，更不准出现随便开停风机现象，加强局部通风管理。

2. 加强局部通风机的管理，实现风电、瓦斯电闭锁，并挂牌管理，并实现“双风机、双电源、自动分风、自动切换”。

3. 及时有效地测量风机的噪音，并安设消音器，使噪音降到最低。

4. 加强干部、职工的安全思想教育，杜绝违章指挥、违章作业现象，牢固树立安全第一的思想。

5. 加强对井下电器设备的管理，坚决杜绝失爆现象，杜绝带电违章作业。

【案例2】

2007年10月3日早班，机械化队将150802二期风巷口的皮带缩到三期风巷口，中班掘进五队接班后，将皮带进行打地锚处理。在皮带机无缓冲架、接煤槽、皮带跑偏等问题未处理的情况下，中班班长计长伟安排职工夏泽新开链板机出货。21：00时，夏泽新在用无把铲头处理皮带尾积货时，铲头被卷进皮带机尾。夏在没有停机情况下伸手去取铲头时，左臂被皮带接头处外露的皮带卡尖刮伤，并造成左前臂尺骨前端骨折，致轻伤。

事故原因：

①伤者夏泽新违章作业，在设备不完好，安全设施不齐全的情况下，进行开车作业，并且不按规定停机清理皮带机尾积货；

②当班班长计长伟违章指挥，在安全设施不齐全的情况下安排工人去开皮带。

③职工安全自保意识差，违章侥幸冒险作业；

④现场安全监管不到位，现场管理人员没有认真落实隐患排查整改制度。

矫正措施：

这起事故虽未引起重大人身伤亡，但也给班组长敲了一个警钟，那就是认真执行操作规程规定，按工序进行操作；加强现场隐患排查，对隐患的处理要坚决和彻底；严格执行设备交接制度，对于设备的交接要有记录，有问题要及时反映。

（二）掘进班组常见违章操作的表现及其矫正

1. 掘进班组常见违章操作的表现

在劳动生产过程中违反国家颁发的各种法规性文件和企业、事业单位及其上级管理机关制定的反映安全生产客观规律的各种规章制度，包括工艺技术、生产操作、劳动保护、安全管理等方面的规程、规则、章程以及有关安全生产的通知、决定等均属违章作业。掘进班组的违章操作主要表现有：

（1）掘进工作面人员多、设备集中、声音大、工作空间狭窄，且顶板问题突出，职工易出现思想不集中，施工前忽视敲帮问顶和周围的支护情况。

（2）不按照规定正确穿戴和使用各类劳动保护用品。

（3）工作不负责任。擅自离岗、串岗、饮酒、干私活及在工作时间内从事与本职工作无关的活动。

（4）发现设备及安全防护装置缺损，不及时反映，继续操作；或自作主张，擅自将安全防护装置拆除并弃之不用。

（5）忽视安全、忽视警告，冒险进入危险区域。

（6）不按照操作规程、工艺要求操作设备。

（7）不按照操作规定，擅自在机器运转时进行加油、修理、检查。

（8）不按照规定及时清理作业现场，清除的废料、垃圾不向规定地点倾倒，工件和附件任意摆放，堵塞通道。

（9）煤巷掘进工作面用永久支护的锚杆或锚索起吊设备或其他重物。

2. 掘进班组违章操作的案例及其矫正

【案例】

2006 年 11 月 12 日早班，掘进五队打料班在 211300 风巷 650 皮带尾打一车铁料和一车原木到风巷中部 25KW 绞车处进行转车。在钩头重挂后，因绞车大绳未挂在回头滑子上，车辆带重迅速下滑，钩头绳箍在防护戗柱上，将戗柱拉断后，大绳弹到推车职工王辉的左小腿上，造成王辉左小腿胫骨和腓骨骨折。

事故原因：

①绞车向下松车时，绞车大绳未挂在回头滑子上，导致绳子弹动造成工伤。

②现场安全互保、联保工作不到位，绞车司机、挂钩头人员、推车人员共同违章作业，工作中侥幸马虎，安全责任意识较差。

矫正措施：

①在松车前要认真检查安全设施及注意事项，坚决按程序进行分步施工。

②严格落实岗位责任制，特殊工种作业人员要严格按章操作。

③加强职工安全教育，提高职工的安全自保、互保、联保责任意识。

（三）掘进班组常见违反劳动纪律的表现及其矫正

1. 掘进班组常见违反劳动纪律的表现

劳动纪律是在劳动过程中要求职工必须遵守的行为准则，是指劳动者在共同的劳动中必须遵守的规则和秩序，也是一种当事人的劳动法律关系，具有一定的强制性和约束力。这种规则和秩序要求每个劳动者必须按照规定的时间、质量、程序和方法，安全地去完成自己所承担的生产和工作任务。掘进班组常见违反劳动纪律的表现有：

（1）不遵守劳动时间和单位的作息制度，旷工或无故迟到、早退。

（2）不坚守工作岗位，不服从掘进班组长的分配和管理，消极怠工和玩忽职守，擅自脱离工作岗位。

（3）不努力工作。完不成生产任务，保证不了巷道支护的质量。

（4）在工作时间内不遵守生产和工作秩序，东走西窜、嬉戏打闹及斗殴等。

（5）不爱护掘进设备与设施，导致浪费，成本加大。

2. 掘进班组违反劳动纪律的案例及其矫正

【案例】

2007 年 7 月 3 日 23：30 时，在 131101 机联巷施工的掘进五队职工陈敬平收工后一路小跑急于上井，经过 –450 主石门北延拐弯处，脚下吃滑，右脚插到道档内滑入过巷水沟里，左脚小拇指恰巧碰到道钉上，造成右脚第五指骨基底骨折、左脚第五指近节趾骨骨折并有趾间关节脱位，致轻伤。

事故原因：

①陈敬平交班后急于上井，在大巷内小跑前行，违反巷道行走的相关规定。

②过巷水沟段（宽 600mm，深 500mm）未铺有过路铁板，极易造成事故发生。

③队内安全培训教育不到位，对于《矿井二十六种严重三违行为》的学习与 15 种安全不放心的人的排查没有落到实处。

④现场安全管理不到位，现场班前班后会制度未认真执行，联保互保制度未落实到位。

矫正措施：

①加强职工安全思想教育，牢固树立“安全第一”的思想。

②认真落实安全自保、互保、联保制度，在上、下井时必须一起上、下井。

③升井时不要抢时间，克服“下井缓上井急”的不良行为习惯。

第六节　通风班组常见“三违”行为及其矫正

一、通风班组常见的“三违”行为

（一）矿井通风系统常见的“三违”行为

（1）生产矿井采掘工作面的空气温度超过30℃、机电设备硐室的空气温度超过34℃，仍不停止作业。

（2）矿井超通风能力生产。

（3）巷道贯通后，不停止采区内的一切工作，立即调整通风系统，待风流稳定后，再恢复工作。

（4）进、回风井之间和主要进、回风巷之间的每个联络巷中，不砌筑永久性风墙。需要使用的联络巷，不设置两道连锁的正向和两道反向风门。

（5）生产水平和采区不实行分区通风。

（6）采、掘工作面不实行独立通风。

（7）矿井不采用机械通风，而采用自然通风。

（8）生产矿井主要通风机不装设反风设施。

（9）不按规定检查反风设施，进行反风演习。

（10）矿井采用局部通风机或风机群作为主要通风机使用。

（11）装有通风机的井口封闭不严密，其外部漏风率在无提升设备时超过5%，有提升设备时超过15%。

（12）局部通风机运转时发生循环风。

（13）局部通风机吸风口无风罩和整流器。

（14）局部通风机高压部位无衬垫漏风。

（15）使用局部通风机通风的掘进工作面，因故停止运转，恢复通风前不检查瓦斯。

（16）随意开、停局部通风机。

（17）一台局部通风机同时向两个掘进作业工作面供风。

（18）因检修、停电等原因停风时，不切断电源，不撤出人员，不设置栅栏、揭示警标。

（19）风筒接头不严密、漏风。

（20）风筒接头中软质风筒接头不实行双反接头，铁风筒接头不加垫圈，螺丝不上紧。

(21) 风筒吊挂不平直、不环环吊挂、没做到“一直两靠”（即吊挂平直、靠帮、靠顶)。

(22) 风筒拐弯处不设弯头，不缓慢拐弯，拐死弯。

(23) 异径风筒接头处不使用过渡节。

(24) 风筒有破口，不及时粘补。

(二) 瓦斯防治系统常见的“三违”行为

(1) 矿井总回风巷或一翼回风巷中瓦斯浓度超过0.75%时，没有查明原因，进行处理。

(2) 采区回风巷、采掘工作面回风巷风流中瓦斯浓度超过1.0%时，没有停止工作、撤出人员、采取措施进行处理。

(3) 专用排瓦斯巷回风流中瓦斯浓度超过2.5%。

(4) 体积大于0.5m^3的空间内瓦斯浓度达2.0%时，附近20m内没有停止工作、撤出人员、切断电源进行处理。

(5) 出现瓦斯局部积聚时，没有及时处理。

(6) 停工区内瓦斯浓度达3.0%不能立即处理时，没有在24h内完成封闭。

(7) 在瓦斯超限区域内作业。

(8) 局部通风机因故停止运转时，在恢复通风前没有首先检查停风区内瓦斯浓度。

(9) 局部通风机因故停止运转，恢复通风前，没有检查局部通风机及开关附近10m内风流中的瓦斯浓度。

(10) 在瓦斯排放过程中，采区回风系统内没有停电撤人。

(11) 排放瓦斯时，在恢复通风的巷道风流中瓦斯浓度超过1.0%情况下，便恢复局部通风机供风巷道内电气设备的供电和采区回风系统内的供电。

(12) 低瓦斯矿井采掘工作面每班瓦斯浓度检查次数低于2次；高瓦斯矿井采掘工作面每班瓦斯浓度检查次数低于3次。

(13) 瓦斯检查员不认真填写瓦斯检查班报。

(14) 瓦斯检查员空班、漏检、假检。

(15) 工作地点瓦斯浓度超限时，瓦斯检查员没有责令现场人员停止工作，撤到安全地点。

(16) 瓦斯检查人员随意进入瓦斯浓度超过3.0%的区域。

(17) 矿井总回风巷或一翼回风巷中二氧化碳浓度超过0.75%时，没有立即查明原因，进行处理。

(18) 采掘工作面及其他作业地点风流中瓦斯浓度达1.0%时，仍用电钻打眼。

（19）爆破地点附近20m以内风流中瓦斯浓度达1.0%，仍装药爆破。

（20）电动机或其开关安设地点附近20m以内风流中瓦斯浓度达1.5%时，没有停止工作、切断电源、撤出人员进行处理。

（21）瓦斯检查员不携带便携式光学甲烷检测仪。

（三）矿尘防治系统常见的“三违”行为

（1）采掘工作面没有完善的防尘供水管路而进行生产。

（2）主要运输巷、带式输送机斜井与平巷、上山与下山、采区运输巷与回风巷、采煤工作面运输巷与回风巷、掘进巷道、煤仓放煤口、溜煤眼放煤口、卸载点等地点没有敷设防尘供水管路。

（3）溜煤眼兼作风眼使用。

（4）掘进井巷和硐室时，不进行冲洗井壁巷帮、不使用水炮泥、不进行爆破喷雾等。

（5）装煤（岩）时不洒水。

（6）采煤工作面不采取煤层注水防尘措施。

（7）炮采工作面爆破前、后不冲洗煤壁。

（8）炮采工作面爆破时不进行喷雾除尘。

（9）炮采工作面出煤时不洒水。

（10）采煤机不安装内、外喷雾装置或喷雾装置失效。

（11）掘进机作业时不使用内、外喷雾装置或内、外喷雾装置失效。

（12）液压支架不安装喷雾装置、降柱或移架或放煤时不同步喷雾。

（13）放顶煤采煤工作面的放煤口不安装喷雾装置，放煤时不喷雾。

（14）破碎机不安装防尘罩。

（15）采煤工作面回风巷不安设风流净化水幕。

（16）井下煤仓放煤口、溜煤眼放媒口不安设喷雾装置或除尘器，作业时不进行喷雾降尘或用除尘器除尘。

（17）输送机转载点和卸载点不安装喷雾装置或除尘器，作业时不进行喷雾除尘或除尘器除尘。

（18）煤与瓦斯突出煤层或软煤层中瓦斯抽放钻孔难以采取湿式钻孔时，干打眼的工作人员不佩戴防尘保护用品，没有除尘措施。

（19）不及时清扫或冲洗巷道中沉积煤尘。

（20）对井下主要大巷不进行定期刷浆。

（21）未实现对井下煤尘隔爆设施每周至少检查1次。

（22）不按规定进行全尘和呼吸性粉尘测定。

（四）防灭火系统常见的“三违”行为

（1）木料场、矸石山、炉灰场离进风井小于80m，木料场距离矸石山小于50m。

（2）井下使用灯泡取暖和使用电炉。

（3）井口房和通风机房附近20m内，有烟火或用火炉取暖。

（4）在井下和井口房，采用可燃性材料搭设临时操作间、休息室。

（5）在井下和井口房从事电焊、气焊和喷灯焊接等工作。

（6）井上、下的消防材料库的备用品，未按《煤矿安全规程》规定配齐配足。

（7）井下乱扔使用过的润滑油、棉纱、布头和纸等，未存放在盖严的铁桶内。

（8）消防材料库储备的设备、材料和工具，不建立明细台账，由专人保管，账、卡、物不能做到“三对口”。

（9）综放工作面安装设备前，没彻底处理高温火点等自然发火隐患，就进行设备安装。

（10）综放工作面开采过程中两巷支护不随工作面推进及时回撤，未能放顶严实。

（11）将剩油、废油泼洒在井巷或硐室内。

（12）在火区不具备启封条件时，启封火区。

（13）永久密闭使用可燃性材料建筑。

（14）永久密闭墙体厚度小于0.5m，且漏风。

（15）密闭前5m内支架不完好，有片帮、冒顶。

（16）密闭内有水的不设反水池或反水管。

（17）有自然发火煤层的采空区密闭不设观测孔、措施孔，孔口封堵不严。

（18）密闭前不设栅栏、警标、说明牌和检查箱。

二、通风班组“三违”的矫正

（一）通风班组常见的违章指挥的表现及其矫正

1. 通风班组长常见违章指挥的表现

违反党和国家的安全生产方针、政策、法令、条例、“三大规程”、制度和有关规定而指挥作业的行为，均属违章指挥。通风班组长在工作中的违章指挥主要表现有：

（1）不认真按照安全生产责任制的有关本职工作规定履行职责和不按照“五同时”规定执行，对安全生产不负责任、官僚主义、玩忽职守、瞎指挥。

（2）不按照安全教育规定对新工人、复工工人、换岗工人进行教育；对从事特种作业的工人（如通风机司机）未进行专业培训和考核发证，便上岗作业；在采用新工艺、新技术、新设备、新材料生产时，操作者未经培训教育；节假日加班加点不进行安全教育等。

（3）为了赶进度，在通风设施不安全的情况下，强令工人冒险作业。

（4）工作面的通风量不足，超员安排人员作业。

（5）对已发出停止使用通知单的设备、设施和工艺，擅自安排使用。

（6）已发现隐患或有重大事故预兆，不及时采取有效措施，放任自流。

（7）违章派车，不按照载货、载人等行驶规定用车或带病（车辆）出车，指令驾驶员违章驾驶。

（8）设备安装不按照技术标准和规定程序进行施工、检查、验收、移交；对在检查验收中提出的问题尚未解决就擅自投入使用。

（9）在有事故隐患、安全防护装置缺少或失灵的设备上，强行安排生产任务；对特种设备不按照规定制造、购置、安装和使用，以及在使用中不采取有效的防护措施或安全防护装置，缺损时仍安排生产。

（10）其他违反有关法律法规明文规定的指挥行为。

2. 通风班组长违章指挥的案例及其矫正

【案例】

2007年9月24日夜班，0：20，某矿通巷工区跟班副区长韩某汇报：5103工作面实际风量为540立方；由于风量低，工作面已停止生产；调度室立即汇报矿总工程师李某、并安排通巷工区程某去现场调整风量；0：50分通巷工区王某汇报：5103实际风量为440立方；4：20分通巷工区区长程某汇报：5103面实际风量已达到580立方；造成5103工作面一个小班没有生产。

事故原因：

①通巷工区通风班班长王某安全意识淡薄，工作责任心差，对5103工作面通风工作重视不够，缺乏系统思考，对5105运顺联络巷贯通后可能造成5103面风量降低预见性不强，封堵工作准备不充分，以致在5105贯通后采取措施不力，是造成此次5103工作面风量不足的直接原因。

②通巷工区作为全矿负责通防工作的主体单位，对5103面风量一直不稳未引起高度重视，工作缺少超前意识，对5103面42#——68#架之间采空区顶板一直未

垮落导致漏风采取措施不力，未及时悬挂风帘，也是造成此次事故的主要原因。

矫正措施：

①通巷工区要认真接受此次教训，加强通防设施的检查管理，工作要有超前性，保证工作面的正常风量。提高工作质量和服务质量，认真履行工作职责。

②通巷工区要对5103面未放下大顶的大断面地段，要坚持支架下挂挡风帘，确保工作面支架空间内的有效风量。

③在辅助采区施工的单位，要强化通防设施的爱护及管理教育工作，凡是出现损坏通防设施或同时打开两道风门，一律按严重“三违”处理。

（二）通风班组常见违章操作的表现及其矫正

1. 通风班组常见违章操作的表现

在劳动生产过程中违反国家颁发的各种法规性文件和企业、事业单位及其上级管理机关制定的反映安全生产客观规律的各种规章制度，包括工艺技术、生产操作、劳动保护、安全管理等方面的规程、规则、章程以及有关安全生产的通知、决定等均属违章作业。通风班组的违章操作主要表现有：

（1）井下工作面人员多、设备集中、声音大、工作空间狭窄、环境恶劣，通风设施施工前忽视敲帮问顶和周围的支护情况。

（2）不按照规定正确穿戴和使用各类劳动保护用品。

（3）工作不负责任。擅自离岗、串岗、饮酒、干私活及在工作时间内从事与本职工作无关的活动。

（4）发现设备及安全防护装置缺损，不及时反映，继续操作；或自作主张，擅自将安全防护装置拆除并弃之不用。

（5）忽视安全、忽视警告，冒险进入危险区域。

（6）不按照操作规程、工艺要求操作设备。

（7）不按照操作规定，擅自在机器运转时进行加油、修理、检查。

（8）不按照规定及时清理作业现场，清除的废料、垃圾不向规定地点倾倒，工件和附件任意摆放，堵塞通道。

2. 通风班组违章操作的案例及其矫正

【案例】

某煤矿自营工区三队和二队采用两头相对掘进法。即将碰头时，三队需要搬一次家。搬家过程中，装运车在距左一顺槽出口80米处撞倒了棚子，致使左帮风筒从接口处断开。搬完后人员没有把风筒接好，也没有汇报，瓦斯员连续三天都未进该工作面检查。三天后，自营工区机电段二人14时下井拆管子和绞车。电工带电作业时产生火花引发瓦斯爆炸。

事故原因：

①风筒断开使左一顺槽风筒长时间无风，造成瓦斯积聚；瓦检员漏检伪报；机电工带电作业，这是造成事故的直接原因。

②通风区工作人员工作不深入，瓦斯监管制度执行不严。

③职工缺乏安全技术常识，习惯性违章时有发生。

矫正措施：

①加强“一通三防”工作的落实，严格执行通风管理和瓦斯巡回检查管理制度。

②认真开展职工安全教育培训，提高职工素质，对特殊工种严格考核，持证上岗。

（三）通风班组常见违反劳动纪律的表现及其矫正

1. 通风班组常见违反劳动纪律的表现

劳动纪律是在劳动过程中要求职工必须遵守的行为准则，是指劳动者在共同的劳动中必须遵守的规则和秩序，也是一种当事人的劳动法律关系，具有一定的强制性和约束力。这种规则和秩序要求每个劳动者必须按照规定的时间、质量、程序和方法，安全地去完成自己所承担的生产和工作任务。通风班组常见违反劳动纪律的表现有：

（1）不遵守劳动时间和单位的作息制度，旷工或无故迟到、早退。

（2）不坚守工作岗位，不服从通风班组长的分配和管理，消极怠工和玩忽职守，擅自脱离工作岗位。

（3）不努力工作。完不成生产任务，保证不了巷道支护的质量。

（4）在工作时间内不遵守生产和工作秩序，东走西窜、嬉戏打闹及斗殴等。

（5）不爱护通风设备与设施，导致浪费，成本加大。

2. 通风班组违反劳动纪律的案例及其矫正

【案例】

小青矿W27层运输联络道是为解决W2Ⅱ期集中运输大巷掘进运料而设计的，2005年3月份已安排计划施工。603队23日开始安装刮板输送机，24日放炮拉门，26日下午1点，将604队因回风眼扩眼调整系统后留下的2×22KW风机移到W2胶带输送机运输大巷（708回顺口）里20米位置，作为联络道掘进风机。在启动风机时，瓦检员发现底风不足，将风机停止运转并通知调度。27日白班通风队将604队（W2Ⅱ期集中运输大巷）掘进面风机停一级，603队风机只开一级，两工作面勉强维持通风，但高顶段出现瓦斯积聚。单级开两个小班后，由于联络道停止掘进，将603队风机停止运转，恢复604队正常供风。

事故原因：

①通风队对此项工作不积极主动，现场管理不到位。对603队应安设2×11KW风机而实际安设2×22KW风机，也没有提出疑义，造成需风量加大，风量不足。

②603队没有按措施要求安设2×11KW风机，而是直接将604队遗留下的2×22KW风机安上。

矫正措施：

①通风队加强日常管理，发挥出部门的管理作用。

②各部门间要加强协调和配合。

③施工过程中严格执行措施，按规定作业。

第七节　运输班组常见“三违”行为及其矫正

一、运输班组常见的“三违”行为

运输班组常见的“三违”行为有：

（1）在开车前，机车司机未发出开车信号就开车。

（2）机车运行中，司机将头或身体探出车外。

（3）机车司机离开座位时，未切断电源、未将控制手柄取下、未扳紧车闸。

（4）机车、矿车未定期检修，发现隐患不及时处理。

（5）机车的闸、灯、警铃（喇叭）、连接装置和撒砂装置不正常，仍继续使用。

（6）机车运输（列车或单独机车）时，前无照明、后无红灯。

（7）正常运行时，机车在列车后端长途顶车。

（8）列车通过风门时，未设置风门两侧都能接收到的声光信号装置。

（9）擅自使用紧急停车信号。

（10）两机车（或两列车）在同一轨道、同一方向行驶时，间距小于100m。

（11）未做到列车制动距离每年至少检测一次。

（12）架线电机车使用的直流电压超过600V。

（13）使用固定车厢式矿车、翻转车厢式矿车、底卸式矿车、材料车和平板车等运送人员。

（14）用人车运送人员时，每班发车前未检查各车的连接装置、轮轴和车闸等。

（15）用人车运送人员时，同时运送有爆炸性的、易燃性的或腐蚀性的物品。

（16）用人车运送人员时，车速大于4m/s。

（17）双轨巷道乘车场，人员上下车时有其他车辆进入乘车场。

（18）人力推车时，不执行1次只准推1辆车的规定。

（19）人力推车时，不时刻注意前方，在矿车两侧推车。

（20）人力推车时，同向推车的两车间距不符合《煤矿安全规程》规定。

（21）人力推车时，从坡度较大的地方推车以及接近道岔、弯道、巷道口、风门、硐室出口时，推车人未及时发出警号。

（22）人力推车时，放飞车。

（23）在能够自动滑行的坡道上停放车辆或停放时不采取制动措施。

（24）倾斜井巷运送人员时，跟车人未坐在设有手动防坠器把子的位置上。

（25）倾斜井巷运送人员前，每班未按规定检查人车的连接装置、保险链和防坠器，并必须先放1次空车。

（26）斜井提升时，不执行“严禁蹬钩、行人”的规定。

（27）运送物料时，牵引车数超过规定。

（28）运送物料时，装载物料超重、超高、超宽或偏载。

（29）井巷中采用钢丝绳牵引带式输送机运送人员时，未卸除输送带上的物料。

(30) 专用升降人员的罐笼，超过规定人数时把钩工不制止。

(31) 提升装置超载运行。

(32) 箕斗提升不执行“定重装载”的规定。

(33) 升降人员的罐笼、带乘人间的箕斗，未装设可靠的防坠器。

(34) 检修人员站在罐笼或箕斗顶上工作时，未佩戴保险带。

(35) 提升司机随便离开工作岗位。

(36) 提升司机擅自调整制动闸。

(37) 主要提升装置未按规定配备正、副司机各 1 人。

(38) 挂运材料不捆绑或捆绑不合格。

(39) 停车不打掩或打掩不合格。

(40) 连接装置损坏的矿车不甩出。

(41) 无证开车。

(42) 人车把钩工躺着吹哨发车。

(43) 机车不按警示标停车。

(44) 处理掉道车生拉硬顶。

(45) 往车场子甩车不给铃。

(46) 机车进入平硐司机不戴矿灯。

(47) 用矿车撞击风门。

(48) 列车连接不用专用插锁。

(49) 列车运行中摘挂钩。

(50) 在回风巷行驶的机车司机不携带瓦斯报警仪。

(51) 巷道坡度大于7‰人力推车。

(52) 斜巷向下运材料、设备不用矿车，随意滚动。

(53) 斜巷向上运材料、设备不用矿车，用绞车钢丝绳捆绑硬拉。

(54) 斜巷绞车不带电松车，放飞车。

(55) 人力推车时两车之间距离小于 10m。

(56) 平巷推车不瞭望。

(57) 绞车把钩工接班后不清扫道岔。

(58) 擅自拆除机车车棚或坏了不及时修复。

(59) 矿用绞车司机操作中启动和减速不平稳，提升容器到井口不及时减速。

(60) 采用无极绳运输时，地滚损坏不及时更换维修。

(61) 采用无极绳运输时，挂卡子前不检查卡子是否完好。

(62) 采用无极绳运输时，摘卡子时站到轨道中间，头和身子仰到两车碰头中间。

（63）带式输送机的机头传动部分、滚筒、液力耦合器等处未设保护罩或保护栏杆。

（64）带式输送机司机衣着袖口、裤脚、衣襟未扎紧。

（65）带式输送机司机直接用手去拨弄托辊。

（66）带式输送机运行中，用铁锹或其他工具刮除黏在滚筒上的煤泥。

（67）擅自进入煤仓、溜煤（矸）眼内处理被卡堵的煤、矸石。

（68）擅自用爆破方法处理被堵塞的煤仓和溜煤（矸）眼。

（69）处理堵塞在煤仓、溜煤（矸）眼内的煤和矸石时，处理人员不拴上保险带。

（70）处理堵塞在煤仓、溜煤（矸）眼内的煤和矸石时，在正对着卸煤口处站着捅。

（71）提升机司机无信号擅自开车。

（72）提升机运行过程中，运转部位发出异响不及时断电停车。

（73）提升机运行过程中，出现情况不明的意外信号不及时断电停车。

（74）双滚筒缠绕式提升机对绳操作时，单钩提升或下放。

（75）提升机运行中，司机在非紧急情况下使用保险闸。

（76）斜井提升矿车脱轨时，用绞车牵引复轨。

（77）擅自变更继电器和安全装置的整定值。

（78）提升机经过检验后，不按规定进行试运行。

（79）提升机运行日志填写不认真，甚至弄虚作假。

（80）电机车司机甩掉保护装置或擅自调大整定值。

（81）机车或列车车辆上搭乘非工作人员。

（82）进行特殊运输时，不执行专项安全技术措施。

（83）电机车司机不松闸就开车。

（84）电机车司机在车外开车。

（85）顶车时，列车两侧站有人仍继续顶车。

（86）异域顶车。

二、运输班组“三违”的矫正

（一）运输班组常见的违章指挥的表现及其矫正

1. 运输班组长常见违章指挥的表现

违反党和国家的安全生产方针、政策、法令、条例、“三大规程”、制度和有关规定而指挥作业的行为，均属违章指挥，运输班组长在工作中的违章指挥主要表现有：

（1）不认真按照安全生产责任制的有关本职工作规定履行职责和不按照“五同时”规定执行，对安全生产不负责任、官僚主义、玩忽职守、瞎指挥。

（2）不按照安全教育规定对新工人、复工工人、换岗工人进行教育；对从事特种作业的工人（如提升机司机）未进行专业培训和考核发证，便上岗作业；在采用新工艺、新技术、新设备、新材料生产时，操作者未经培训教育；节假日加班加点不进行安全教育等。

（3）为了赶进度，在存在安全隐患时，强令工人冒险作业。

（4）对已发出停止使用通知单的设备、设施和工艺，擅自安排使用。

（5）已发现隐患或有重大事故预兆，不及时采取有效措施，放任自流。

（6）违章派车，不按照载货、载人等行驶规定用车或带病（车辆）出车，指令驾驶员违章驾驶。

（7）设备安装不按照技术标准和规定程序进行施工、检查、验收、移交；对在检查验收中提出的问题尚未解决就擅自投入使用。

（8）在有事故隐患、安全防护装置缺少或失灵的设备上，强行安排生产任务；对特种设备不按照规定制造、购置、安装和使用，以及在使用中不采取有效的防护措施或安全防护装置，缺损时仍安排生产。

（9）其他违反有关法律法规明文规定的指挥行为。

2. 运输班组长违章指挥的案例及其矫正

【案例】

2005年5月7日八点班，月亮田矿南三采区职工张祥熊根据队长安排到131013外上山处理溜子飘链，在距下方挡风墙3.4m处处理溜子飘链过程中，13时50分，溜子突然启动，张祥熊被溜子拉摔倒在溜槽内，随着溜子运行被从该处挡风墙溜槽孔中强行拉过，造成头、胸、腹等多部受伤，经抢救无效死亡。事故当班机电队带班班长，违章通过风墙，在未采取安全措施的情况下违章安排张祥熊一起在两道风墙之间处理溜子飘链，导致事故发生，对事故负直接责任，给予撤销行政职务，开除矿籍，留矿察看处分。

事故原因：

①溜子司机违章操作，启动溜子时未执行先点动。

②班长在未采取安全措施的情况下违章安排，对事故负直接责任。

矫正措施：

①加强安全管理工作，对存在的隐患及时采取措施进行处理，创造一个安全的作业环境。

②加强职工安全教育和岗位责任制培训，要求职工严格执行工种操作规程。

（二）运输班组常见违章操作的表现及其矫正

1. 运输班组常见违章操作的表现

在劳动生产过程中违反国家颁发的各种法规性文件和企业、事业单位及其上级管理机关制定的反映安全生产客观规律的各种规章制度，包括工艺技术、生产操作、劳动保护、安全管理等方面的规程、规则、章程以及有关安全生产的通知、决定等均属违章作业。运输班组的违章操作主要表现有：

（1）不按照规定正确穿戴和使用各类劳动保护用品。

（2）工作不负责任。擅自离岗、串岗、饮酒、干私活及在工作时间内从事与本职工作无关的活动。

（3）发现设备及安全防护装置缺损，不及时反映，继续操作；或自作主张，擅自将安全防护装置拆除并弃之不用。

（4）忽视安全、忽视警告，冒险进入危险区域。

（5）不按照操作规程、工艺要求操作设备。

（6）不按照操作规定，擅自在机器运转时进行加油、修理、检查。

（7）不按照规定及时清理作业现场，清除的废料、垃圾不向规定地点倾倒，工件和附件任意摆放，堵塞通道。

2. 运输班组违章操作的案例及其矫正

【案例】

2007年10月27日夜班，运输区电机车司机余开浪和押车工朱正辉开820号电机车送乘人车到西风井。在回赶时，电机车司机余开浪以5力以上速度超速行驶，行至－550西轨道大巷约1800米道岔处，由于电机车速度过快，机车过道岔时乘人车撞击销链车，将押车工朱正辉从车上甩下，跌落在巷道边，扭伤左膝，造成左膝侧副韧带挫伤。

事故原因：

①电机车司机余开浪违章开快车，在过道岔处不减速，致使销链车受撞倾斜，人被甩下；

②现场作业人员安全联保互保制度未落实，押车工朱正辉工作时精力不集中；

③安全制度落实不力，对于电机车车速，已从以前事故教训中吸取后进

行重新规定，但现场操作人员仍我行我素，对于制度规定置若罔闻。

矫正措施：

①在全区范围内认真排查人的不安全思想、不安全行为和物的不安全状态；

②严格遵守各项安全管理制度，严禁违章操作；

③加强互保联保，对违章行为不制止或制止不听的互保联保人将进行严肃处理；

④强化各级管理人员责任，加大现场排查与制度的落实执行。

（三）运输班组常见违反劳动纪律的表现及其矫正

1. 运输班组常见违反劳动纪律的表现

劳动纪律是在劳动过程中要求职工必须遵守的行为准则，是指劳动者在共同的劳动中必须遵守的规则和秩序，也是一种当事人的劳动法律关系，具有一定的强制性和约束力。这种规则和秩序要求每个劳动者必须按照规定的时间、质量、程序和方法，安全地去完成自己所承担的生产和工作任务。运输班组常见违反劳动纪律的表现有：

（1）不遵守劳动时间和单位的作息制度，旷工或无故迟到、早退。

（2）不坚守工作岗位，不服从运输班组长的分配和管理，消极怠工和玩忽职守，擅自脱离工作岗位。

（3）不努力工作，完不成生产任务。

（4）在工作时间内不遵守生产和工作秩序，东走西窜、嬉戏打闹及斗殴等。

（5）不爱护运输设备与设施，导致浪费，成本加大。

2. 运输班组违反劳动纪律的案例及其矫正

【案例】

2005年1月5日8:40时，地面点工王玉凤、岳树荣、李士兰聂敬秀四人和运输区职工张中龙，在将卸在地面的木料装入叉车的过程中，由于木料较粗，五人无法抬起，便用钢管斜支在叉车帮上向上滚动，当木料进入叉车时，木料将钢管压起，弹伤聂敬秀，造成右下颌骨开放性粉碎性骨折。

事故原因：

①伤者聂敬秀自保意识不强，握钢管的方法和位置不对，操作不当；

②一起作业时没有协调作业，配合不当。

矫正措施：

加强人员的安全教育，规范安全操作，提高安全意识。

第六章　班组应急救援与现场救护

第一节　班组应急救援

应急救援是防范事故灾难、减少事故损失的关键一环，在煤矿的安全生产中具有重要的地位和作用。《关于煤矿班组安全生产建设的指导意见》明确要求："加强班组应急救援知识培训，建立班组应急预案，加强模拟演练，熟悉防灾、避灾路线，增强自救处置能力。"

一、事故应急救援的原则与任务

1. 事故应急救援的基本原则

事故应急救援工作的基本原则是：在预防为主的前提下，坚持统一指挥、分级负责、区域为主、单位自救和社会救援相结合的原则。

事故应急救援是一项涉及面广、专业性很强的工作，应成立救援指挥部，在指挥部的统一指挥下，协同作战，迅速、有效地组织和实施应急救援，尽可能地避免和减少损失。

2. 事故应急救援的基本任务

事故应急救援的基本任务包括以下几个方面：

（1）立即组织营救受害人员，组织撤离或者采取其他措施保护危害区域内的其他人员。营救受害人员是应急救援的首要任务。

（2）及时控制危险源，并对事故造成的危害进行检验、监测，测定事故的危害区域、危害性质及危害程度。及时控制危险源是应急救援工作的重要任务。

（3）做好现场清洁，消除危害后果。

（4）查清事故原因，评估危害程度。

二、煤矿事故应急救援预案

煤矿事故应急救援预案是针对可能发生的重大事故所需的应急准备和响

应行动而制定的指导性文件，其重要内容包括方针与原则、应急策划、应急准备、应急响应、现场恢复、预案管理与评审改进六大要素。其编制的主要内容和格式为：

（一）应急预案概况

应急救援预案概况主要是描述基本情况，包括煤矿的地址、规模、经济性质、从业人数等内容，适当提供简述并有必要的说明，明确方针和原则作为指导应急救援工作的纲领。

（二）预防程序

预防程序是对潜在事故、可能的次生与衍生事故进行分析并说明所采取的预防和控制事故的措施。

（三）准备程序

在煤矿事故应急救援预案中应明确下列内容：

1. 指导方针

这是煤矿对应急预案基本思想的阐述。一般应简洁明了，但也应全面地阐述该应急预案的基本功能和执行过程。

2. 目的

应急预案的主要目的包括使灾难性事件不扩大及尽可能地减少人员伤亡和财产损失以及对环境产生的不利影响两个部分。

3. 关键岗位人员的确定及其责任

要想应急预案得以实施，承担预案执行过程的人选最为关键。尤其是总负责人，由于灾难性事件随时可能降临，而有关负责人却可能由于种种原因不能及时担负相应的责任。因而，在制订应急预案时应事先安排好接替者人选及排列顺序，以保证应急预案的执行。

4. 控制中心

煤矿应建立应急控制中心以负责指挥和协调处理有关问题。控制中心的位置应能保证其在大多数灾难性事件发生后仍能正常运转或受影响较小。

控制中心应具有接收和传送从中心到事件现场管理者和设施其他部分以及外部的信息和指示的能力。或考虑确定另外一个应急中心，以防主控制中心可能被有毒气体笼罩而不能使用。

5. 消防设备、设施

应急预案中应列出企业所有可用的消防设备、设施及其性能，适用范围，以及哪些是便携式的，哪些是固定的，正常应在的位置等。

6. 灾难性事件分类及描述

应急预案中应简单地将其所适用的灾难性事件予以分类并对各类灾难性事件予以适当的描述，以便于正确应用该计划。

7. 矿井分布图

应急预案中应具有矿井分布简图，以便于在灾难性事件发生后，合理地将矿井分解成不同的区域，及采取不同的处置措施。区域划分后，则须利用各区域详图，如地下管线分布图等进行具体的应急活动。

8. 医疗设备、设施

当医疗及急救设备数量较多时，应制图标明各设备、设施所在的地点、状态及数量。此外，应急预案中还应考虑应急抢救人员的选拔、培训，受伤人员的现场处理及运输方式和路线，与地方各医疗部门的联系及相关的物资、药品的供给等，同时将上述内容告知有关的保卫、安全、交通、消防及通信部门等。

9. 安全区分布图

对于不同的灾难性事件，均具有相应的相对安全的区域，而这类区域的分布图示对于在灾难性事件中人员疏散路线的安排及避难方式的选择极为重要。

10. 疏散路线

在应急预案中，应根据灾难性事件的类型、可能发生的地点及波及的区域，设计合理的疏散或营救路线，并设置相应的标志，将会较大地提高扩散效果，避免或减少不必要的损失。

11. 报警和联络

煤矿应能将任何突发的事故或紧急状态迅速通知给所有有关人员，并作出安排；煤矿应将报警步骤告知所有的人员以确保能尽快采取措施，控制势态的发展；煤矿应根据设施的规模考虑紧急报警系统的需求；警报响起时，为能尽快通知应急服务机构，矿井应保证具有一个可靠的通信系统。

在灾难性事件中，各项应急措施的实施与通信联系的保持紧密相关。这包括对内和对外两部分的通信联系。

对内，应使每个与应急预案相关的人都准确知道其应完成的任务及应当怎样完成，并应了解人员的所在位置及任务执行情况和相关现场的状态。除电话外，各类信号及报警装置实际上也起到了相应的作用。

对外联系则包括两部分，一是与公安、消防、医疗等部门的联系，以使灾难性事件的损失尽可能减少；二是与员工家属、产品订购方、供货方及公众的联系，这是避免不必要的恐慌和减少不良社会影响的主要手段。

12. 应急关闭

在灾难性事件发生后对能源供应系统及有关设备的应急关闭，对于保护职工的生命安全、煤矿的设备与资源及相邻区域的安全都起着非常重要的作用。爆炸物、燃料、高压线路及其他可能因灾难性事件引起严重后果的设备、设施都应采取应急关闭的措施。

由于这类应急关闭会使煤矿造成一定的损失，因而决策者必须明确应急关闭的条件，并作出正确的判断。

13. 安全保卫

在应急预案中，也应充分考虑安全保卫工作，这样既能减少不必要的损失，也能保持煤矿内部的稳定，避免失去对局面的控制。

14. 恢复与修理

在灾难性事件得到控制后，对关键设备的修复及对能源供给等方面的恢复也应在应急预案内加以考虑，这对于树立职工的信心和使煤矿及时恢复生产都极为重要。另一方面，能源及其他关键系统的关闭也会影响到许多救援及恢复工作的进行。

15. 运输

与通信一样，运输也是应付灾难性事件所必须具备的一项基本功能。将受伤害者送往医疗机构，抢险物资设备运到需要的区域，危险区域的人员迁移到安全地带等，都需要通过运输的手段来解决。而且应急预案中充分地考虑并合理地利用所有可能的运力，同时使相关人员作好相应的准备就会更好地实现这一目的。

16. 培训

在灾难性事件，特别是可能危及生命安全的灾难性事件面前，人们应当作出怎样的反应，极大程度取决于其在这方面所受到的教育与培训及其所具备的安全素质。因而在应急预案制订过程中，必须考虑怎样搞好相关的培训，保证应急预案的正确执行。应急演习是较为有效的培训形式之一。

17. 应急设施

应急设施是在灾难性事件发生后保护相关人员的重要手段。应急设施主要包括应急照明装置、报警及警告装置、指示标志与装置等。在应急预案中也应对这类设施、设备的布局及效能给予充分的考虑和论证。

18. 个体防护装备

个体防护装备包括个体保护装置和救援设备。在应急预案中主要应考虑选择和安置适用的个体防护设备及日常的维修保养和使用人员培训等。

（四）应急程序

（1）接警与通知。迅速、准确搜集事故的性质、规模等初始信息，并按预先确定的通报程序，迅速向企业主管部门、政府有关部门、应急机构等发出事故通知。

（2）指挥与控制。建立统一指挥、协调和决策的程序，以便对事故进行初始评估，确认紧急状态，迅速有效地进行应急决策，合理调配使用应急资源进行救灾。应急救援中心主要负责协调事故应急救援期间各个机构的运转。其中通信是应急指挥、协调和与外界联系的重要保障。

（3）抢险与救援。抢险与救援是应急救援工作的核心内容之一。其目的是为了尽快地控制事故的发展，防止事故的蔓延。

（4）事态监测与评估。在应急救援过程中必须对事故的发展态势及影响及时进行动态的监测，建立对事故现场及场外监测和评估的程序。

（5）警戒与治安。根据事故现场位置，预案中应规定煤矿井上、井下警戒区域，加强煤矿升井、入井管制和交通管制，维护现场治安秩序。

（6）人员紧急疏散、安置。依据对可能发生煤矿事故性质、场所、设施及周围情况的分析，确定事故现场人员清点、撤离的方式、方法；确定控制风流并通知引导现场人员紧急疏散的措施；为灾区创造自救条件；绘制矿井撤离路线图和井巷工程平面图。

（7）事故危险区的隔离。依据可能发生的煤矿事故危害类别、危害程度，以及对周围人群的影响，确定事故现场的隔离区域。

（8）受伤人员医疗救护。采取及时有效的现场急救以及合理的就近医院救治，根据不同情况，制订具有可操作性的医疗方案。

（9）公共关系。适当的时候，应将事故的信息、影响、救援进展情况等及时向媒体和公众进行统一发布。该部分应明确信息发布的审核和批准程序。

（10）应急人员安全。预案中应明确应急人员安全防护措施、个体防护等级、现场安全监测的规定；应急人员进出现场的程序；应急人员紧急撤离的条件和程序。

（五）对外联系

制定灾难性事件应急预案中的另一项重要工作是保持与外界的密切联系。

这主要包括与以下几个相关部门和人员的联系。

(1) 与救援、抢险有关的部门。

(2) 与灾难性事件处理相关的部门。

(3) 与灾难性事件波及的区域及人员。

(4) 与新闻媒体及公众。

(5) 与煤矿职工的家庭及相关人员。

三、防灾救灾安全教育与训练演习

(1) 根据灾害事故案例，对职工进行强制性的防灾救灾安全教育和培训，是贯彻“安全第一、预防为主、综合治理”方针的重要措施之一，是做好安全管理工作的重要环节。只有每个职工都能认识到矿井自然灾害的严重性、危险性，以及防灾救灾教育对矿井安全生产、消除事故隐患、减少人身伤亡和财产损失等方面的重大意义后，才能真正从思想和行动上做到自觉地遵章守纪、避免“三违”，增强法制观念，牢固地树立安全意识。

(2) 提高职工对灾害发生时的应变能力，要抓好训练和演习。当灾害事故发生时，要使每个职工能做好自主安保，正确地进行自救互救和安全脱险，就要靠平时加强救灾方面的技能训练和演习。通过训练和培训，达到人人能熟练地佩戴自救器，懂得防御窒息、火焰烧伤、一氧化碳中毒等临时性防护措施，熟悉各种灾害发生时的避灾路线和安全出口等应变技能。

第二节　事故现场的避灾与救灾

矿井发生事故后，矿山救护队不可能立即到达事故地点进行抢救。因此，正确进行井下避灾、救灾与事故的应急处理，并展开自救互救，对降低事故危害程度，减少人员伤亡具有重要的作用和意义。班组作为煤矿最基层的生产管理组织，是煤矿生产经营活动最基本的单位，处于安全第一线，是做好安全生产的第一责任者，又是在发生重大灾害事故初期现场抢险救灾的第一实行者，所以其责任十分重大。

一、井下避灾的行动原则

煤矿井下发生事故时，现场人员应该遵循以下行动原则：

1. 及时报告灾情

(1) 在保证自身安全的情况下，通过直观感觉和经验，观察和分析判断事故性质、地点、灾害程度，尽快向矿调度室汇报。

（2）迅速向事故可能波及的区域发出警报。

（3）只汇报看到的异常现象（烟、火）、听到的异常声音、感觉到的异常冲击（气浪）。

（4）汇报时不能凭想象判定事故性质（如看见烟就认定发生火灾，遇到气浪冲击就认定发生爆炸），以免领导作出错误决策。

（5）原则上不能不汇报而自行处理灾变。特别是爆炸、火灾、瓦斯突出等事故，工人是没有能力处理的。

2. 积极抢救

（1）根据现场灾情和条件，现场人员及时利用现场的设备、材料，在保证自身安全的条件下，全力抢险。

（2）抢险时要保持统一指挥，严禁各行其是或单一行动。

（3）严禁冒险蛮干，并要注意灾区条件变化，特别是气体和顶板情况。

3. 安全撤离

当灾害发展迅猛，无法进行现场抢救，或灾区条件急剧恶化，可能危及现场人员安全，以及接到命令要求撤离时，现场人员应有组织地撤离灾区。撤离灾区时应遵守下列行动准则：

（1）沉着冷静。要保持清醒的头脑，临危不乱；树立坚定的信心安全撤出灾区，并在各环节上作好充分准备，谨慎妥善行动。

（2）认真组织。在老工人和党员干部带领下，统一行动、听从指挥，不得各行其是、盲目蛮干。

（3）团结互助，照顾好伤员和老弱者。

（4）选择正确的避灾路线。尽量选择安全条件好、距离短的路线，切忌图省事或怀着侥幸心理冒险行动，也不能犹豫不决而贻误时机。

（5）加强安全防护。撤退前，所有人员要使用好必备的防护用品和器具（如自救器、湿毛巾）。行动途中不得狂奔乱跑，遇积水区、冒落区、溜煤眼等危险地区，应先探明情况，谨慎行进。

（6）撤退中时刻注意风向及风量的变化，注意是否出现火烟或爆炸征兆。

4. 妥善避灾

撤退中若遇通道堵塞或自救器有效时间已到，无法继续撤离时，应找永久避难硐室或自己建造临时避难硐室待救。避难时的注意事项如下：

（1）在室外留有明显标志（如矿灯、衣物）。

（2）保持安静，不急躁，尽量俯卧于巷道底板或水沟内。

（3）室内只留一盏矿灯。

（4）发出呼救信号（如敲打铁管或岩石，但不能敲打支架）。

（5）团结互助，坚定信心，相互安慰。

（6）时刻注意避难地点气体和顶板情况。遇到烟气侵袭等情况时，应采取安全措施或设法安全撤离。

二、班组长救灾避险的应急措施

班组长作为煤矿生产第一线的指挥者，当发生灾害时应做到：

1. 及时向矿调度室报告灾情

（1）灾害事故发生以后，事故地点及附近的人员应利用电话或派出人员等方法，迅速将事故的性质、发生地点、时间、原因和危害程度向矿调度室紧急报告；井下其他区域人员在发现异常现象后，也应及时汇报。

（2）根据事故性质和蔓延趋势，以最迅速有效的方式，向可能受威胁区域的人员发出警报通知。

（3）在抢救事故期间，现场指挥人员应随时向矿调度室汇报灾情状况和抢救工作的进展情况（如现有抢救力量、人员的情绪及身体状况、救灾的现有条件、事故发展趋势及后果、所采取的措施及所取得的效果等）。也可对下一步抢救工作的开展，提出意见和建议。

2. 临场指挥与抢救遇难人员

在灾害发生初期，班组长是临时抢救遇难人员的先驱指挥者。在灾害刚刚发生时，班组长要设法稳定遇难尚存人员的情绪，并把握一切有利时机，协助受伤、受惊人员脱离险区，竭尽所能地抢救遇难人员，最大限度地减少伤亡。

3. 查点现场人数，组织带领工人抗灾抢救

班组长到达受灾现场后首先要查点灾区内外全体职工的人数，做到无一遗漏，以便采取各种办法帮助其躲避灾难。在灾害事故发生的初期阶段，所波及的范围和造成的危害一般是比较小的。班组长要根据灾情和现有条件，在保证自身安全的前提下，及时投入现场抢救，将事故消灭在初期阶段或控制在最小范围内，减少伤亡和损失。

正确地进行事故抢救，首先是正确地判断灾情，其次是正确进行抢险救灾。

（1）正确判断灾情。

①依靠灾区附近和出事地点人员的直观感觉和可能利用的手段，仔细地

观察事故造成的各种异常变化和迹象（如烟雾、温度、风流状态、空气成分、巷道支护、涌水，等等），认真分析判断事故的性质和发生的原因。

②查明事故发生的地点，并对灾害可能波及的范围和危害程度作出判断。

③根据事故性质和发生地点，结合井下巷道布置、通风系统、人员分布等情况，迅速判断有无诱发和伴生其他灾害事故的可能性。

④分析判断自己所在地点的安全条件，为抢险救灾或安全避灾提供依据，做好准备。

（2）正确进行抢险救灾。在查明灾情确实可抢救后，必须按《煤矿安全规程》和《矿井灾害预防和处理计划》的规定要求和办法，积极地投入到扑灭灾害的工作中。现场班组长要统一指挥和严密组织，还要根据灾情和客观条件，采取合理有效的措施，力求将灾害彻底扑灭：如因灾情严重或条件不足，在短时间内难以消除事故时，则应尽最大努力将事故控制在最低程度，阻止灾情扩大。在救灾过程中，无论发生什么情况，都必须首先做好自身防护，切实保障救灾人员的安全，要提高警惕，避免中毒、窒息、爆炸、触电、二次突水、顶帮二次垮落等次生事故的发生。

4. 听候指挥部命令，完成安全撤离任务

当灾情发展迅猛，已无法进行现场抢救，并可能危及人员安全时，要立即请求指挥部决策，在接到上级领导指示撤退命令后，现场班组长应立即有组织地带领灾区职工撤离灾区。

第三节　现场急救方法

搞好煤矿现场急救的目的，在于尽可能地减轻伤员痛苦，防止病情恶化，防止和减少并发症的发生，挽救伤员生命。

一、现场急救基本原则

矿工互救必须遵守“三先三后”的原则：

（1）窒息（呼吸道完全堵塞）或心跳、呼吸骤停的伤员，必须先进行人工呼吸或心脏复苏后再搬运。

（2）对出血伤员，先止血，后搬运。

（3）对骨折的伤员，先固定，后搬运。

二、现场急救的关键

现场急救的关键在于“及时”，人员受伤后，2min 内进行急救的成功率可达 70%，4min ~ 5min 内进行急救的成功率可达 43%，15min 以后进行急救的成功率则较低。据统计，现场创伤急救搞得好，可减少 20% 伤员的死亡。

三、现场急救方法

现场急救的方法包括人工呼吸、心脏复苏、止血、创伤包扎、骨折临时固定和伤员搬运。

（一）人工呼吸

人工呼吸适用于触电休克、溺水、有害气体中毒、窒息或外伤窒息等引起的呼吸停止、假死状态者。如果呼吸停止不久，大都能通过人工呼吸抢救过来。

在施行人工呼吸前，先要将伤员运送到安全、通风良好的地点，将伤员领口解开，放松腰带，注意保持体温，腰背部垫上软的衣服等。先清除口中污物，把舌头拉出或压住，防止堵住喉咙、妨碍呼吸。各种有效的人工呼吸都必须在呼吸道畅通的前提下进行。常用的方法有口对口吹气法、仰卧压胸法和俯卧压背法三种。

1. 口对口吹气法

它是效果最好、操作最简单的一种人工呼吸方法。操作前使伤员仰卧，救护者在其头的一侧，一只手托起伤员下颌，并尽量使其头部后仰，另一只手将其鼻孔捏住，以免吹气时从鼻孔漏气；救护者深吸一口气，紧对伤员的口将气吹入，造成伤员吸气，然后松开捏鼻的手，并用手压其胸部以帮助伤员呼气。如此有节律、均匀地反复进行，每分钟应吹气 14 ~ 16 次。注意吹气时切勿过猛、过短，也不宜过长，以占一次呼吸周期的 1/3 为宜。

2. 仰卧压胸法

让伤员仰卧，救护者跨跪在伤员大腿两侧，两手拇指向内，其余四指向外伸开，平放在其胸部两侧乳头之下，借半身重力压伤员胸部，挤出伤员肺内空气；然后，救护者身体后仰，除去压力，伤员胸部依其弹性自然扩张，使空气吸入肺内。如此有节律地进行，要求每分钟压胸 16 ~ 20 次。

此法不适用于胸部外伤或二氧化硫、二氧化氮中毒者，也不能与胸外心脏按压法同时进行。

3. 俯卧压背法

此法与仰卧压胸法操作大致相同，只是伤员俯卧，救护者跨跪在伤员大腿两侧。因为这种方法便于排出肺内水分，因而对溺水者急救较为适合。

(二) 心脏复苏

心脏复苏操作主要有心前区叩击术和胸外心脏按压术两种方法。

1. 心前区叩击术

心脏骤停后立即叩击心前区，叩击力中等，一般可连续叩击3~5次，并观察脉搏、心音。若恢复则表示复苏成功；反之，应立即放弃，改用胸外心脏按压术。操作时，使伤员头低脚高，施术者以左手掌置其心前区，右手握拳，在左手背上轻叩。

2. 胸外心脏按压术

此法适用于各种原因造成的心跳骤停者。在胸外心脏按压前，应先做心前区叩击术，如果叩击无效，应及时、正确地进行胸外心脏按压。其操作方法是：

首先使伤员仰卧在木板上或地上，解开其上衣和腰带，脱掉其胶鞋。救护者位于伤员左侧，手掌面与前臂垂直，一手掌面压在另一手掌面上，使双手重叠置于伤员胸骨1/3处（其下方为心脏），以双肘和臂肩之力有节奏地、冲击式地向脊柱方向用力按压，使胸骨压下3cm~4cm（有胸骨下陷的感觉就可以了）；按压后，迅速抬手使胸骨复位，以利于心脏的舒张。按压次数，以每分钟60~80次为宜。按压过快，心脏舒张不够充分，心室内血液不能完全充盈；按压过慢，动脉压力低，效果也不好。

(三) 止血

止血的方法很多，常用的暂时性止血方法有以下几种：

1. 指压止血法

即在伤口附近靠近心脏一端的动脉处，用拇指压住出血的血管，以阻断血流。此法是用于四肢大出血的暂时性止血措施。在指压止血的同时，应立即寻找材料，准备换用其他止血方法。

当前臂和小腿动脉出血不能制止时，如果没有骨折和关节脱位，可采用加垫屈肢止血法止血。

在肘窝处或膝窝处放入叠好的毛巾或布卷，然后屈肘关节或屈膝关节，再用绷带或宽布条等将前臂与上臂或小腿与大腿固定。

当上肢或下肢大出血时，在井下可就地取材，使用软胶管或衣服、布条等作为止血带，压迫出血伤口的近心端进行止血。

止血带的使用方法：

（1）在伤口近心端上方先加垫。

（2）急救者左手拿止血带，上端留5寸，紧贴加垫处。

（3）右手拿止血带长端，拉紧环绕伤肢伤口近心端上方两周，然后将止血带交左手中、食指夹紧。

（4）左手中、食指夹止血带，顺着肢体下拉成环。

（5）将上端一头插入环中拉紧固定。

（6）在上肢应扎在上臂的上1/3处，在下肢应扎在大腿的中下1/3处。

2. 加压包扎止血法

此法主要适用于静脉出血的止血。其方法是：将干净的纱布、毛巾或布料等盖在伤口处，然后用绷带或布条适当加压包扎，即可止血。压力的松紧度以能达到止血而不影响伤肢血液循环为宜。

（四）创伤包扎

包扎的目的是保护伤口和创面、减少感染、减轻痛苦。例如，加压包扎有止血作用；用夹板固定骨折的肢体时需要包扎，以减少继发性损伤，也便于送往医院。

包扎时使用的材料主要有绷带、三角巾、头巾等。现场进行创伤包扎可就地取材，用毛巾、手帕、衣服撕成的布条等进行。

包扎的方法有以下几种：

1. 布条包扎法

（1）环形包扎法。该法适用于头部、颈部、腕部及胸部、腹部等处。将布条做环形重叠缠绕肢体数圈后即成。

（2）螺旋形包扎法。该法适用于前臂、下肢和手指等部位的包扎。先用环形法固定起始端，再把布条渐渐地斜旋上缠或下缠，每圈压前圈的一半或1/3，呈螺旋形，尾部在原位上缠两圈后予以固定。

（3）螺旋反折包扎法。该法多用于粗细不等的四肢包扎。开始先做螺旋形包扎，待到渐粗的地方，以一手拇指按住布条上面，另一手将布条自该点反折向下，并遮盖前圈的一半或1/3。各圈反折须排列整齐，反折头不宜在伤口和骨头突出部分。

（4）"8"字包扎法。该法多用于关节处的包扎。先在关节中部环形包扎两圈，然后以关节为中心，从中心向两边缠，一圈向上，一圈向下，两圈在关节屈侧交叉，并压住前圈的1/2。

2. 毛巾包扎法

（1）头顶部包扎法。毛巾横盖于头顶部，包住前额，两角拉向头后打结，两后角拉向下颌打结。或者是毛巾横盖于头顶部，包住前额，两前角拉向头后打结，然后两后角向前折叠，左右交叉绕到前额打结。如毛巾太短可接带子。

（2）面部包扎法。将毛巾横置，盖住面部，向后拉紧毛巾的两端，在耳后将两端的上、下角交叉后分别打结，眼、鼻、嘴处剪洞。

（3）下颌包扎法。将毛巾纵向折叠成四指宽的条状，在一端扎一小带，毛巾中间部分包住下颌，两端上提，小带经头顶部在另一侧耳前与毛巾交叉，然后小带绕前额及枕部与毛巾另一端打结。

（4）肩部包扎法。单肩包扎时，毛巾斜折放在伤侧肩部，腰边穿带子在上臂固定，叠角向上折，一角盖住肩的前部，从胸前拉向对侧腋下，另一角向上包住肩部，从后背拉向对侧腋下打结。

（5）胸部包扎法。全胸包扎时，毛巾对折，中间穿带子，由胸部围绕到背后打结固定。胸前的两片毛巾折成三角形，分别将角上提至肩部，包住双侧胸，两角各加带过肩到背后与横带相遇打结。

背部包扎与胸部包扎法相同。

（6）腹部包扎法。将毛巾斜对折，中间穿小带，小带的两头拉向后方，在腰部打结，使毛巾盖住腹部。将上、下两片毛巾的前角各扎一小带，分别绕过大腿根部与毛巾的后角在大腿外侧打结。

臂部包扎与腹部包扎法相同。

（五）骨折的固定

骨折固定可减轻伤员的疼痛，防止因骨折端移位而刺伤邻近组织、血管和神经，也是防止创伤休克的有效急救措施。

骨折固定的操作要点如下：

（1）要进行骨折固定时，应使用夹板、绷带、三角巾、棉垫等物品。

（2）骨折固定应包括上、下两个关节，在肩、肘、腕、股、膝、踝等关节处应垫棉花或衣物，以免压破关节处皮肤，固定应以伤肢不能活动为度，不可过松或过紧。

（3）搬运时要做到轻、快、稳。

（六）伤员搬运

搬运时应尽量做到不增加伤员的痛苦、避免造成新的损伤及合并症。

现场常用的搬运方法有担架搬运法、单人或双人徒手搬运法等。

（1）担架搬运法。

①担架可用特制的担架，也可用绳索、衣服、毛毯等做成简易担架。

②由 3 ~4 人合成一组，小心谨慎地将伤员移上担架。

③伤员头部在后，以便后面抬担架的人随时观察伤情的变化。

④抬担架时应尽量做到轻、稳、快。

⑤向高处抬时（如走上坡），前面的人要放低，后面的人要抬高，以保持担架水平状；走下坡时则相反。

（2）单人徒手搬运法。单人搬运法适用于伤势比较轻的伤病员，采取背、抱或扶持等方法。

（3）双人徒手搬运法。双人搬运可一人搬托双下肢、一人搬托腰部。在不影响病伤的情况下，还可用椅式、轿式和拉车式。

四、对不同伤员的现场急救

1. 对中毒或窒息人员的急救

（1）立即将伤员从危险区抢运到新风流中，取平卧位。

（2）立即将伤员口、鼻内的黏液、血块、泥土、碎煤等除去，解开上衣和腰带，脱掉胶鞋。

（3）用衣服覆盖在伤员身上保暖。

（4）根据心跳、呼吸、瞳孔等特征和伤员的神志情况，初步判定伤情的轻重。

（5）当伤员出现眼红肿、流泪、畏光、喉痛、咳嗽、胸闷现象时，说明是二氧化硫中毒所致。

当出现眼红肿、流泪、喉痛及手指、头发呈黄褐色现象时，说明伤员是二氧化氮中毒。

一氧化碳中毒的显著特征是嘴唇呈桃红色，两颊有红斑点。

对二氧化硫、二氧化氮的中毒者只能进行口对口的人工呼吸，不能进行压胸或压背法的人工呼吸。

（6）人工呼吸持续的时间以恢复自主性呼吸或到伤员真正死亡时为止。当救护队来到后，转由救护人员用苏生器苏生。

2. 对外伤人员的急救

对外伤人员的急救，包括对烧伤人员的急救、对出血人员的急救和对骨折人员的急救。分别采用包扎创伤面、止血和骨折临时固定等急救措施，然后迅速送到地面，到医院救治。

3. 对溺水者的急救

人员溺水时，可能造成呼吸困难而窒息死亡。应采取如下措施急救：

（1）转送：把溺水者从水中救出后，立即送到比较温暖、空气流动的地方，松开腰带，脱掉湿衣服，盖上干衣服保温。

（2）检查：检查溺水者的口、鼻，如果有泥水和污物堵塞，应迅速清除，擦洗干净，以保持呼吸道通畅。

（3）控水：将溺水者取俯卧位，用木料、衣服等垫在其肚子下面；施救者左腿跪下，把溺水者的腹部放在右侧大腿上，使其头朝下；按压其背部，迫使水从体内流出。

（4）上述控水效果不理想时，应立即做俯卧压背法人工呼吸或口对口吹气法，或胸外心脏按压法。

4. 对触电者的急救

（1）立即切断电源，或使触电者脱离电源。

（2）迅速观察伤员有无呼吸和心跳。如发现已停止呼吸或心音微弱，应立即进行人工呼吸或胸外心脏按压。

（3）若呼吸和心跳都已停止，应同时进行人工呼吸和胸外心脏按压。

（4）对遭受电击者，若有其他损伤，如跌伤、出血等应作相应的急救处理。

5. 对冒顶埋压人员现场急救

（1）扒伤员时须注意不要损伤人体。靠近伤员身边时，扒掘动作要轻巧稳重，以免对伤员造成伤害。

（2）如果确知伤员头部位置，应先扒去其头部煤岩块，以使头部尽早露出外面。头部扒出后，要立即清除口腔、鼻腔的污物。与此同时扒身体其他部位。

（3）此类伤员常常发生骨折，因此，在扒掘与抬离时必须十分小心。严禁用手去拖拉伤员双脚或用其他粗鲁动作，以免加重伤势。

（4）当伤员呼吸困难或停止呼吸时，可进行口对口人工呼吸。

（5）有大出血者，应立即止血。

（6）有骨折者，应用夹板固定。如怀疑有脊柱骨折的，应该用硬板担架转运，千万不能由人扶持或抬运。

（7）转运时须有医务人员护送，以便对发生的危险情况给予急救。

6. 对长期被困在井下的人员急救

（1）严禁用矿灯照射遇险者的眼睛，应用毛巾、衣服片、纸张等蒙住其眼睛。

（2）用棉花或纸张等堵住双耳。

（3）注意保温。

（4）不能立即升井，应将其放在安全地点逐渐适应环境和稳定情绪。待情绪稳定，体温、脉搏、呼吸及血压等稍有好转后，方可升井送医院。

（5）搬运时要轻抬轻放、缓慢行走，注意伤情变化。

（6）升井后和治疗初期，劝阻亲属探视，以免伤员过度兴奋发生意外。

（7）不能让其吃过量或硬的食物，限量吃一些稀软易消化的食物，使肠胃功能逐渐恢复。

第四节　自救器的使用

《煤矿安全规程》规定："入井人员必须戴安全帽、随身携带自救器和矿灯，严禁携带烟草和点火物品，严禁穿化纤衣服，入井前严禁喝酒。"自救器是一种体积小、轻便、携带方便、戴用迅速、作用时间短的个人呼吸保护装备，当井下发生火灾、爆炸、煤和瓦斯突出等事故时，供人员佩戴免于中毒或窒息之用。

自救器有过滤式和隔离式两类。过滤式自救器因为仅能防护一氧化碳一种气体，对其他毒气不起防护作用，而且不能提供人呼吸所需的氧气，所以目前我国大多数煤矿不采用过滤式自救器而采用隔离式自救器。

隔离式自救器提供人呼吸所需的氧气，人的呼吸在人体与自救器之间循环进行，与外界空气成分无关，所以它能防护各种毒气。根据隔离式自救器中氧气来源的不同又分为化学氧隔离式自救器和压缩氧隔离式自救器两种。

一、化学氧隔离式自救器

化学氧隔离式自救器利用化学生氧物质产生氧气，供人员从火灾、爆炸、突出灾区撤退脱险用。

1. 化学氧隔离式自救器的防护特点

（1）提供人员逃生时所需的氧气。

（2）整个呼吸在人体与自救器之间循环进行，与外界空气成分无关，能防护各种毒气。

（3）用于从火灾、爆炸、突出的灾区中逃生。

化学氧隔离式自救器的使用方法按如下程序进行：

（1）佩用位置：将腰带穿入自救器的腰带环内，并固定在背部后侧腰间。

（2）开启扳手：使用时，先将自救器沿腰带转到右侧腹前，左手托底，右手下拉护罩胶片，使护罩挂钩脱离壳体丢掉。再用右手掰锁口带扳手至封条断开后，丢开锁口带。

（3）去掉上外壳：左手抓住下外壳，右手将上外壳用力拔下丢掉。

（4）套上挎带：将挎带套在脖子上。

（5）提起口具并立即戴好：用力提起口具，靠拴在口具与启动环间的尼龙绳的张力将启动针拔出，此时气囊逐渐鼓起。立即拔掉口具塞并同时将口具放入口中，口具片置于唇齿之间，牙齿紧紧咬住牙垫，紧闭嘴唇。

若尼龙绳被拉断，气囊未鼓，可以直接拉起启动环。

（6）夹好鼻夹：两手同时抓住两个鼻夹垫的圆柱形把柄，将弹簧拉开，憋住一口气，使鼻夹垫准确夹住鼻子。

（7）调整挎带，去掉外壳：如果挎带过长，抬不起头，可以拉动挎带上的大圆环，使挎带缩短，系在小圆环上，然后抓住下外壳两侧，向下用力将外壳丢掉。

（8）系好腰带：将腰带上头绕过后腰插入腰带另一头的圆环内系好。

（9）退出灾区：上述操作完毕后，开始撤离灾区。若感到吸气不足，应放慢脚步，做长呼吸，待气量充足再快步行走。

2. 使用化学氧隔离式自救器时的注意事项

（1）在井下工作，当发现有火灾或瓦斯爆炸现象时，必须立即佩用自救器，撤离现场。

（2）使用自救器时，应注意观察漏气指示器的变化情况，如发现指示器变红，则仪器需要维护，应停止使用。

（3）当空气中的一氧化碳浓度达到或超过0.5%，吸气时会有些干、热的感觉，这是自救器有效工作的正常现象。必须使用到安全地带，方能取下自救器，切不可因干、热感觉而取下。

（4）携带自救器时，尽量减少碰撞，严禁当坐垫或用其他工具敲砸自救器，特别是内罐。

（5）在使用过程中，因外壳碰瘪，不能取出过滤罐，则带着外壳也能呼吸。为了减轻牙齿的负荷可以用手托住罐体。

（6）佩用自救器撤离时，要求匀速行走，保持呼吸均匀。禁止狂奔和取下鼻夹、口具或通过口具说话。

（7）长期存放处应避免日光照射和热源直接影响，不要与易燃和有强腐蚀性的物质同放一室，存放地点应尽量保持干燥。

（8）过期和不能使用的自救器，可以打开外壳，拧开启动器盖，用水充分冲洗内部的生氧药品，然后才能处理，切不可乱丢内罐和药品，以免引起火灾事故。

二、压缩氧隔离式自救器

压缩氧隔离式自救器是利用装在氧气瓶中的压缩氧气供氧的隔离式呼吸保护器，是一种可反复多次使用的自救器。每次使用后，只需要更换吸收二氧化碳的氢氧化钙吸收剂和重新充装氧气，即可重复使用。

1. 压缩氧隔离式自救器的防护特点

（1）提供人员逃生时所需氧气，能防护各种毒气。

（2）可反复多次使用。

（3）用于有毒气或缺氧的环境条件下。

（4）可用于压风自救系统的配套装备。

压缩氧隔离式自救器的使用方法按如下程序进行：

（1）携带时挎在肩膀上。

（2）使用时，先打开外壳封口带扳把。

（3）打开上盖，然后左手抓住氧气瓶，右手用力提上盖，氧气瓶开关即自动打开，最后将主机从下壳中拖出。

（4）摘下帽子，套上挎带。

（5）拔开口具塞，将口具放入嘴内，牙齿咬住牙垫。

（6）将鼻夹夹在鼻子上，开始呼吸。

（7）在呼吸的同时，按动补给按钮，大约 1s ~ 2s 将气囊充满，立即停止。

（8）挂上腰钩。

2. 使用压缩氧隔离式自救器时的注意事项

（1）高压氧瓶储装有 20MPa 的氧气，携带过程中要防止撞击、磕碰或当坐垫使用。

（2）携带过程中严禁开启扳把。

（3）佩用这种自救器撤离时，严禁摘掉口具、鼻夹或通过口具讲话。

第七章 职业危害与职业病防治

第一节 煤矿职业危害因素

在生产劳动过程中存在的对职工健康和劳动能力产生有害作用并导致疾病的因素，称为职业危害因素。在煤矿企业中，主要的职业危害因素有生产性粉尘、有害气体、生产性噪声和震动、不良气象条件和放射性物质等。

一、生产性粉尘

（1）矽尘。矽尘指游离二氧化硅含量超过10%的无机性粉尘。长期接触矽尘可能产生的职业病为矽肺。煤矿产生矽尘的工种包括岩巷凿岩、装载、掘进；出矸推车；半煤岩巷打眼、爆破；喷浆砌碹；煤巷加固等。

（2）煤尘。煤尘的游离二氧化硅含量超过10%，长期接触煤尘可能产生的职业病为煤工尘肺。煤矿产生煤尘的工种包括采煤面各工种；煤巷掘进各工种；井下运输、转载；洗煤厂运输、转载、筛选、破碎等。

（3）水泥粉尘。长期接触水泥粉尘可能产生的职业病为水泥尘肺。煤矿产生水泥粉尘的工种包括喷浆、拌料、砌碹等。

二、有毒有害气体

煤矿生产中可能存在的有毒有害气体主要有一氧化碳、硫化氢、氮氧化合物、二氧化硫、氨、二氧化碳，这些气体都可能导致中毒性职业病甚至死亡。

（1）一氧化碳。一氧化碳无色、无味、无臭，比空气轻，易燃易爆。煤尘爆炸、瓦斯爆炸时能产生大量一氧化碳。可能接触一氧化碳的工种包括井下通风、岩巷爆破、煤巷爆破、采煤打眼、水力采煤、采煤支护、机械采煤各工种等。

（2）硫化氢。硫化氢具有臭鸡蛋气味且易燃易爆。可能接触硫化氢的工种包括井下通风、爆破采煤、采煤支护、机械采煤、采煤运输、采煤装载、井下积水的老塘和老空区等。

（3）二氧化氮。二氧化氮具有刺激性，比空气轻，较难溶于水，可随呼吸进入到肺的深部，对肺组织产生强烈的刺激和腐蚀作用。可能接触二氧化氮的工种包括岩巷爆破、煤巷爆破、爆破采煤等。

（4）二氧化硫。二氧化硫主要通过呼吸道吸入而产生中毒作用，其次是皮肤黏膜的接触吸收。煤矿矿井中二氧化硫的来源为含硫矿物的氧化和自燃以及井下爆破。

（5）二氧化碳。二氧化碳比空气轻，一般多积聚于巷道低处及通风不良的废巷中。煤矿矿井中二氧化碳的来源为煤层逸出（或突出）、坑木腐烂、人员呼吸、煤自然发火、爆破等。

（6）氨。氨是无色有恶臭气味的气体，极易溶于水而形成氨水。煤矿矿井中氨的来源为采用冻结法开凿立井工艺、某些矿井岩石中天然逸出。

三、其他职业危害因素

（1）高温。随着矿井开采深度的延伸，矿井下作业环境中的温度逐渐升高，同时伴随高气温，影响作业人员的身体健康，降低作业能力和协调性，容易造成事故发生。

（2）噪声。噪声是煤矿生产中常见的职业危害因素，凿岩、打眼、通风机、绞车、压风机、选煤车间筛分、破碎等皆能产生较高噪声。长期接触高噪声能引起职业性噪声聋，并可诱发其他疾病。

第二节　职业病及其防治

一、煤矿职业病种类及界定条件

职业病是指企业、事业单位和个体经济组织的劳动者在职业活动中，接触粉尘、放射性物质和其他有毒有害物质等因素而引起的疾病。由国家主管部门公布的职业病目录所列的职业病称为法定职业病。

《职业病目录》将10类共115种职业病列入法定职业病：

（1）尘肺，13种。

（2）职业性放射性疾病，11种。

（3）化学因素所致职业中毒，56种。

（4）物理因素所致职业病，5种。

（5）生物因素所致职业病，3种。

（6）职业性皮肤病，8种。

（7）职业性眼病，3种。

（8）职业性耳、鼻、喉口腔疾病，3种。

（9）职业性肿瘤，8种。

（10）其他职业病，5种。

构成《职业病防治法》所称的职业病，必须具备四个要件：

（1）患病主体必须是企业、事业单位或者个体经济组织的劳动者。

（2）必须是在从事职业活动的过程中产生的。

（3）必须是因为接触粉尘、放射性物质和其他有毒、有害物质等职业病危害因素而引起的。其中放射性物质是指放射性同位素或射线装置发出的α射线、β射线、γ射线、χ射线、中子射线等电离辐射。

（4）必须是国家公布的职业病分类和目录所列的职业病。

由于预防工作的疏忽及技术局限性，使健康受到损害的，称为职业性病损，包括工伤、职业病（包括职业中毒）及和工作有关的疾病。也可以说，职业病是职业性病损的一种形式。

二、煤矿常见职业病

（1）矽肺，是由于在职业活动中长期吸入含游离二氧化硅10%以上的生产性粉尘（矽尘）而引起的以肺组织弥漫性纤维化为主的全身性疾病。

（2）煤工尘肺，是由于在煤炭生产活动中长期吸入煤尘并在肺内滞留而引起的以肺组织弥漫性纤维化为主的全身性疾病，是我国煤炭行业累计患病人数、每年发病人数最多，对煤矿工人身体健康危害最大的职业病。

（3）水泥尘肺，是由于在职业活动中长期吸入较高浓度的水泥粉尘而引起的一种尘肺病。煤矿生产活动中接触水泥尘的工种主要有拌料、喷浆、锚喷等。水泥尘肺发病工龄较长，病情进展缓慢，发病工龄多在10~15年。

（4）氧化碳中毒，主要为急性中毒，是吸入较高浓度一氧化碳后引起的急性脑缺氧疾病，少数患者可有迟发的神经精神症状。人在一氧化碳浓度为115m9/m^3（92ppm）环境中，至多2小时即可发生中毒；空气中的一氧化碳浓度为1%（10000ppm），人呼吸数次后就会昏迷，1~2分钟便可死亡。

（5）氮氧化物中毒，主要为急性中毒，短期内吸入较大量氮氧化物气体，引起的以呼吸系统损害为主的全身性疾病。主要对肺组织产生强烈的刺激和腐蚀作用，可引起支气管和肺水肿，重度中毒者可发生窒息死亡。

（6）硫化氢中毒，主要为急性中毒，短期内吸入较大量硫化氢气体后引起的以中枢神经系统、呼吸系统为主的多器官损害的全身性疾病。硫化氢为化学性窒息性气体，职业性急性硫化氢中毒主要表现为眼刺痛、咽部灼热感、咳嗽等刺激症状，接触浓度较高时，人在瞬间即出现“闪电型”中毒，在数秒到数分钟即发生昏迷乃至死亡。

(7) 二氧化硫中毒，主要通过呼吸道吸入而产生中毒，以呼吸系统损害为主。急性中毒为短时间内接触高浓度的二氧化硫气体引起，严重者可出现昏迷或窒息死亡。慢性中毒为长时间接触低浓度二氧化硫，经长期刺激使嗅觉迟钝、味觉下降，出现慢性鼻炎、咽炎、支气管炎，并伴有头痛、头晕、乏力等全身症状。

(8) 二氧化碳中毒，低浓度时呼吸中枢兴奋，如浓度达到3%时，呼吸加深；高浓度时抑制呼吸中枢，如浓度达到8%时，呼吸困难，呼吸频率增加。短时间内吸入高浓度二氧化碳，主要是对呼吸中枢产生毒性作用，可致死亡。

(9) 氨气中毒，氨为刺激性气体，低浓度氨对眼和上呼吸道黏膜有刺激作用。高浓度氨会引起支气管炎症及中毒性肺炎、肺水肿、皮肤和眼的灼伤。

(10) 职业性噪声聋，是在职业活动中长期接触高噪声而发生的一种进化性的听觉损伤。早期会出现听力下降，继续长期接触，听力损失不能完全恢复，由功能性改变发展为器质性退行性病变，即职业性噪声聋。对噪声聋，目前还没有有效的治疗方法。

(11) 滑囊炎，是指滑囊的急性或慢性炎症。该病是由于长期、持续、反复、集中和力量稍大的摩擦和压迫而引起的疾病。煤矿井下工人滑囊炎的患病率约为1.6%。工龄越长、年龄越大、患病率越高。不同工种的患病率是有差异的，其中采煤工最高（65.78%），其次是掘进和开拓工（20.15%）。

三、煤矿职业病的防治

煤矿职业病的防治，坚持“预防为主”的方针，遵循“三级预防”的原则。第一级预防是使劳动者尽可能不接触职业危害因素，即使在职业危害不可避免的情况下，采取措施降低生产环境中职业危害因素浓度或强度，使之达到国家职业卫生标准；第二级预防是通过早期发现职业损害，并及时处理，防止进一步发展；第三级预防是对已患职业病者，及时做出诊断和恰当的治疗，防止恶化和发生并发症，促进康复。

第三节　尘肺病及其防治

煤矿尘肺分为三种：矽肺、煤肺和煤矽肺。矿井生产大多数采取混合工种，所以煤矽肺类型较多。

一、影响尘肺病的发病因素

尘肺病是由于长期吸入过量粉尘所引起的全身性疾病。作业人员从开始接触粉尘作业至肺部出现纤维化病变的这一段时间，称发病工龄。尘肺病发病工龄有的长达20~30年，个别病例在游离二氧化硅含量高的作业区也有1~2年发病者，即所谓"快发型矽肺"。尘肺病的发病工龄、临床病状等涉及因素很多且十分复杂，大体有以下因素：

（1）粉尘的成分。

（2）粉尘的分散度。

（3）粉尘浓度。

（4）接触矿尘时间。

（5）其他。

二、尘肺病的预防

在矿井采、掘、运系统的各生产工序中都产生粉尘，这些粉尘随风流飞扬于作业空间和巷道中。对这些尘源必须采取有效的综合防尘措施。按照矿井实施的防尘技术，可将防尘措施分为以下四类。

（1）减尘措施。

主要指减少采掘作业时的粉尘发生量，是矿井尘害防治工作中最为积极有效的技术措施。减尘措施主要包括：改进采掘机械结构及其运行参数减尘，湿式打眼、湿式凿岩，水封爆破，添加水炮泥爆破，改进采掘机械结构，封闭尘源，采用捕尘罩以及预湿煤体减尘措施等。减尘措施是以预防为主的治本性措施，应优先考虑采用。

（2）降尘措施。

降尘措施是矿井综合防尘的重要环节，现行的降尘措施主要包括各产尘点的喷雾洒水，如采煤机上内、外喷雾，放炮喷雾，支架喷雾，应用降尘剂，泡沫除尘，装岩洒水及巷道净化水幕等。

（3）矿井通风排尘。

矿井通风排尘是指借助风流稀释与排出矿井空气中的粉尘。矿井内各个产尘点在采取了其他防尘措施后仍会有一定量的粉尘进入矿井空气中，其中绝大部分是小于10μm的微细粉尘，应及时通风稀释与排出。

（4）个体防护。

矿井各生产环节，尽管采取了多项防尘措施，但也难以使各作业地点粉尘浓度达到卫生标准。此种情况下，特别是在强产尘源和个别不宜安装防尘设备条件下作业的人员，必须佩戴个体防尘用具。个体防尘用具主要包括防尘面罩、防尘帽、防尘呼吸器、防尘口罩等，其目的是使佩戴者既能呼吸净化后的洁净空气，又不影响正常操作。

第八章 班组安全文化建设

第一节 班组安全文化的作用和内容

一、煤矿企业安全文化的含义

安全文化是安全价值观、信念、道德、理想、风气、行为准则的复合体，是安全观念和安全行为准则的总和，它是社会文化的一个组成部分。根据国家安全生产监督管理总局发布的《企业安全文化建设导则》，安全文化是指共享的安全价值观、态度、道德和行为规范组成的统一体。安全文化是安全生产及管理的基础和背景、理念和精神支柱，一经形成，对安全生产的影响就具有惯性和持久性。

煤矿企业安全文化建设的重点是从以下三方面搞好“三基”工程。

（1）抓基层——打造学习型组织。一个班组、一个区队、一个科室都可以创建学习型组织。打造学习型组织就是要把学习与工作不分离，把工作的过程看做学习的过程，把学习与工作一样对待，一样要求。要通过创建学习型组织，激发职工的积极性，激活职工的创新精神，激励职工的安全责任感。

（2）抓基础——打造人本精神管理。面对层出不穷的安全管理问题，必须由粗放化管理向精细化管理转轨。通过人本精细管理，使安全文化落地生根。

（3）抓基本素质——打造本质型安全人才。只有全面提高从业人员的基本素质，才能提高安全管理水平。只有打造出本质安全型人才，才能保证减少“三违”，实现安全生产。

二、煤矿班组安全文化建设的作用和内容

班组是煤矿企业安全生产的根基，是煤矿企业的最基层单位，是企业各项安全政策、制度、法规、标准、规范的支撑点和落脚点。加强煤矿企业安全文化建设，搞好安全生产，根本在班组。

（一）煤矿班组安全文化建设的作用

班组安全文化是在煤矿企业的经营活动中，保护职工的健康，尊重职工的生命、实现人的价值的文化，班组安全文化建设的作用在于将班组成员塑造成具有现代专业安全文化知识的生产力，其具体作用可以归纳为以下几种。

1. 实现共同目标

班组是企业的缩影，只有班组成员之间树立共同的愿景理念、共同的安全文化心理，才能建立起成员间相互认同、相互聚合的基础。煤矿班组安全文化建设能够促进班组成员关心班组的共同利益，精诚合作，扬长避短，最终实现班组的共同愿景目标。

2. 协调成员的关系

班组里气氛和谐、关系融洽是班组成员最大限度上发挥潜力的重要条件。煤矿班组成员在和谐的氛围中相互沟通与合作，就会形成班组的共同语言、共同的思维方式、共同的行为准则，有利于形成积极向上的氛围，有利于班组的协调发展，也为创建和谐的班组奠定了基础。

3. 提高执行力

班组建设的一个重要目标就是塑造成员乐于服从、自觉执行、互相尊重、志同道合的团队目标。全心全意依靠成员，激发班组成员的工作热情和创造激情，就是要激励班组成员高度关注煤矿企业生产经营管理中存在的问题，以高度的事业心和责任感，不断深入思考，不断提出建议，不断付诸实施，关注班组愿景目标，优质高效地完成任务。

4. 形成共同价值观

共同价值观能够对班组成员的行为产生约束和影响，并逐步形成自身的行为规范，这种规范同时也表现出了一个班组的精神风貌和行为准则。班组成员之间在工作中有一个共同的价值理念，这个理念不仅是班组安全文化内容的核心，而且也是企业安全文化的重要组成部分。

（二）班组安全文化建设的内容

班组安全文化涉及的方面和内容很多，因班组的差异、个人的差异，班组安全文化建设的内容、方法也有所不同，但有些东西是共性的，是煤矿企业所有班组在其班组安全文化建设中所必须了解和做到的。班组安全文化建设的内容主要包含以下几个方面：

（1）班组成员是否了解其对安全的承诺及决策，是否了解煤矿企业及班组的安全生产状况，是否知道安全控制指标及其最新变化的趋势，是否知道最近发生的险情及安全奖惩情况等。

（2）班组成员接到安全生产工作任务时，是否抱着研究的态度分析自己对安全生产工作任务的适应和不适应之处，特别是对全新的安全工作任务是否明确，有哪些不懂或不清楚的地方需要学习或是请人指导。

（3）对一项任务开始工作之前，是否认真地思考工作程序，如果已给出工作程序，是否弄懂每一步的具体安全要求之后才动工，是否知道本班组或个人需完成的工作程序中，还有哪些方面需要把握，是否请人帮助。

（4）是否知道每一步操作可能出现的失误、故障及其后果，是否掌握了防止失误和故障的方法以及万一出现失误和故障的对策。

（5）班组成员是否明确自己在每一步工作中所负的安全责任及纪律，是否能杜绝一切违章违纪。当有人提出省事的违章工作方法时，是否还能严格坚持执行安全操作规程并制止违章行为。

（6）班组成员对待安全教育、培训的态度如何，是否认真参加培训，并能作详细的记录，是否经常相互交流发生事故隐患及排除隐患纠正失误的经验，是否经常提出班组安全工作新建议。

（7）班组长是否经常组织成员分析不安全行为，鼓励每个人去发现工作中的不完善之处，并鼓励改正，避免重犯。对违章人员是否能给予必要的教育，对坚持安全作业的人是否能给予称赞。

（8）班组长是否能担好兵头将尾的责任，是否知道本岗位实施“三不伤害”的方法，是否能带领本班组成员认真分析本班组的安全情况及事故隐患整改情况，是否执行安全考核制度等。

以上内容只是班组安全文化建设的基本内容，各班组应根据自身的情况，针对自己的特点，来不断深化班组安全文化建设的内容和方法。

第二节　班组安全文化建设的要求和方法

一、班组安全文化建设的要求

班组安全文化建设应该符合主线突出特色、长期持续坚持、内容发展创新、方式灵活多样的要求。

1. 突出特色

班组要找出自己的长项，以此为主线，不断发展壮大，建设自己团队的特色文化。

2. 长期持续

班组安全文化建设，要按照既定的正确主题，通过长期不懈地、稳妥有序地、细致入微地持续推动和改进，才能发挥其积极作用。

3. 发展创新

社会环境在变，煤矿企业在变，班组成员构成在变，班组安全文化建设也要随之变化，应不断研究新情况，不断丰富、发展和创新班组安全文化的内容，使之符合时代潮流，适应煤矿企业发展变化的要求。

4. 灵活多样

班组安全文化建设离不开班组成员的积极参与，班组成员的性格、兴趣、经历、知识等千差万别，煤矿班组安全文化建设所采取的方式必须针对成员特点灵活多样，才能取得预期效果。

二、班组安全文化建设的方法

班组安全文化建设的方法有很多种，班组长要选择合适的方法来提高班组成员安全生产意识和素质，从而提升煤矿企业安全文化建设。主要的方法如下：

1. 教育培训法

教育培训法就是针对职工特点和需求，组织多种形式的教育培训，使职工树立正确的思想理念和行为标准，规范职工的行为，实现班组安全文化建设的目标。这里讲的教育培训，是广义的概念，其形式既包括课堂授课，也包括各种会议、座谈、研讨、参观、学习、娱乐等活动。

2. 制度规范法

制度规范法就是根据班组安全文化建设的内容和要求，制定相关规章制度，规范班组安全文化建设的各项工作和成员行为。班组安全文化制度，主要包括两大类：一类是规范班组安全文化建设有关工作的制度；另一类是规范班组成员行为的制度。实施制度规范法，首先要做到制度内容适用，既要符合班组工作特点和安全文化建设实际需要，又要便于班组成员理解执行；其次制度条文要简明扼要不能过于繁琐，也可以与其他管理制度结合制定；最后制度落实要严格，可以先搞试行，也可以据实修改，但正式宣布实施后，一定要严格按照制度办事。

3. 竞争考核法

竞争考核法就是通过开展竞赛和安全文化考核等活动，激发班组成员的安全生产积极性和创造性。实施竞争考核法要加强领导，以提高安全文化素质为主线，开展安全进档、升级、创水平竞赛活动，把安全生产作为一项否决权列入竞赛方案中；还要从班组安全工作的实际出发，高标准、严要求，牢固树立“安全第一”的思想，摆正生产与安全、效益与安全、发展与安全的关系，从而达到安全自觉的目的。

4. 典型引路法

典型引路法就是树立班组安全文化建设的先进集体和个人，使之成为班组安全文化的典型，组织班组成员学习典型，激励更多的成员赶超模范人物。实施模范引路法，一是选择要严格谨慎，模范人物代表班组安全文化建设的标准和方向，选择标准一定要严格过硬，选择树立的模范人物要经得起检验；二是典型要长期树立，在实践中不断完善提高，不要轻易否定，更不能搞轮流坐庄；三是要大力组织宣传和学习，以此来激励和鞭策更多的班组成员。

5. 环境熏陶法

环境熏陶法就是通过在班组工作、学习、娱乐等活动场所营造浓厚的文化氛围，使广大班组成员在不知不觉中接受和执行班组文化的目标、理念、意识、标准、规范等。充分利用广播、电视、网络、杂志、报纸、橱窗等方式，宣传班组安全文化建设的目标、理念、精神、标准、制度和模范人物事迹等。

6. 誓词提醒法

班组可以将煤矿企业的安全核心理念提炼形成安全誓词。班组成员在入井前的班前会上，都要面对安全誓词和全家福进行宣誓。同时，在重大节日的升旗仪式上，也要进行集体安全宣誓。日积月累，安全誓词在潜移默化中入脑、入心，形成强大的安全内在动力。

7. 亲情感染法

对煤矿来讲，亲情是一道作用突出的安全防线。班组应充分发挥亲情的感染力量，编织一张保障安全的亲情网。

8. 警示教育法

班组长可以将煤矿发生过的安全事故案例制成牌板，牌板图文并茂，生动再现当时的现场情景，让职工身临其境感受安全。制作安全警示案例光盘，组织播放安全电影、煤矿事故纪录片等，定期通报全国安全生产形势，组织职工开展身边安全惊险一幕演讲等系列活动。

9. 过关帮教法

为了使违章员工从身心上彻底接受一次安全再教育的过程，需要建立

“四铁”精神过“五关”安全教育管理体系。就是以铁面孔、铁手腕、铁心肠、铁纪律让“三违”职工过安全教育关、个人检查关、区队帮教关、家属签字关、电视曝光关五关。通过对“三违”人员系统的过关帮教，让“三违”职工认识到“三违”是可耻的、危险的，是对个人生命健康和家人的极不负责的表现。从心底深处增强遵章作业的紧迫感和责任感。

第三节　班组班前会建设

班前会是指班组长结合工作环境、设备状况、班组人员情况，合理安排开展工作的会议。班前会在班组安全文化建设中有非常重要的地位，班组长要牢固树立“以人为本”的管理思想和理念，从构建和谐社会，树立和落实安全生产科学发展观的高度，充分认识开好班前会的重要性和必要性，并以此作为转变安全生产监督方式、创新安全生产监督手段、提高安全生产监督效果的重要途径，做到安全和生产的和谐统一，达到预防事故的目的，为促进煤矿企业又好又快发展作出贡献。

一、班组班前会的内容和方式

1. 班前会的内容

在班前会上，班组长要根据现场条件、工作环境，组织好生产作业方案的学习，做好危险点分析、安全技术交底和安全措施的落实。班组长要通过班前会介绍生产形势，明确生产任务，提高班组成员的主人翁责任感；落实每个成员的任务、责任、工作范围，并交代工作中的危险因素和安全措施及注意事项，总结工作中的经验和教训，有效地预防事故的发生。

2. 班前会的方式

班组长可以采用以下方式开展班前会。

（1）班组长同与会班组成员一同做安全宣誓。

（2）班组长总结安全生产工作，并结合生产内容及作业点、成员精神状态等情况，分析存在的危险因素，强调安全注意事项。

（3）让个别成员谈谈操作安全经验或某项操作的特殊体验。

（4）每天召开班前会，并作会议记录，由每位与会成员签字确认，以备发生事故时查阅，可便于查清原因、分析责任。

二、班组班前会的作用

班前会时间较短，内容集中，针对性强，形式灵活多样，最贴近生产，具有较强的可操作性，对于安全生产具有不容忽视的重要作用。要开好班前会，就必须让班前会发挥以下几个作用：

1. 预见性

要使班前会切合实际，具有预见性，班组长在接受上级布置的生产任务的同时，就必须了解有关的安全事项，对即将作业的现场要进行实地考察。具体来讲，即要做到“五查”：

（1）查设备的安全防护装置是否良好，防止因设备的安全防护装置缺陷造成人身伤害事故。

（2）查设备、设施、工具、附件是否有缺陷，防止发生人身、设备安全事故。

（3）查易燃易爆物品和剧毒物品的贮存、发放和使用等情况，是否严格执行了制度，通风、照明、防火等是否符合安全要求，防止作业时发生事故。

（4）查生产作业场所有哪些不安全因素，防止不良环境造成安全事故。

（5）查新工艺、新设备、新近投产项目的安全作业要求，是否有要特别注意的事项，防止因习惯性操作，造成安全事故。

2. 时效性

班前会时每天工作中都要召开的安全生产布置会，要使班前会突出重点，具有时效性，班组长在布置安全生产工作任务时，就要注意以下五个方面的内容：

（1）交代作业任务，明确分工，指定负责人和监护人。

（2）交代作业环境的情况，提醒员工作业应注意事项。

（3）交代使用的机械设备和工器具的性能和操作技术。

（4）做好危险点分析，交代可能发生事故的环节、部位和应采取的防护措施。

（5）检查督促班组员工正确地穿戴和使用生产防护用品、用具。

3. 灵活性

班前会所开展的内容是丰富多彩的，为避免班前会开成空会或图形式、走过场的假会，就必须以人为本，发挥其灵活性，班组长在召开班前会时必须要做到“三个创新”，即：

（1）创新班前会内容，提高班前会作用。班前会的内容其实很多，但也要根据实际情况具体操作。例如，在讲习惯性违章时，就要根据班组的实际情况，用身边事教育身边人，使安全教育更有说服力，并要结合班组每个人的操作习惯，做到有的放矢。

（2）创新班前会形式，增强班前会效果。班前会的形式多种多样，常用的有以下三种：

①点名看情绪。

②发言看条理。

③问答看反应。

（3）创新班前会主题，夯实班前会基础。一个成功的班前会，应该是主题鲜明，重点突出，不然就有可能开成杂会，达不到应有效果。

三、班组班前会的注意事项

班前会是煤矿安全工作规定的"必修课"，班组长想要顺利开展班前会就要注意以下几个方面：

（1）经常开。

做到班前会天天开，每天一个主题，时间不要过长，以免参会的班组成员感到乏味，引起他们的厌烦情绪。

（2）内容全面。

班前会要简单明了，把每个成员的操作过程讲明讲细，指明注意事项。不要片面地只讲某人的某一点，而忽视全组。

（3）形式多样。

班前会要有经验介绍和"三违"者谈教训等形式，不要死板和教条。

（4）语言精练。

安全会上要丁是丁，卯是卯，语言精练，具有说服力，使之入耳、入脑、入心。

（5）方法务实。

班前会不是"务虚会"，要针对生产中出现的不安全的人和事，针对其特点，分析其原因，做到灵活有效。

（6）透彻分析事故原因。

对出现的事故，要分析透彻，吸取教训，切实达到杜绝类似事故再次发生的目的。

（7）严肃处理违章者。

对违章人员，要在会上予以通报，并严肃处理，以教育其他班组成员。

（8）注重表扬。

在班前会上，总结一个班或一周、一旬、一月的工作要以表扬为主，即使批评也要有理有据，使受批评者心服口服，以达到教育的目的。

第四节　班组安全文化活动建设

通过系统化、模式化、规范化的方式来总结归纳班组安全活动模式，对于提高班组安全生产管理的水平，改进班组和企业安全文化建设的效果，具有现实的意义。班组长可以根据煤矿企业和班组的自身情况，通过以下几种活动类型开展班组安全文化活动。

一、主题竞赛活动

1. “五好”班组建设竞赛活动

煤矿班组建设，基本上以全国总工会和原煤炭工业部提出的“五好”班组为内容，开展“五好”班组建设竞赛活动。“五好”班组标准和条件，各煤矿都因地制宜，作了修改。有的煤矿把“五好”班组标准修改为以下内容。

（1）团队建设好。

班组成员爱岗敬业，团结协作，作风扎实，纪律严明，班组内部风正气顺，凝聚力、执行力和战斗力强，无违法犯罪案件。

（2）责任落实好。

岗位责任制落实到位，任务目标分配到位，考核指标公平合理，班组核算和绩效考核公正透明，员工积极性得到充分发挥。

（3）学习技术好。

班组内部学习风气浓厚，学习型班组建设成效显著。经常开展岗位练兵、技术革新和管理创新活动，积极参加上级组织的技术比武活动并取得优异成绩，员工技能达到同类班组先进水平。

（4）安全质量好。

员工安全质量意识强，遵章作业，班组无轻伤，无三级以上非人身事故，无严重“三违”，产品质量、工程质量、工作质量、服务质量处于同类班组领先水平。

（5）任务完成好。

完成上级下达的各项工作任务，产量、效率、消耗、费用等指标处于同类班组先进水平，为本单位任务指标完成贡献突出。

2. “四有”职工评比活动

“四有”职工评选内容大致有以下几项。

(1) 有理想。

树立远大理想目标，关心国家、企业，有大局意识、奉献意识、责任意识，有较高的政治素质。爱岗敬业，脚踏实地。不怕苦、脏、累、险，在本职岗位贡献突出。

(2) 有道德。

具有良好的职业道德、社会公德、家庭美德。对工作精益求精，团结协作，关心他人；遵守社会公德；尊老爱幼，家庭和睦。

(3) 有文化。

努力学习科学文化，好学上进。学习技术，熟练掌握本职工作技能，胜任工作，效率较高。

(4) 有纪律。

自觉遵守各项规章制度，按章作业。法律意识较强，遵纪守法，敢于抵制歪风邪气，见义勇为，自觉维护社会秩序。

3. “安康杯”竞赛活动

自1999年全国总工会和国家经贸委共同发动、组织全国国有大中型企业开展该项活动以来，“安康杯”竞赛活动年年开展，轰轰烈烈，长盛不衰，推动了“安全第一、预防为主、综合治理”安全生产方针的贯彻落实，规范了企业各项安全管理制度，加强了群众性的安全监督检查，提高了企业的安全管理水平，促进了企业经济效益的提高。

“安康杯”竞赛活动每年都提出总体目标、企业目标、竞赛主题、参赛范围、考核办法和实施步骤等，受到全国企业员工的欢迎并踊跃参加，其内容常搞常新、活动逐步深化，成果越来越显著，推进了企业安全文化建设和发展，职工安全素质的提高，从根本上促进企业安全生产和高效可持续发展。

班组在开展安全活动的同时，一定要做到内容、任务、措施、责任人、检查验收和评比考核“六落实”。在班组安全活动中，明确安全活动的内容和任务及责任人，制订安全活动的措施，执行班组安全活动的检查验收工作，落实班组评比考核，进一步规范和强化班组安全管理。

二、学习交流活动

1. 开展班前“二讲”活动

在开始工作之前，班组长组织全体成员进行“三讲”活动，即：

（1）讲上一班完成任务情况，对员工尤其是对优秀员工的表现要进行讲评。

（2）讲安全规程和应当注意的事项。

（3）讲清当班任务和具体要求。

2. 开展“学习型班组”创建活动

班组是培育人才、激励人才最重要、最直接的阵地，因此，学习型班组建设是提升企业核心竞争力的本质要求。创建学习型班组应从以下几个方面入手：

（1）转变传统学习观念，变被动学习为主动学习。

（2）确立班组的共同愿景及学习目标。

（3）营造团队学习的氛围。

（4）树立终身学习的理念和机制。

（5）工作学习化，学习工作化。

（6）建立学习考核和奖励机制。

3. 开展伤害预知预警活动

伤害预知预警活动是针对生产作业环境的特点和作业工艺的全过程，以其危险性为对象，以作业班组为基本组织形式而开展的一项安全教育和训练活动，它是一种群众性的自我管理活动，目的是控制作业过程中的危险，预测和预防可能发生的事故。

三、创建“安全合格班组”活动

安全合格班组是在安全生产活动中诞生的新生事物，它具有较强的生命力。大力宣传、推广安全合格班组，应是各级领导的责任。党、政、工、团各个部门都应利用自己掌握的宣传工具，利用一切可以利用的场合，广泛地宣传搞好安全合格班组的重要性、安全合格班组的要求，介绍搞得好的班组，同时对碰到的一些具体问题应进行指导、解决。安全合格班组评选的条件是：

（1）认真学习并贯彻执行安全生产方针政策。

（2）实行目标管理。

（3）严格执行安全生产规章制度。

（4）做好文明生产。

（5）有正常的安全活动。

（6）生产任务完成好。

四、达标升级活动

1. 开展“本质安全型班组”创建活动

安全就是效益、安全就是政治、安全就是本质，因此，创建本质安全型班组就要从以下几点入手：

（1）注重安全生产的理念，从精神、制度和物质三个层面进行班组安全文化的建设，将精神作为班组安全文化的内核。

（2）利用图、文、声、像等手段，充分宣传安全文化的观念，并结合生产生活的实际，使安全生产意识植入每一个班组成员的脑中和心中。

（3）在班组和班组之间开展丰富多彩的安全活动，推动安全文化的建设。

（4）建立健全安全生产责任制、安全培训制度、安全现场管理制度、安全奖惩制度、安全技术保障制度等生产和管理制度。

（5）组织班组成员学习科学技术，并将其应用到实际的生产中，解决煤矿班组安全生产中的问题。

（6）将安全文化融入班组的管理和生产中。

（7）在班组安全文化的建设和实践中，不断进行创新的探索和实践。

2. 开展安全“信得过”活动

（1）活动内容：在班组对设备、工艺、操作、纪律等方面实现安全生产“信得过”。

（2）活动方式：落实“四一”工作程序法，班组一日一考核，一周一汇总。

（3）活动目的：保障工作环境安全，养成良好的工作习惯和生活习惯，达到提高工作效率和员工安全素质，确保安全生产的目标。

（4）活动对象：班组全员。

（5）组织人员：党政负责，企管部门、安全与班组系统联合。

（6）关键点：形式与内涵相结合。

3. 班组安全“建小家”活动

（1）活动内容：班组活动室的卫生文明建设。

（2）活动方式：组织全体成员对环境、物态进行文明卫生建设。

（3）活动目的：创造卫生文明环境，形成一种环境的行为约束力，使员工自觉地执行安全文明的行为规范，对不安全行为形成一种无形的约束力。

（4）活动对象：全体成员。

（5）活动地点：班组活动室。

（6）组织部门：班组。

五、总结表彰活动

通过各种形式的总结表彰，将班组的安全生产和文化建设提高到新水平。总结表彰活动可以通过以下几点开展：

（1）表彰方法：班组内可以表彰优秀个人、班组间可以表彰优秀班组。

（2）表彰频次：根据各班组的具体情况制定表彰频次，周期应该适中，可以每个月都进行，也可以以季度、年度为一个周期进行表彰。

（3）表彰奖励方式：以精神鼓励为主，物质鼓励为辅助原则，大力弘扬优秀班组、个人的先进事迹，广泛介绍典型经验，充分发挥典型的引导、激励、促进作用。

【案例】

冀中能源峰峰集团万年矿加强本质安全建设

冀中能源峰峰集团万年矿以开展安全质量标准化建设为契机，强化责任制落实，有力促进本质安全型矿井建设。

该矿进一步强化安全生产责任制。一是全面形成一级抓一级，一级为一级负责的管理制度，营造良好安全生产氛围；二是进一步强化现场安全管理。该矿在井下顶板管理、一通三防、火工放炮及提升运输、供电管理等现场安全管理工作中，坚持采取人盯人的办法，盯好每一个作业点，盯紧每一道生产环节。三是进一步强化采掘安全质标工作。扎实开展好采掘安全质量标准化活动，不断提高矿井安全质量标准化水平。四是进一步强化职工安全培训教育工作。坚持以人为本，有针对性地抓好各岗位职工安全培训教育工作，努力提高全员安全素质，增强全员自主保安意识和安全技能。五是进一步强化安全齐抓共管工作。该矿党委坚持深入开展“党员身边无三违”和“安全先锋岗”等活动，充分发挥党员干部在安全生产工作中的模范带头作用，促进矿井安全生产目标的实现。

第五节 煤矿班组安全教育培训

搞好职工安全教育与培训是企业的法定职责。班组安全教育培训是职工安全教育培训最直接、最有效的途径，加强班组安全教育是煤矿实现安全生产的一项基础工程。

一、煤矿班组安全教育

（一）煤矿班组安全教育的内容

1. 安全生产法律法规与规章制度的教育

对职工进行国家安全法规教育和规章制度的教育，是安全教育的根本。增强职工的安全意识，引导职工认识安全法规的内容，对职工进行《作业规程》、《操作规程》、《煤矿安全规程》教育。使职工牢固树立安全就是法的观念，自觉地遵守规章制度，抵制违章指挥，制止违章作业。

2. 煤矿安全技术教育

安全技术教育，就是对职工进行安全技术、工业卫生、劳动保护等科学知识及安全操作技术规程的教育。通过安全技术教育，可以使每个职工都清楚本岗位的安全生产规范，掌握本工种的安全操作标准。

3. 安全责任感教育

对职工进行安全责任感教育，是安全教育的核心。班组长要把安全责任感教育放在首位，要教育职工充分认识自己在安全生产中的地位和作用，增强他们搞好安全生产的自觉性和责任感，克服与自己无关的思想。

4. 典型经验和煤矿事故案例教育

对职工进行典型经验和事故案例教育，是安全教育的重要内容。班组安全教育工作中，要组织职工学好先进经验，并在学习典型经验过程中增强搞好安全生产的自觉性，提高安全生产的技能，提高安全生产水平。同时，在安全教育中结合事故案例进行教育。提高职工对安全生产方针、政策、法规的认识，增强职工遵法、守法、执法的自觉性和自我保护意识。

（二）煤矿班组安全教育的方式

1. 岗位教育

岗位教育是新工人或调动工作的工人到了固定工作岗位开始工作前的教育。通过行之有效的岗位教育，促使工人尽快掌握生产技术知识，熟悉安全操作，做到安全生产。这对保证安全生产起着极为重要的作用。

2. 班前班后会教育

班前班后会教育是一种比较实用又很普及的安全教育形式。班前会教育，主要是针对当天工作任务，向职工讲清作业特点、操作要求、事故易发点及可能出现事故的具体部位，讲清安全措施与要求，使职工保持清醒的头脑，做到心中有数。同时检查职工劳动防护用具的佩戴情况，对不按规定佩戴的职工进行说服教育，劝其改正。班后会教育，主要是对当天安全生产情况进行总结，讲清安全生产中遗留的问题、解决的措施及应注意的问题。同时对班中出现违纪的职工进行批评教育，以增强全体职工的安全生产意识。

3. 形式多样、内容丰富的竞赛教育

形式多样、内容丰富的竞赛活动教育是近年来区队、班组创造的一种便于开展、职工又乐于接受的教育形式。具体形式主要有安全知识竞赛、百日无事故竞赛、安全操作技术表演赛、岗位练兵等。

4. 事故分析会教育

在对职工进行安全教育的方式上，最能触动职工思想、最有说服力的是运用本企业发生的事故，召开事故分析会，进行事故案例教育，使职工真正从血的事实中吸取教训，增强安全意识，实现安全生产。

二、煤矿班组安全培训

（一）煤矿班组职工安全培训的内容

按照国家煤矿安全监察局统一颁发的《煤矿安全培训教学大纲》规定的要求，职工安全培训主要包括以下四方面的内容：

（1）正副区（队）长、班（组）长必须学习煤矿安全生产方针与法律法规；区（队）、班（组）安全管理；煤矿生产技术；安全技术理论知识；矿井灾害发生规律、预防措施和处理方法；自救、互救与创伤急救知识；等等。

（2）工人必须学习煤矿安全生产方针与法律法规；安全管理基础知识和岗位安全责任制；煤矿生产技术；矿井通风与各种灾害发生的预兆、事故预防和应急措施；学习与本工种有关的设备、仪器、仪表的操作和排除故障的方法；掌握井下自救、互救与创伤急救的基本知识。

(3) 煤矿安全培训师资必须学习煤矿安全生产方针与法律法规；煤矿生产新技术；煤矿安全管理；矿井通风及灾害防治新技术；煤矿安全培训的教学方法与教学手段；井下自救、互救与创伤急救知识。

(4) 职工安全培训必须进行复训的内容包括：

①近期颁布的有关煤矿安全生产的方针、政策与法规；

②国内外安全生产的新形势、新要求；

③有关岗位及相关安全生产的新技术、新设备和新工艺；

④有关煤矿安全管理的新经验和新方法；

⑤近期典型事故案例分析；

⑥有重点地复习初训时学过的安全生产知识，特别是重大灾害事故的发生规律及防治措施。

(二) 煤矿班组安全培训的方式

根据企业的机械化水平和职工的文化程度，采取多形式多层次、灵活多样的培训方式。

1. 煤矿新工人正规培训

(1) 入矿教育。新工人人矿后，必须经过2~3个月的脱产培训，进行工人阶级优良传统、劳动纪律和法制教育，组织学习煤矿基本知识，经考试合格后，方可分配工作。

(2) 订师徒合同。在入矿墙训的基础上，用师傅带徒弟的方式，通过一定时期的实际操作，使新工人掌握生产技能，成为熟练的岗位员工。班组长要加强对新工人培训的管理，及时解决师徒合同执行中的各种问题，适当安排生产任务，保证师徒帮带时间和效果。

2. 岗位练兵

岗位练兵是根据《工人技术等级标准》、结合生产的需要提高工人实际操作技能的一种有效培训方式，同时也是考核每个工人的实际操作技能，作为转正、定级、升级的依据之一。

3. 煤矿特殊工种的培训

煤矿特殊工种的培训是为了防止发生生产、设备、人身安全事故的一种培训。这种培训方法有时随着设备更新需要随时进行。特殊工种培训的内容一般要做到“四懂三会”。“四懂”是：懂设备原理、懂设备结构、懂设备性能、懂工艺流程。“三会”是：会操作、会维修保养、会排除故障。培训完毕后要严格考核，不合格者严禁上岗操作。

4. 一专多能培训

一专多能培训是指每名技术工人掌握熟练本职岗位工作的技术后，经过再次学习和培训，又能掌握其他工种的技能。这对提高职工队伍的技术水平和工作能力，具有重要的作用。这样做既可以解决班组在缺人时的生产矛盾，又扩大职工的工作范围，增强职工对工作的兴趣和在事业中自我成才的自豪感。

【新知识与新方法】

煤矿安全教育培训模式的创新
——《煤矿安全宣传教育培训系统》（WSE + PTA）

近年来，煤矿安全教育培训的模式不断创新。煤矿安全教育培训不再依赖单一的集中学习、组织培训的形式，而从强化职工安全意识、提高职工安全技能、营造全民关注安全的良好氛围着手，依靠新型的科技手段，实现安全宣传、教育、培训的天天化与时时化。

国家安全生产监督管理总局宣传教育中心组织研发的《煤矿安全宣传教育培训系统》（WSE + PTA），是煤矿安全教育培训的又一种新方法，它以IT、音像制作、互联网、无线通信等现代科技为手段，将安全宣教信息、专业安全知识化整为零，以手机短信、网络传播、视频智能点播为传播方式，为落实“宣传教育行动”、加强班组安全建设，提供了全新的解决方案。安全监管、监察机构、行业管理部门、煤矿企业以及培训机构利用该系统只需轻点鼠标、动一动遥控器，就可开展安全生产宣传、教育、培训活动。

《煤矿安全宣传教育培训系统》（WSE + PTA）由宣传教育系统（WSE）与培训视频智能系统（PTA）组成。两大系统各有侧重、互为独立又互为配合，共同构成了全天候、全方位、多层次、立体化的煤矿安全宣教培训体系。

1. 煤矿安全生产宣传教育系统（WSE）

煤矿安全生产宣传教育系统（WSE）重在强化安全意识和安全警示提醒，该系统将安全生产日常监管、职工安全生产教育、安全文化建设等，与互联网、无线传输等现代科技相结合，以知识短信和网络为传播方式。

煤炭行业管理、安全监管部门可运用此系统，随时随地将安全生产知识、安全警示提醒、安全生产指令、隐患整改等，有针对性地传递给每一个职工。此系统不必集中人员、不受时空限制，就可点对点地传授安全知识、追踪式发布安全指令，改变了过去那种集中学习、组织培训的模式。为有关管理部门、煤矿企业通过日常安全生产监管对职工进行随时随地地安全生产宣传教育，提供了从内容到实现手段的创新性解决方案。

该系统包括安全资讯、安全监管、安全宣教、安全互动四大功能模块。其中“安全监管”包括安全指令、隐患促改、事故通报、“三违”亮相、隐患举报、事故举报等在线版块。“安全宣教”为系统预置的安全生产知识库，包含了近2万条的安全生产知识点。包括煤矿安全生产法律法规知识、矿井灾害事故防治以及采、掘、机、运、通等专业安全知识、各岗位工种操作规范、隐患辨识与事故防范、一日一题、警示案例、“三违”及危害、安全意识养成、安全习惯培养、亲情叮嘱等，煤矿企业及行业管理部门、安全监管部门可利用此系统，随时随地将安全知识、安全生产指令等传递到每一个职工，实现安全监管及时化，安全教育培训、安全文化氛围营造随时化。

2. 煤矿安全生产教育培训视频智能系统（PTA）

煤矿安全生产教育培训视频智能系统（PTA）重在提高岗位、工种的安全生产技能，系统内置100多集安全生产知识视频，全部采用矿井现场拍摄、工人实际操作，涵盖矿井作业的全部流程，实现了安全培训的系统化、专业化和可视化。各煤矿的培训机构及各专业区（队）、班（组）可在安全会、班前（后）会的时间，利用该系统对职工进行有针对性的专业教育培训，满足了加强煤矿班组安全生产建设的需要。

该系统预置了以视频为主要表现方式的安全生产知识库，包括基础安全、操作规范、手指口述、常见“三违”、隐患排查、事故防治、警示案例、应急避灾、职业防护、一日一题、规程讲解、工作安排、今日点播等专题，涵盖了煤矿各专业工种职工应知应会、必知必会的各类安全生产知识，并可运用系统提供的管理软件，对各类知识进行任意选择、组合和更新，实现了教育培训内容的按需管理及可视化和智能化。

《煤矿安全宣传教育培训系统》（WSE + PTA），改变了过去那种集中学习、组织培训的形式，实现了培训教育的灵活化、智能化，国家煤矿安全监察局以《推荐煤矿安全宣传教育培训系统的通知》（煤安监司函办〔2009〕11号）专文推荐。

参考文献

1. 国家安全生产监督管理总局宣传教育中心．煤矿安全生产管理人员安全资格培训考核教材．徐州：中国矿业大学出版社，2009.

2. 国家安全生产监督管理总局宣传教育中心．煤矿瓦斯检查工操作资格培训考核教材．徐州：中国矿业大学出版社，2009.

3. 国家安全生产监督管理总局宣传教育中心．矿井通防工．徐州：中国矿业大学出版社，2009.

4. 国家安全生产监督管理总局宣传教育中心．安全生产隐患排查治理工作指南．北京：国家行政学院出版社，2008.

5. 国家安全生产监督管理总局，国家煤矿安全监察局．小煤矿安全基础管理实施指南．徐州：中国矿业大学出版社，2007.

6. 中国安全生产协会注册安全工程师工作委员会．安全生产管理知识．北京：中国大百科全书出版社，2008.

7. 牛克洪．新时期煤矿区队班组建设．北京：煤炭工业出版社，2008.

8. 罗云．班组长安全知识读本．北京：煤炭工业出版社，2008.

9. 王彦伦．煤矿区队班组建设．北京：煤矿工业出版社，2008.

10. 孟燕华．班组长职业安全健康知识．北京：化学工业出版社，安全科学与工程出版中心，2005.

11. 晋城煤业集团实训教材编委会．晋城煤业集团矿井运输实训教材．徐州：中国矿业大学出版社，2008.

12. 金磊夫．电机车司机．徐州：中国矿业大学出版社，2009.

13. 金磊夫．主提升机司机操作资格培训考核教材．徐州：中国矿业大学出版社，2009.

14. 金磊夫．煤矿安全检查工资格培训考核教材．徐州：中国矿业大学出版社，2009.

15. 金磊夫．煤矿安全生产管理人员安全资格培训考核教材．徐州：中国矿业大学出版社，2009.

16. 《煤矿安全基础管理培训丛书》编委会．煤矿班组安全基础管理（通防班组）．徐州：中国矿业大学出版社，2007.

17. 刘志成．通风区（队）长．北京：煤炭工业出版社，2003.

18. 国家安全生产监督管理总局宣传教育中心．矿井测风测尘工．徐州：

中国矿业大学出版社，2009.

19. 国家安全生产监督管理总局宣传教育中心．瓦斯抽放工．徐州：中国矿业大学出版社，2009.

20. 国家安全生产监督管理总局宣传教育中心．通风机司机．徐州：中国矿业大学出版社，2009.

21.《煤矿安全基础管理培训丛书》编委会．煤矿班组安全基础管理（掘进班组）．徐州：中国矿业大学出版社，2007.

22. 张能虎．掘进班（组）长．北京：煤炭工业出版社，2003.

23. 陶向阳，柏国庆．掘进工．徐州：中国矿业大学出版社，2008.

24. 郭奉贤，席振修．煤矿开采与掘进．北京：煤炭工业出版社，2008.

25. 温永康．掘进工程．北京：煤炭工业出版社，2006.

26. 晋城煤业集团实训教材编委会．晋城煤业集团煤矿机电实训教材．徐州：中国矿业大学出版社，2008.

27.《煤矿安全基础管理培训丛书》编委会．煤矿班组安全基础管理．机电班组．徐州：中国矿业大学出版社，2008.

28. 刘光荣．机电班（组）长．北京：煤炭工业出版社，2007.

29. 国家安全生产监督管理总局宣传教育中心．煤矿井下电钳工操作资格培训考核教材．徐州：中国矿业大学出版社，2009.

30.《煤矿安全基础管理培训丛书》编委会．煤矿班组安全基础管理．采煤班组．徐州：中国矿业大学出版社，2007.

31. 晋城煤业集团实训教材编委会．晋城煤业集团采煤实训教材．徐州：中国矿业大学出版社，2008.

32. 张建华．采煤班（组）长．北京：煤炭工业出版社，2003.

33. 国家安全生产监督管理总局宣传教育中心．采煤机司机操作资格培训考核教材．徐州：中国矿业大学出版社，2009.

34. 国家安全生产监督管理总局宣传教育中心．液压支架工．徐州：中国矿业大学出版社，2009.

35. 邵海．煤矿企业与区队管理．北京：煤炭工业出版社，2005.

“十二五”职工安全生产教育丛书

本套丛书共10册，由中华全国总工会劳动保护部组织编写，中华全国总工会副主席、书记处书记、党组副书记张鸣起作序。本套丛书以石油、化工、煤矿、电力等10大典型行业为背景，采用图文并茂的方式，紧密结合企业生产实际，贴近基层班组、贴近一线职工，突出以人为本的编写理念，重点介绍了典型行业的安全生产基本常识、岗位安全生产基本要求、事故预防和应急救援的基本措施，并加入了专家提示和事故案例，集知识性、可读性和实用性为一体，是一套生动、形象、适用的安全常识“专业书”，是企业开展职工三级安全教育的培训教材，也是各级各类企业安全管理人员、广大员工必备的“安全顾问”。

序号	书　名	定价
1	《煤矿工人安全生产知识（图文版）》	15.00
2	《石油工人安全生产知识（图文版）》	15.00
3	《电工安全生产知识（图文版）》	15.00
4	《机械制造安全生产知识（图文版）》	12.00
5	《特种设备行业安全生产知识（图文版）》	11.00
6	《烟花爆竹行业安全生产知识（图文版）》	10.00
7	《化工工人安全生产知识（图文版）》	10.00
8	《建筑工人安全生产知识（图文版）》	10.00
9	《非煤矿山工人安全生产知识（图文版）》	9.00
10	《职工消防安全生产知识（图文版）》	9.00

“十二五”职工职业病及预防教育丛书

本套丛书共5册，由中华全国总工会劳动保护部组织编写，中华全国总工会副主席、书记处书记、党组副书记张鸣起作序。本套丛书从简洁、实用的角度出发，图文并茂，系统地介绍了作业场所中存在的生产性粉尘、有毒有害物质等职业性有害因素对人体健康的危害，以及治疗、预防措施；如何正确地选择、使用和维护个体防护装备；常见的职业卫生事故现场急救基本技术；职业病与工伤的关系、职业病伤残诊断和鉴定程序、职业病的认定与维权等相关知识，是各行业职业安全与卫生作业人员、劳动保护业务技术人员、用人单位管理人员等必备读物。

《尘肺病预防知识（图文版）》
定价：10.00

《职工个体防护知识（图文版）》
定价：12.00

《职业病认定与维权（图文版）》
定价：10.00

《职业卫生应急知识（图文版）》
定价：10.00

《职业中毒预防知识（图文版）》
定价：10.00